"十三五"国家重点出版物出版规划项目

高分辨率对地观测前沿技术丛书

主编 王礼恒

平流层飞艇结构

赵海涛 陈吉安 陈务军 等编著

国防工业出版社

·北京·

内 容 简 介

本书针对平流层飞艇结构的特点,分析其不同工况下所要考虑的力学状态,阐述不同类型飞艇的结构特点,探索新型平流层飞艇的设计方法。主要内容包括囊体结构的找形分析与外形优化、囊体材料的力学性能、飞艇囊体结构的流固耦合分析方法、薄膜模态分析、囊体结构应变监测、囊体结构泄漏检测与渗漏预报、长航时平流层飞艇结构、应急快响飞艇结构、滑动索膜结构设计。

本书既可以作为浮空器相关专业的教材,也可以作为浮空器领域相关工作人员的技术参考书。

图书在版编目(CIP)数据

平流层飞艇结构/赵海涛等编著. —北京:国防工业出版社,2021.7

(高分辨率对地观测前沿技术丛书)

ISBN 978 – 7 – 118 – 12393 – 7

Ⅰ.①平…　Ⅱ.①赵…　Ⅲ.①平流层—飞艇—结构设计　Ⅳ.①V274

中国版本图书馆 CIP 数据核字(2021)第 151359 号

※

国防工業出版社出版发行

(北京市海淀区紫竹院南路 23 号　邮政编码 100048)

雅迪云印(天津)科技有限公司印刷

新华书店经售

*

开本 710×1000　1/16　插页 4　印张 20½　字数 308 千字

2021 年 7 月第 1 版第 1 次印刷　印数 1—2000 册　定价 128.00 元

(本书如有印装错误,我社负责调换)

国防书店:(010)88540777　　书店传真:(010)88540776

发行业务:(010)88540717　　发行传真:(010)88540762

丛书学术委员会

丛书编审委员会

序　言

高分辨率对地观测系统工程是《国家中长期科学和技术发展规划纲要（2006—2020 年)》部署的 16 个重大专项之一，它具有创新引领并形成工程能力的特征，2010 年 5 月开始实施。高分辨率对地观测系统工程实施十年来，成绩斐然，我国已形成全天时、全天候、全球覆盖的对地观测能力，对于引领空间信息与应用技术发展，提升自主创新能力，强化行业应用效能，服务国民经济建设和社会发展，保障国家安全具有重要战略意义。

在高分辨率对地观测系统工程全面建成之际，高分辨率对地观测工程管理办公室、中国科学院高分重大专项管理办公室和国防工业出版社联合组织了《高分辨率对地观测前沿技术》丛书的编著出版工作。丛书见证了我国高分辨率对地观测系统建设发展的光辉历程，极大丰富并促进了我国该领域知识的积累与传承，必将有力推动高分辨率对地观测技术的创新发展。

丛书具有 3 个特点。一是系统性。丛书整体架构分为系统平台、数据获取、信息处理、运行管控及专项技术 5 大部分，各分册既体现整体性又各有侧重，有助于从各专业方向上准确理解高分辨率对地观测领域相关的理论方法和工程技术，同时又相互衔接，形成完整体系，有助于提高读者对高分辨率对地观测系统的认识，拓展读者的学术视野。二是创新性。丛书涉及国内外高分辨率对地观测领域基础研究、关键技术攻关和工程研制的全新成果及宝贵经验，吸纳了近年来该领域数百项国内外专利、上千篇学术论文成果，对后续理论研究、科研攻关和技术创新具有指导意义。三是实践性。丛书是在已有专项建设实践成果基础上的创新总结，分册作者均有主持或参与高分专项及其他相关国家重大科技项目的经历，科研功底深厚，实践经验丰富。

丛书 5 大部分具体内容如下：**系统平台部分**主要介绍了快响卫星、分布式卫星编队与组网、敏捷卫星、高轨微波成像系统、平流层飞艇等新型对地观测平台和系统的工作原理与设计方法，同时从系统总体角度阐述和归纳了我国卫星遥感的现状及其在 6 大典型领域的应用模式和方法。**数据获取部分**主要介绍了新型的星载/机载合成孔径雷达、面阵/线阵测绘相机、低照度可见光相机、成像光谱仪、合成孔径激光成像雷达等载荷的技术体系及发展方向。**信息处理部分**主要介绍了光学、微波等多源遥感数据处理、信息提取等方面的新技术以及地理空间大数据处理、分析与应用的体系架构和应用案例。**运行管控部分**主要介绍了系统需求统筹分析、星地任务协同、接收测控等运控技术及卫星智能化任务规划,并对异构多星多任务综合规划等前沿技术进行了深入探讨和展望。**专项技术部分**主要介绍了平流层飞艇所涉及的能源、囊体结构及材料、推进系统以及位置姿态测量系统等技术,高分辨率光学遥感卫星微振动抑制技术、高分辨率 SAR 有源阵列天线等技术。

丛书的出版作为建党 100 周年的一项献礼工程,凝聚了每一位科研和管理工作者的辛勤付出和劳动,见证了十年来专项建设的每一次进展、技术上的每一次突破、应用上的每一次创新。丛书涉及 30 余个单位,100 多位参编人员,自始至终得到了军委机关、国家部委的关怀和支持。在这里,谨向所有关心和支持丛书出版的领导、专家、作者及相关单位表示衷心的感谢!

高分十年,逐梦十载,在全球变化监测、自然资源调查、生态环境保护、智慧城市建设、灾害应急响应、国防安全建设等方面硕果累累。我相信,随着高分辨率对地观测技术的不断进步,以及与其他学科的交叉融合发展,必将涌现出更广阔的应用前景。高分辨率对地观测系统工程将极大地改变人们的生活,为我们创造更加美好的未来!

王礼恒

2021 年 3 月

前　言

　　平流层飞艇一般飞行在距离地面 20km 的高空,依靠浮力和推力驻留在平流层高度,可作为浮空平台搭载预警雷达、光电载荷、通信设施等装备来执行侦察预警、对地观测、高空中继等任务,在军用和民用方面都具有非常重要的应用前景。

　　平流层飞艇结构多为软式飞艇,也有半硬式飞艇。飞艇结构的设计和分析、布局与制造是平流层飞艇的关键技术之一,很大程度上决定了飞艇的使用性能。平流层飞艇工作环境和载荷等因素决定了囊体材料必须具备较高的性能指标以满足使用需求,由囊体材料制备的气囊构成了飞艇的主要结构,其设计、分析和引申出的问题也对科研工作者提出了挑战。

　　本书针对囊体材料的特点,介绍了囊体结构的找形分析与外形优化、囊体材料的力学性能、飞艇囊体结构的流固耦合分析方法、薄膜模态分析、囊体结构应变监测、囊体结构泄漏检测与渗漏预报、长航时平流层飞艇结构、应急快响飞艇结构、滑动索膜结构设计等内容,对不同的飞艇结构形式进行了详细的叙述,最后从平流层飞艇未来的发展出发,对未来飞艇结构研究进行了展望。

　　本书第 1 章对平流层飞艇结构进行了概述。囊体结构本身并不能维持既定的空间形状,其几何刚度完全来自初始预应力,因此形态分析成为其设计过程中的必要环节,是第 2 章的主要内容。囊体材料的力学性能是结构设计分析的基础,第 3 章介绍了囊体材料单轴和双轴试验的特点,研究其力学行为和本构模型。飞艇的流固耦合作用不仅对其气动力以及飞行稳定性、操纵与控制特性影响较大,而且对飞艇外形保持和结构强度等也会带来一系列的问题,第 4 章对飞艇流固耦合效应进行研究。模态是认识结构动力学行为的基础,安装有效载荷及设备设计的前提,第 5 章对飞艇干模态、湿模态进行分析。飞艇结构整体和局部构造复杂性和囊体材料的非线性、加工工艺的局限性以及工作中环境的不确定性等因素造成飞艇结构的应力应变分布非常复杂,这势必给飞艇的安全飞行带来许多不确定性和不可预知的风险,为防止此类情况的再次发生,第6章建立飞艇囊体结构健康监测系统。气囊作为飞艇的主体结构,浮升气体的渗漏将直接影响飞艇的飞行与驻空能力,第7章对飞艇气囊氦气的泄漏检测及修补、渗漏量预报进行研究。长航时平流层飞艇需要驻空的时间较长,承压能力是其重要的指标,第8章对长航时平流层飞艇设计进行了论述,研究了囊体结构的变形特点和强度性能。应急快响平流层飞艇多以气球为主,可对紧急情况快速反应,第9章对应急快响平流层飞艇设计进行了论述。针对超压囊体结构承压要求高的问题,考虑采用滑动绳索包覆在囊体表面,组成滑动索膜囊体结构,达到提高囊体结构耐受压差的目的,第10章对滑动索膜结构设计进行了论述,分别研究了欧拉体形囊体、球形囊体、艇形囊体增加滑动绳索后囊体的应力分布,以及对应力分布的影响因素。第11章论述了平流层飞艇结构未来的发展。

本书作者为上海交通大学赵海涛(第1、2、10、11章)、陈吉安(第8、9章)、陈务军(第3、5章)、王晓亮(第4章)、王全保(第2章、第6章)、陈政(第2、10章)、李晓旺(第5章)、袁明清(第7、8章)、黄继平(第10章)、田莉(第9章)、彭雅慧(第8章),全书由赵海涛、陈吉安、陈务军、袁明清、田莉统稿。

由于作者水平有限,书中难免存在疏漏和不足之处,恳请读者批评指正!

作 者

2021 年 1 月

目　录

第 1 章

概　述

平流层飞艇一般飞行在距离地面 20km 的高空,依靠浮力和推力驻留在平流层高度,可作为浮空平台搭载预警雷达、光电载荷、通信设施等装备来执行侦察预警、对地观测、高空中继等任务,在军用和民用方面都具有非常重要的应用前景。

▶▶ 1.1　平流层飞艇的特点

1.1.1　平流层的特点

图 1 - 1 为大气分层的示意图。平流层是从对流层顶部至 55km 高空的大

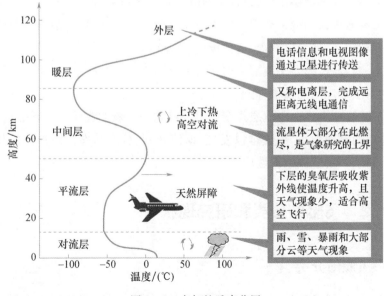

图 1 - 1　大气的垂直分层

气层,气流以水平运动为主。平流层具有很多突出的优势:①平流层高于民用航空的管辖高度,但是其仍然属于本国的领空,因此不受国际法的约束,具有丰富的空间资源;②平流层大气密度低,但是仍能为浮空器提供足够的浮力;③平流层风速较小,飞行阻力也较小;④平流层具有丰富的太阳能,能为飞行器提供充足的飞行动力;⑤平流层信息的传输不会受到电离层的影响。由于上述优势,平流层受到了世界各国的广泛关注。

1.1.2 平流层飞艇的优点

平流层由于具备相对平稳的气流和对地距离较近的特点,成为通信中继平台、高空对地观测等比较理想的环境。而平流层飞艇作为该空间的一种重要飞行器,相比飞机、卫星等其他飞行器,最大的优势在于能够实现长期驻留的飞行任务,具有巨大的军用和民用价值。

平流层飞艇是轻于空气、在平流层飞行的近空间飞行器,主要由结构系统、能源系统、航电系统、飞控系统、环控系统、推进系统、载荷系统等组成。气囊内的浮升气体使飞艇能够飘浮在空中,动力螺旋桨克服风的影响使飞艇能够机动飞行,太阳能电池、锂离子电池可以为其提供能源循环。平流层飞艇在满足浮重平衡、推阻平衡、能耗平衡的情况下可定点悬浮在空中,并具有以下优势:

(1) 连续工作时间长。平流层飞艇根据阿基米德浮力原理,依靠静浮力和自身动力悬浮在平流层工作,设计工作时间长达 3 ~ 6 个月。

(2) 有效载荷的携带能力大。平流层飞艇一般体积巨大,故可以携带大型的信息获取工具,如光电载荷、通信设备、雷达等。

(3) 飞行高度高。平流层飞艇工作在距地 20km 的高空,相比于传统的飞机,它具有更加广阔的侦察视野。

(4) 生存能力强。平流层飞艇的主要结构为飞艇的囊体,一般为高分子织物,雷达反射截面很小,一般难以发现,即使受到攻击,其囊体内浮升气体的泄漏过程缓慢,不会造成毁灭性后果。

1.2 飞艇的分类和研究现状

1.2.1 飞艇的分类

按飞艇的结构进行分类,可分为硬式飞艇、半硬式飞艇和软式飞艇。相比于前两种结构形式,软式飞艇最大的特点是驻空时间长,是实现各种高空平台的理想载体,因此成为各国关注的热点。

硬式飞艇是通过内部骨架来维持其外形和刚性,外表覆盖囊体材料,骨架内部装有充满浮升气体的独立气囊。表面的囊体材料不需要具有气密性,而内部的气囊则需要良好的气密性。硬式飞艇结构如图 1 - 2 所示,硬式飞艇因其自重大,并不适用于平流层。

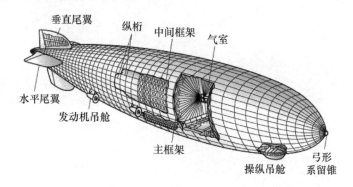

图 1 - 2　硬式飞艇结构

半硬式飞艇通常由下部的纵向龙骨和连接在上面的压力气囊构成。其中,龙骨既为气囊提供一定的刚度,又能够悬挂舱体用于携带有效载荷,可以看作是在软式飞艇的基础上添加了提升刚度的龙骨结构。半硬式飞艇典型的代表是齐柏林(Zeppelin)飞艇,Zeppelin N07 - 101 飞艇长 75m,骨架结构质量 1100kg。它由 12 段三角形碳纤维桁架组成,与 3 条铝合金制成的纵梁相连,并利用芳纶绳张紧整个结构,如图 1 - 3 所示。

软式飞艇的外形是依靠主气囊的压差来保持的,同时主气囊也是其他部件的安装基础。主气囊内部不仅装填浮升气体,而且副气囊也包含在其中。固特异飞艇是比较典型的软式飞艇,如图 1 - 4 所示,飞艇的主囊体装填氦气,吊舱通过悬挂屏、悬挂索连接在囊体上部,可有效分散载荷。

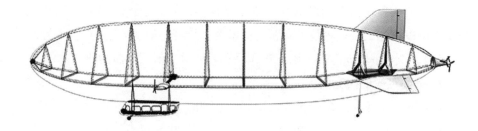

图 1 - 3   Zeppelin N07 - 101 飞艇骨架

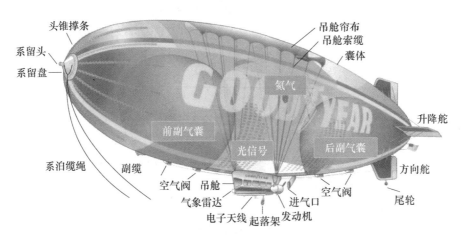

图 1 - 4   固特异低空飞艇结构

1.2.2　飞艇的研究现状

平流层飞艇一般都是超大型的漂浮结构,其结构设计特性指标、结构设计分析理论以及加工制造等技术问题亟待解决,是空间结构研究的重要课题。美国、德国、日本、俄罗斯等多个国家投入巨资开展对平流层飞艇的研究。

1. 美国飞艇的研究现状

美国对于平流层飞艇的研究制定了一系列的计划。2002 年,美国制定了高空飞艇计划(HAATM),经过初始阶段研发后,于 2008 年由洛克希德·马丁公司负责研发高空长续航样机(HALE - D),如图 1 - 5 所示,并于 2011 年 7 月进行了飞行测试。HALE - D 具有完全可再生的太阳能动力系统,使用了当时所有空中平台中最大的太阳能电池板和最大的可充电锂离子电池。

图 1 - 5　高空飞艇计划的 HAATM 的概念机 HALE - D

洛克希德·马丁公司从美国国防高级研究计划局(DARPA)获得平流层飞艇的项目,并制定了 2006—2013 年研发试验计划,于 2013 年完成结构与探测器一体化的飞艇(ISIS),应用示意图如图 1 - 6 所示,艇体表面带有大面积的雷达,在帮助美军实现侦察预警方面可发挥重要的作用。

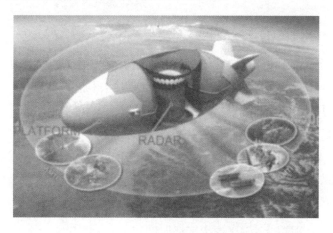

图 1 - 6　ISIS 飞艇的应用示意图

美国战略司令部和西南研究院共同制定了"高空哨兵"(HiSentinel)飞艇项目,并成功试飞高空哨兵 20(2005 年)、高空哨兵 50(2008 年)、高空哨兵 80(2010 年,见图 1 - 7),可为美国军方提供持久通信和指挥自动化系统能力。

美国国家航空航天局(NASA)在 2004 年提出了超压气球(SPB)的计划,以

图 1 - 7　美国高空哨兵 80 飞艇

解决高空气球长时飞行的问题。相对传统的开放式零压气球和过压气球,超压气球是能够承受较大压差的封闭性球体结构,如图 1 - 8 所示。

图 1 - 8　NASA 的超压气球

尽管各个飞艇项目已经进行过多次试验,但是多数试验结果并未完全达到预期。2014 年 8 月,美国国家航空航天局(NASA)开展了名为"20 - 20 - 20 飞艇挑战赛",用于促进飞艇的发展。

2. 欧洲飞艇的研究现状

德国是飞艇的发源地,第二次世界大战之前,德国的飞艇技术有了突飞猛进的发展,甚至实现了从德国经日本、美国至巴西的定期航行,以及从法兰克福至纽约的航行。但是由于载人飞艇 Hindenburg 在纽约之旅着陆时发生了爆炸,导致人员伤亡,飞艇的发展停滞了一段时间。

在 1990 年之后,飞艇重新引起关注,并得到了快速发展。1998 年,欧洲航天局(ESA)发起了高空平台飞艇(HALE)的研究计划,欧洲很多飞艇研究单位都参与该计划并各自提出了方案。1999 年,德国斯图加特大学 Kropelin 教授等成立了 HALE 研究团队,进行 HALE 的研究并建立了完善的分析理论体系。在此基础上,该团队提出了 Air - Worm 概念,见图 1 - 9,并完成了试验验证,建立了较完善的分析理论方法。Air – Worm 采用多节式飞艇布局,将飞艇化整为零,各个段体之间具有一定的相对转动能力。多节式飞艇布局减小了飞艇囊体整体气动弯矩,提高了结构安全性;同时,该结构便于拼装组合,可根据承载量进行扩展,采用分布式螺旋桨布局,推进效率高,便于灵活控制局部力矩。尽管多节式飞艇优势明显,但存在的问题是各段囊体结构的同步控制较难实现。目前该方案设计的演示机已研制成功并进行了飞行试验。德国对平流层飞艇的设计和制备具有较完善的理论指导、宇航工业基础和经验。

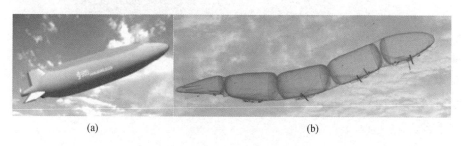

(a)   (b)

图 1 – 9　欧空局 HALE 计划

(a)HALE 飞艇;(b)Air – Worm 飞艇。

　　基于平流层飞艇通信平台,欧洲委员会支持了第 6 个框架计划中的一个新项目 CAPANINA,该研究项目为期 3 年,于 2003 年 11 月 1 日开始。该项目专注于开发低成本宽带技术,旨在为可能因地理位置与基础设施的距离远而被边缘化的用户或在高速公共交通工具内行驶的用户提供有效的覆盖范围。该计划的提出有利于促进飞艇在通信中继中的发展。

　　2014 年 5 月,法国工业和数字化技术部在“法国新工业”计划的范围内选定了巨型平流层飞艇项目 Stratobus,见图 1 – 10,泰雷兹·阿莱尼亚宇航公司(Thales Alenia Space)担任总承包商。Stratobus 有两个创新点:一是在气球内部使用了太阳能集中器和可逆燃料电池,可提供大量的车载能量,同时在白天或夜晚最大程度地减轻了重量和囊体的表面积;二是 Stratobus 使用“气球周围的环”使其旋转,从而使其在所有季节的白天始终面向太阳,因此电池能够存储足够的能量。该项目计划在 2018 年到 2019 年,建立首个 Stratobus 原型飞行样机。

3. 日本飞艇的研究现状

　　日本在平流层飞艇方面的研究紧跟欧美国家研究步伐。1998 年开始,日本制定了长远发展的平流层飞艇平台(SPF)研发计划,分阶段进行实施,如今已完成了 60m 级、40m 级飞艇分别在 4km、16km 高的滞空试验,完成了结构设计与

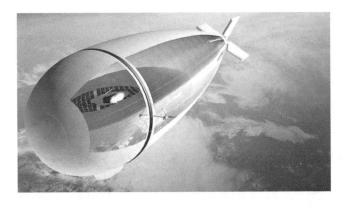

图 1 – 10　法国 Stratobus

制造技术的验证,见图 1 – 11,并取得了有价值的数据和经验。日本在飞艇气囊材料、制备方面的研究较为深入,但对大型结构的构型设计、制备的研究和经验并不多。

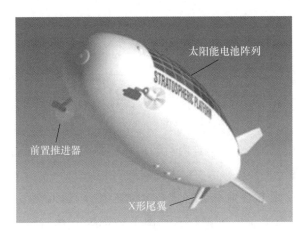

图 1 – 11　日本平流层飞艇

4. 国内飞艇的研究现状

　　鉴于飞艇在军事和现代经济中的优越性,我国科研工作者同步开展了飞艇的研制工作。1984 年,"西湖一号"飞艇在杭州实现首飞,之后又连续研制了 3 种型号、5 种尺寸的飞艇样机"西湖二号""西湖三号",该系列飞艇的研究是我国飞艇研究的起步,为后续飞艇的发展奠定了基础。

　　随着飞艇技术越来越受关注,我国数十家研究单位加入到飞艇的研制行列。1999 年,中电集团电子科学研究院组织研究了平流层通信平台的可行性,并进行了关键技术的验证。中国特种飞行器研究所在 2001 年开始对飞艇进行研制,研制的"天舟"-01 号飞艇于 2003 年试飞成功,开始对含有多气室结构的飞艇结构体系展开研究。中国电子科技集团公司第三十八研究所于 2005 年完成了"天舟"-02 号飞艇的研制,验证了有效载荷和自主飞行,2017—2018 年又开展了对飞艇载雷达系统的分析建模。中国科学院于 2012 年成功放飞 KFG79 飞艇,该飞艇是当时全世界体积最大、推进功率最大的受控飞行的飞艇,完成了总体结构布局、放飞方法、由升空到平飞的飞行控制等多项关键技术的验证。

国内高校也开展了对平流层飞艇的研究,尤其在总体、结构、材料、推进和控制等关键技术方面,包括上海交通大学、哈尔滨工业大学、北京航空航天大学和国防科技大学等多家单位。

1.3 平流层飞艇结构材料特点

平流层飞艇所处的工作环境比较特殊,气温低、紫外线照射强,因此在原材料的选择上,不仅需要质轻强度高,而且还要能经受环境的考验。

1.3.1 囊体材料

囊体材料是飞艇结构重要的组成部分,囊体材料构成如图 1-12 所示。外部耐候层用于防护紫外线、臭氧对材料的伤害,织物是材料的承力层,多采用阻氦层用于防止氦气的渗漏,焊接层用于布幅之间的拼接,两个粘接层将几个主要部分合成一有机的整体。

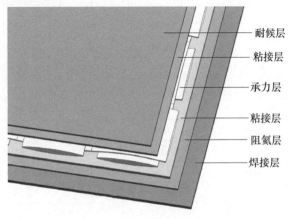

耐候层
粘接层
承力层
粘接层
阻氦层
焊接层

图 1-12 囊体材料构成示意图

随着材料性能的改进,现在的囊体材料主要有3层:外部的功能层(包含耐候和阻氦等功能)和内部承力层,两者通过粘接层复合在一起。有的囊体材料减少了焊接层,可减轻囊体的重量,只在需要焊接的区域进行涂胶粘接。

囊体材料不仅是装填浮升气体的气囊,还是整个飞行器的承载部分。吊舱需悬挂在囊体的下部,尾翼、头锥等也需与囊体相连,还有气体膨胀产生的内压也将作用到囊体上。在结构问题上,织物的强度是决定囊体承载的主要因素,囊体材料的强度又决定了软式飞艇的最大直径,因此需要开发更高强度的囊体材料。

浮升气体一般是比空气密度低的气体,由于氢气和氦气的相对密度很小,非常适合作为飞艇的填充气体。氢气具有可燃性,安全性不高,现在飞艇多用氦气作为浮升气体。氦气是无色无味的惰性气体,化学性质不活泼,一般状态下很难和其他物质发生反应,这也有利于囊体材料的制备。

囊体材料的承力层可选用高强纤维,芳纶纤维、碳纤维、PBO 纤维、聚酰亚胺纤维均可使用,各类纤维的材料属性见表 1-1。芳纶纤维具有高强度、高模量、抗冲击、耐疲劳的特点,但对酸碱、光、水的耐性较差,其中 Vectran 纤维被广泛用于飞艇的囊体材料。碳纤维比强度高,热膨胀系数低,同时具有耐高温的特点,进口纤维价格较高,国产碳纤维价格约为进口产品的一半。PBO 纤维的强度、模量、耐热性、抗燃性、耐冲击性、耐摩擦性和尺寸稳定性均很优异。聚酰亚胺纤维拥有良好的可纺性和阻燃性。超高分子量聚乙烯纤维具有轻质高强和抗冲击性能好的特点,在低成本上具有优势。

表 1-1　各类纤维的材料属性

纤维类型	纤维名称	密度/(g/cm³)	拉伸模量/GPa	拉伸强度/MPa	延伸率/%
芳纶纤维	K49 芳纶纤维	1.44	121	3790	2.5
	HM-50 芳纶纤维	1.44	140	4500	4.0
	Vectran 纤维	1.41	90	3200	4.0
碳纤维	T300 碳纤维	1.76	230	3530	1.6
	T700 碳纤维	1.80	274	5150	1.7
	T800HB 碳纤维	1.81	294	5590	1.9
	T1000 碳纤维	1.82	294	7060	2.4
PBO 纤维	zylonHM	1.56	280	5800	2.5
	zylonAS	1.54	180	5800	3.5
聚酰亚胺纤维	S35	1.44	130	3900	2.5
超高分子量聚乙烯纤维	—	0.98	100	3100	3.6

1.3.2　复合材料

飞艇所处的工作环境非常特殊,昼夜温差很大、驻空停留的时间较长、对于自身结构轻量化的要求较高,以上条件都要求结构材料既能够满足强度、刚度等力学性能指标,又能够保证结构质量尽量轻,且耐疲劳、耐热膨胀、尺寸稳定。

在树脂的选材上,一般根据复合材料结构使用温度、树脂韧性、树脂的工艺性、树脂浇注体的力学性能及价格综合考虑。对于组成大型飞艇桁架、吊舱的复合材料来说,其基体一般选择环氧树脂,由于飞艇的飞行环境温度较低,树脂为增韧型,也有利于改善复合材料的疲劳性能。

在纤维增强材料的选择上,主要考虑纤维的承载作用,按照比强度、比刚度、损伤容限特性、制造特性和价格进行综合考虑。对于飞艇复合材料在玻璃纤维和碳纤维增强环氧树脂两种复合材料的选择中,碳纤维以其优异性能更适合制作飞艇结构。

飞艇上应用的复合材料可选取 T700 碳纤维/环氧树脂制备结构,复合材料弹性模量和强度参数如表 1 - 2 所示。

表 1 - 2　T700 -12K 高强度纤维/环氧树脂复合材料力学性能

E_1/GPa	134
E_2/GPa	9.42
E_3/GPa	9.42
μ_1	0.28
μ_2	0.28
μ_3	0.34
G_{12}/GPa	6.5
G_{13}/GPa	6.5
G_{23}/GPa	3.4
X_t/MPa	1830
X_c/MPa	895
Y_t/MPa	31.3
Y_c/MPa	124.5
τ_{xy}/MPa	72.0
$\rho/(\mathrm{kg/m^3})$	1600

1.3.3 绳索材料

飞艇上经常用到绳索材料,如尾翼的张拉,飞艇放飞时的牵引。对于绳索材料,同样需要轻质高强,可选用超高分子量聚乙烯纤维、凯夫拉纤维等高强纤维编制。

绳索材料在飞艇上使用时,需处于张紧状态,因此对其蠕变特性、应力松弛特性、连接特性要重点考虑。

1. 绳索的蠕变特性

恒温下绳索的稳态蠕变方程可表示为

$$\varepsilon_c = A \lg t, \quad t > 1 \tag{1-1}$$

式(1-1)没有考虑应力 σ 对蠕变的影响。实际上,应力大小对蠕变快慢是有影响的。假设应力、温度和时间对蠕变的影响是独立的,则有

$$\varepsilon_c = f(\sigma) g(T) h(t) \tag{1-2}$$

$$f(\sigma) = B\sigma^n \tag{1-3}$$

$$g(T) = Ce^{-\frac{k}{T(t)}} \tag{1-4}$$

将式(1-3)、式(1-4)代入到式(1-2),绳索在交变温度下的蠕变方程为

$$\varepsilon_c = \alpha\sigma^n e^{-\frac{k}{T(t)}} \lg t \tag{1-5}$$

式中:n、α 及 k 均为材料常数,可根据试验数据确定。

如果绳索所处的环境与室温一致时测量绳索的长度,则 $T(t)$ 应为常数,$e^{-\frac{k}{T(t)}}$ 也为常数,令 $\beta = \alpha e^{-\frac{k}{T(t)}}$,则室温下绳索的蠕变方程可简化为

$$\varepsilon_c = \beta\sigma^n \lg t \tag{1-6}$$

通过试验可以解出式(1-6)中两个未知数 β 和 n。假设有两组不同载荷(应力分别为 σ_1 和 σ_2)下的相同时间 t 内产生蠕变应变分别为 ε_1 和 ε_2。代入绳索常温下蠕变方程式(1-6)得

$$\varepsilon_1 = \beta\sigma_1^n \lg t \tag{1-7}$$

$$\varepsilon_2 = \beta\sigma_2^n \lg t \tag{1-8}$$

由2个方程可求得2个未知数 β 和 n。

2. 绳索应力松弛特性

绳索应力松弛特性是在一定变形程度下,绳索内部应力随时间的衰减情况,可看作蠕变相反方向分析的模型。应力松弛特性采用 R. B. Fette 等人提出的模型,即

$$\sigma = \sigma_0 \left[1 - \lambda \lg(t+1) \right], \quad t > 0 \tag{1-9}$$

式中:σ_0 为初始应力;t 为时长;σ 为经过时长 t 后的应力。方程中只有 λ 是未知的,而 σ、σ_0 与 t 都是已知的。将式(1-9)变形为

$$\lambda = \frac{1}{\lg(t+1)} \left(1 - \frac{\sigma}{\sigma_0} \right) \tag{1-10}$$

如果定义 $1 - \dfrac{\sigma}{\sigma_0}$ 为应力损失率,则根据某一时长的应力损失率就能确定应力松弛模型参数 λ。对于不同的 σ_0,有不同的值,即应力松弛模型也不同,可根据实际绳索的应力状态来确定。

3. 绳索连接特性

绳索在使用时需要进行绑扎,即绳索采用缠绕打结的形式与其他部件进行连接。绳索打结连接后,一般以剪应力控制绳索强度,因此相比绳索的拉伸强度会有所降低。下面通过试验测试的方式来说明绳索打结后拉伸强度的变化。

绳索在单轴拉伸机上进行拉伸强度测试,采用缠绕式夹具,测量的强度值为 14719N。然后采用不同的打结方式再进行拉伸测试,打结名称和强度值列于表 1-3。打结形式与强度是相关的,如果对绳索的强度值比较关注,则需要考虑其打结连接方式。

表 1-3　绳索打结形式和强度值

序号	1	2	3	4	5	6	7
名称	天蚕结	接绳结	双重接绳结	随意结	双绕结	双编结	布林结
成形结							
强度	3150N	3700N	3200N	4200N	5400N	3200N	4800N

第 2 章

充气膜结构找形和形态优化方法

膜结构由于其柔性结构的特点,本身并不能维持既定的空间形状,其几何刚度完全来自初始预应力,结构的几何形状和内力分布状态一一对应,因此形态分析成为其设计过程中的必要环节。所谓形态分析,一是确定结构的形状,即找形,就是找出合理的膜结构的形状(空间形状和对应的初始预应力),满足总体外形需要;二是分析结构的状态,满足边界条件和力学平衡条件。对于充气膜结构,外形还需要和充气压力相匹配。

膜结构的分析理论与方法主要包括三部分:找形分析理论、载荷分析理论、裁剪分析理论。找形分析理论是后两者的基础,也是膜结构设计的特色环节。找形分析的实质是确定结构基本参数的过程。已知参数主要有:材料属性,荷载,几何边界和约束条件,曲面的初始形状;需求解的主要参数有:曲面的平衡几何形状,预应力的大小和分布。由于两个未知量是耦合的,因此一般设计者会给出其中一个量,求解另一个量。

找形分析主要有三种方法:物理模型法、几何分析法和力学方法。物理模型法是最早的方法,将等应力的肥皂泡作为膜结构形态的模型,后来采用一定比例的弹性材料做模型,通过测量模型的外形和位移来确定形态,但是对于结构的测量技术不能满足要求,而且模型的加工制造比较费时。几何分析法仅仅对于简单结构比较适用,膜结构由于柔性特点会导致形状多种多样,该方法解决不了更多膜结构形态分析的需要。之后,有限元方法和计算机技术的快速发展,为力学方法的发展提供了有力的支持。目前最流行的力学方法主要有三种：①力密度法（Force Density Method，FDM）；②动力松弛法（Dynamic Relaxation Method，DRM）；③非线性有限元法（Non‐linear Finete Element Method，NFEM）。

2.2　形态分析方法

2.2.1　力密度法

力密度法最早在 1971 年由 H. J. Schek 提出，后由 L. Grunding 进一步完善和发展。目前广泛应用于索网和张拉膜结构的找形分析，在欧洲特别是德国非常流行。1995 年，Singer Peter 提出了应力密度的概念，并建立了基于应力密度的膜结构的找形分析方法。随着力密度法在膜结构找形分析中的发展，学者们在此基础上提出了一些优化的方法。为了避免非线性迭代，Pauletti 和 Piment 提出了一种改进后的自然力密度法。K. Koohestani 针对力密度法在索膜模型中应用的缺点，采用加权方法改进模型，同时对求解方法提出了创新。

力密度法的基本思路是把膜结构离散为索网结构，根据离散后的杆单元的几何拓扑、欲设定的力密度值和边界节点坐标，以及节点的平衡条件建立结构整体平衡方程，通过求解线性方程组直接得到初始态节点坐标，从而确定膜结构的空间曲面形状。

力密度法将膜结构离散为索网网格，设索网结构有 n 个节点、m 个线单元，假设给定索网的力密度值为 q_i，则该结构的力平衡方程为

$$BQB^\mathrm{T}X = P \tag{2-1}$$

$$b_{ij} = \begin{cases} -1 & \text{若 } i \text{ 节点是单元 } j \text{ 的起点} \\ 1 & \text{若 } i \text{ 节点是单元 } j \text{ 的终点} \quad (\text{注：终点的节点号大于起点}) \\ 0 & \text{其他} \end{cases}$$

式中：B 为结构的几何拓扑结构矩阵，有 $B = [b_{ij}]$，是个 $n \times m$ 的矩阵；X 为节点的坐标矩阵，$X = [x, y, z]$；Q 为单元的力密度矩阵，是对角矩阵，有 $Q = \mathrm{diag}(q)$，$q = [q_1, q_2, \cdots, q_m]^\mathrm{T}$；$P$ 为节点的外力矩阵，有 $P = [p_x, p_y, p_z]$。

在找形的计算过程中，根据边界条件和载荷条件，某些节点的坐标固定或者外力为零。因此，节点可以划分为两类：固定节点 X_r（作为已知条件）和自由节点 X_f。式（2-1）可以改写为

$$\begin{bmatrix} B_f \\ B_r \end{bmatrix} Q \begin{bmatrix} B_f^\mathrm{T} & B_r^\mathrm{T} \end{bmatrix} \begin{bmatrix} X_f \\ X_r \end{bmatrix} = \begin{bmatrix} P_f \\ P_r \end{bmatrix} \tag{2-2}$$

所以,需要求解的自由节点的平衡方程为

$$(B_f Q B_f^{\mathrm{T}}) X_f = P_f - (B_f Q B_r^{\mathrm{T}}) X_r \qquad (2-3)$$

由于找形分析过程通常是自平衡状态,即 $P_f = 0$,因此索网结构的找形方程的最终结果为

$$(B_f Q B_f^{\mathrm{T}}) X_f = -(B_f Q B_r^{\mathrm{T}}) X_r \qquad (2-4)$$

这是一个线性方程组,根据边界条件即可计算出自由节点的坐标。

2.2.2　动力松弛法

动力松弛法是一种通用的数值求解方法,常用于求解非线性系统平衡状态。该方法于 1965 年由 Day 和 Otter 首次提出,用于潮流分析计算。1970 年,Day 和 Bunce 将该方法首次用于索网结构的找形分析和荷载分析,之后经过多位学者的深入研究,动力松弛法在索网结构和张拉膜结构的分析中得到了全面应用,形成了找形分析、荷载分析、裁剪分析和绘图输出等整套空间膜结构的设计系统,尤其是英国学者,对该方法十分推崇。

动力松弛法的基本原理是用动力学去解决结构静力问题,然后用逐步迭代的方法求解非线性系统的平衡状态。它的基本方程为

$$M\ddot{u} + C\dot{u} = F \qquad (2-5)$$

式中:F 为节点不平衡力;M 为虚拟的质量矩阵;C 为阻尼矩阵;u 为节点的位移。

动力学方程一般可用有限差分法求解,将式(2-5)写成中心差分形式,即

$$\dot{u}^{n+1/2} = \frac{\left[(2 - C^n \Delta t)\dot{u}^{n-1/2} + 2\Delta t F^n\right]}{(2 + C^n \Delta t)} \qquad (2-6)$$

则迭代的递推公式为

$$u^{n+1/2} = u^{-1/2} + \Delta t \dot{u}^{n+1/2} \qquad (2-7)$$

在迭代跟踪过程中,由于阻尼项的存在,会消耗能量,直至结构从最初的运动中静止下来达到平衡状态。该方法中质量矩阵和时间步长是计算稳定性和收敛速度的重要参数,由上一步的状态可求解下一个时间步的平衡态,不需要形成整体的刚度矩阵。

2.2.3　非线性有限元法

20 世纪 70 年代,E. Haug 和 G. H. Powell 等将有限元方法用于索网结构的找形分析,1974 年 Argyris 等提出了一种从平面状态开始的找形方法,通过逐步改变控制点的坐标并经平衡迭代,得到相应的空间形状。膜结构的找形分析属

于小应变、大位移状态,因此是几何非线性问题。在涉及几何非线性问题时,为保证求解的精度和稳定性,通常采用增量理论。目前,几何非线性有限元法是找形分析中比较普遍的方法。

薄膜结构的非线性有限元的基本方程为

$$([K_L] + [K_{NL}])\Delta\{u\} = \{R\} - \{F\} \tag{2-8}$$

式中:$[K_L] = [B_L][D][B_L]$ 为线性刚度矩阵;$[K_{NL}] = [B_{NL}][D][B_{NL}]$ 为非线性刚度矩阵;$\Delta\{u\}$ 为节点的位移向量;$\{R\}$ 为节点的外载荷向量;$\{F\} = [B_L]\{\sigma\}$ 为节点的等效力向量。此方程属于非线性方程组,可采用 New – Raphson 的数值方法进行求解。

采用非线性有限元法进行找形时,将膜结构的初始预应力设为已知,求解与之对应的空间形状。为了保证所求曲面为最小曲面(等应力曲面),需要将材料的弹性模量设置为零,即材料可以自由变形。但是实际计算中,零弹性模量会引起畸变,因此一般取真实弹性模量的 1/1000 ~ 1/100,即小弹性模量技术。目前,基于非线性有限元理论的找形方法有两种。

1. 支座位移提升法

支座位移法是将目标形状的水平投影作为找形的初始几何构型,设定膜面的预应力大小与分布,将边界控制点(支座)从平面位置开始逐步向目标位置移动,每移动一步,需要对结构进行平衡计算,得出自由节点的平衡位置,再进行下一步移动。由于支座每一步移动都会导致大变形,表现出较强的几何非线性,因此需要采用小弹性模量技术。

2. 节点平衡法

选择一个和目标形状近似的初始几何构型(可以由边界控制点的位置进行曲面拟合得到),给定初始预应力的大小和分布,然后不平衡的预应力使结构发生变形,得到最终的平衡形态。需要注意的是,本方法对初始构型要求较高,要求初始形态和平衡态比较接近时,找形迭代计算才能收敛。

2.3　带预置压差的节点平衡法找形分析

2.3.1　压差预置法的概念

传统的张拉膜结构,采用小弹性模量法,通过位移设置来求解预期的张拉结构。充气式索膜结构的特点是结构刚度的形成需要一定的压差,否则结构本身不能承载。要正确计算出结构的初始形态,必须考虑压差的作用。

因此,针对充气式索膜结构,采用压差预置法的找形概念。所谓的压差预置法,就是在初始形态的结构上,采用小弹性模量法,以施加压力载荷的方法,使膜结构产生近似自由变形的变化直至达到设计目标,例如高度、体积、面积、应力分布等设计要求,从而得出最终的形态。

压差预置法基于小弹性模量法进行找形分析,在虚拟弹性模量设置时,折减系数 λ 的选取应该与压差的大小相匹配,压差相对较大,会导致过度的大变形,产生不收敛的状态;压差相对较小,不能满足设计要求。

2.3.2 节点平衡法

为了介绍节点平衡法,先对自平衡状态进行说明。自平衡是针对张力集成结构提出的,该结构由杆结构和柔性索结构组成,与常规结构的不同之处在于,它是在内部预应力作用下才能具有成形能力和承受外载荷的刚度,而且不需要外部支撑就可以达到自身的平衡,"自平衡"由此而来。在自平衡状态里面,每个节点都应该是平衡的,即节点处的合力为零。在找形的过程中,一般是要得到一些参数应该满足的条件,如长度参数 l,根据节点平衡可得

$$F_{\text{total}}(k_1, k_2, \cdots, k_n, l) = 0 \qquad (2-9)$$

式中:$k_1, k_2, \cdots, k_n$ 为其他参数。因此,可以得到一些关于 l 的方程,这些方程就是我们所关心的未知量所要满足的条件。在有限元分析中进行节点平衡迭代的时候,是通过更新节点坐标的方法,把每次求解得到的节点新坐标作为平衡方程下一次求解的初始位置,从而一步步实现迭代求解。

2.3.3 带预置压差的节点平衡法

压差预置法能够初步满足设计要求,其结果可以作为初定的几何曲面。找形分析的最终目的是找出尽可能均匀的平衡预应力形态,因此,可以在压差预置法之后,再选用节点平衡法,在初始的几何位形上更新节点坐标,然后重新设定索膜结构真实的材料常数和预应力分布进行自平衡迭代求解,直至迭代求解的结果满足给定的精度,此时得到的几何位形即为找形分析后的初始平衡形状。该找形方案的具体流程如图 2-1 所示。

在找形分析中,存在着 2 个重要的控制因素:预应力和压差,这是充气膜和张拉膜的不同之处。对于预应力的选择,根据经验值,一般会选择最大应力的 $1\% \sim 5\%$,除此之外,还要考虑到具体的工况,进行合理的选择。压差预置法

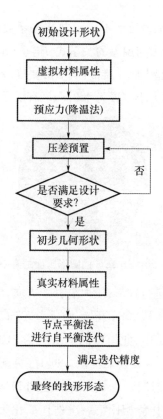

图 2 - 1　带预置压差的节点平衡法找形方案流程

中,压差的施加一般采用逐步施加的方法,压差最大值依赖于设计要求,如高度、应力分布等,因此可选用索和膜的应力比值作为设计要求。节点平衡法的作用是,对结构的应力分布进行调整,每次迭代都在几何位形上更新节点坐标,然后进行位移和应力的重新求解,迭代停止的条件是应力均匀或者应变均衡。

2.3.4　验证算例

为了验证本节提出的方案,选择和文献[42]中算例的相同参数进行计算。算例选择半径为 $6\sqrt{2}\,\mathrm{m}$ 的圆形,周边为固定边界,在预应力和压差作用下,由平面形状鼓起生成一定矢顶高的球形形状。由于采用了小弹性模量法,达到目标矢顶高的过程近似看作充气泡自由膨胀的过程。在压差预置之后,采用自平衡迭代法,对前一步所得的形状进行微调,从而得到受力更加均衡的形态。

和对比算例取相同的参数,初始模型为 $6\sqrt{2}\,\mathrm{m}$ 的圆形平面,膜材结构的预应力的大小取 $\sigma_0 = 8 \times 10^5\,\mathrm{Pa}$,膜材的弹性模量为 $E = 2.5 \times 10^{10}\,\mathrm{Pa}$,折减系数为

$\lambda = 1/1000$,泊松比$\mu = 0.35$,厚度为1mm。热膨胀系数设为$\alpha = 1 \times 10^{-4}$,采用降温法设置预应力,根据预应力与温差的关系式$\sigma = E \cdot \alpha \cdot \Delta t$,可求得$\Delta t = 0.32\,^{\circ}\!\text{C}$。

由于该模型由平面鼓起生成三维曲面,变形幅度较大,因此网格划分时,单元的大小要稍微小一些,全局大小设置为400mm。有限元模型如图$2-2$所示。

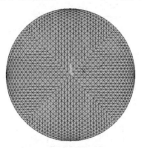

图$2-2$ 半径$6\sqrt{2}\text{m}$的圆形膜面的有限元模型

首先采用压差预置法进行找形,压力沿着Z方向,由于变形较大,需要将压强逐步加载,采用多载荷步法,从50Pa开始,增量为50Pa,直至加载到300Pa,此时的矢顶高为2095mm。在文献中,此模型的解析解为2101mm,误差为0.29%。之后,为了使受力更均匀,使用节点平衡法。此时,更新节点坐标,将材料属性改为真实属性,再进行自平衡迭代,迭代4次后达到2100mm,此结果逼近解析解,同时最大和最小应力的变化值相比第一次迭代变化很小,如表$2-1$所列,因此可以终止迭代。最终找形分析的结果如图$2-3$所示。

表$2-1$ 平衡迭代的过程

自平衡迭代步	顶点的Z坐标/mm	S_{MIN}	S_{MAX}
Step1	2096. 28	2. 232	2. 961
Step2	2097. 57	2. 232	2. 959
Step3	2098. 85	2. 233	2. 957
Step4	2100. 13	2. 233	2. 956

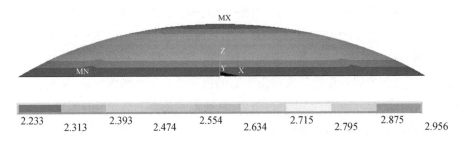

图$2-3$ 找形后的膜结构的形状和受力结果

充气膜结构的找形分析属于大位移小应变问题,具有很强的几何非线性,压差载荷的分步加载有利于结构形态的逐步稳定变化。压差是维持结构稳定的关键因素。

为了分析压差对结构位移变化的影响,选取顶点的高度变化作为因变量进行分析。如图 2-4 所示,在一定范围内,压差加载的过程中,结构的位移变化基本呈现线性增长的状态。需要注意的是,预应力的大小和压差需要控制在一定范围内,否则会产生不收敛的状态。

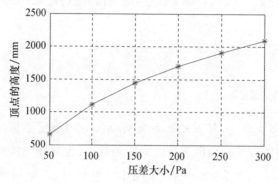

图 2-4　压差对顶点高度的影响

▶▶▶ 2.4　飞艇膜结构的逆向初始形态分析

当飞艇结构没有加强索时,和传统的张拉膜结构的初始形态分析不同。在结构设计的初始阶段,需要满足总体设计中气动性能的要求,因此,通常是先确定了目标形状,再反向寻找初始形状,这是一个逆向分析问题。

首先选定一个和目标形状接近的外形作为初始几何形状,施加压差进行载荷分析,然后以变形后的几何形状和目标形状的几何误差作为控制参数。当误差值不满足要求时,修改初始几何形状,再次进行载荷分析,如此反复迭代,直至误差满足精度要求。

将目标几何形状离散为 N 个节点,第 i 个节点的坐标值为 (X_i^k, Y_i^k, Z_i^k)。设初始几何形状在第 $k(k>0)$ 次迭代时,第 i 个节点的坐标值为 (x_i^k, y_i^k, z_i^k),进行载荷分析后,产生的位移为 (u_i^k, v_i^k, w_i^k),因此,各个方向的位置偏差为

$$\begin{cases} p_{xi}^k = (x_i^k + u_i^k) - X_i^k \\ p_{yi}^k = (y_i^k + v_i^k) - Y_i^k \\ p_{zi}^k = (z_i^k + w_i^k) - Z_i^k \end{cases} \qquad (2-10)$$

总的位移偏差为

$$P_i^k = \sqrt{(p_{xi}^k)^2 + (p_{yi}^k)^2 + (p_{zi}^k)^2} \qquad (2-11)$$

采用均方根误差 RMS 作为误差计算标准,第 k 次迭代的几何误差为

$$\mathrm{RMS} = \sqrt{\dfrac{\sum\limits_{j=1}^{N}(P_i^k)^2}{N}} \qquad (2-12)$$

当 RMS 不满足精度要求时,对第 k 次迭代的外形进行修正,得到第 $(k+1)$ 次的
模型为

$$\begin{cases} x_i^{k+1} = x_i^k - p_{xi}^k \\ y_i^{k+1} = y_i^k - p_{yi}^k \\ z_i^{k+1} = z_i^k - p_{zi}^k \end{cases} \qquad (2-13)$$

重复上述步骤,多次迭代,直至 RMS 满足几何尺寸的精度要求。

根据飞艇膜结构的初始形态逆向分析的特点,仅有膜结构的飞艇外形的初始形态分析流程图如图 2-5 所示,采用小弹性模量法,通过使用虚拟材料属性,模拟充气柔性飞艇膜结构成形具备刚度的过程。

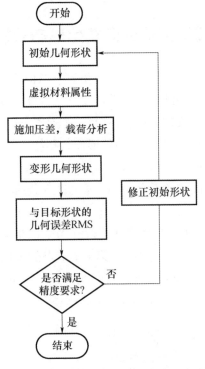

图 2-5 飞艇膜结构的初始形态分析流程图

2.4.1　飞艇膜结构的目标形状

本节选取飞艇的一个典型轮廓作为初始形态分析的目标形状,以水平方向为轴的旋转体,体积为 $33.5\mathrm{m}^3$,长为 $10\mathrm{m}$,长细比为 4,如图 2-6 所示,左端的头部曲线方程 $\dfrac{x^2}{a^2}+\dfrac{y^2}{b^2}=1$,右端的尾部曲线方程为 $\dfrac{x^2}{2a^2}+\dfrac{y^2}{b^2}=1$,其中 $a=4.19\mathrm{m}$,$b=1.26\mathrm{m}$。

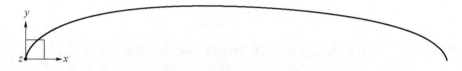

图 2-6　飞艇膜结构的目标形状

囊体材料的基本参数如表 2-2 所列。

表 2-2　囊体材料属性

膜的属性	弹性模量	泊松比	热膨胀系数	厚度
参数值	9GPa	0.3	1×10^{-5}	0.18mm

建立的有限元模型材料属性为只受拉,不受压。全局大小设置为 100mm。约束条件为:左顶点约束住 x、y、z 三个方向的位移,右顶点只约束 y 和 z 方向。

2.4.2　逆向初始形态分析

在进行逆向分析迭代时,第一次迭代选用目标形状作为初始形状。采用小弹性模量法进行初始形态分析,需要确定材料属性的折减系数 λ,根据工程经验,虚拟弹性模量可取真实模量的 $1/10000\sim1/1000$,本算例中取 $\lambda=1/1000$,相应的热膨胀系数扩大 1000 倍。施加压差 100Pa,进行载荷分析。预应力的大小 $\sigma=4.74\times10^4\mathrm{Pa}$,根据公式 $\sigma=E\cdot\alpha\cdot\Delta t$,膜的降温温差为 $\Delta t_2=0.5268℃$,参考温度选 0℃。

进行迭代分析,迭代 5 次并对初始形状进行修正,发生变形后的形状与目标形状的平均误差变化如图 2-7 所示,第 1 次迭代的 RMS = 89.59mm,第 5 次迭代后即达到了 RMS = 1.64mm,对于长 10m 的大跨度结构来讲,该误差满足几何精度要求。观察迭代过程,第 1 次和第 2 次之间的跨度最大,逆向迭代的效果显著,之后误差变化趋于平缓。

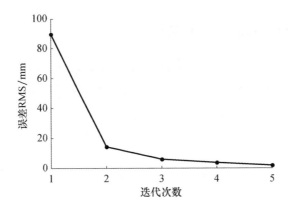

图 2-7　逆向初始形态分析迭代过程的平均误差变化

第 1 次迭代的初始形状是目标形状,经过 5 次迭代后的修正,初始形状如图 2-8 所示,此时的初始形状经过载荷分析变形后刚好和目标形状吻合。

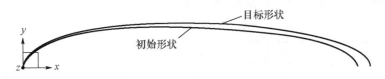

图 2-8　逆向初始形态分析确定的初始形状

表 2-3 列举了轮廓线上不同位置的节点发生变形后和目标形状的几何误差,观察变化规律可知,相比结构中间,两端的几何误差较大,逆向初始形态分析时,两端的外形更难以确定。

表 2-3　变形后的不同位置的几何误差

节点编号	变形后的 X 坐标/mm	变形后的 Y 坐标/mm	变形误差 P/mm
3390	491.92	593.71	1.59
3400	1436.69	949.82	0.40
3413	2734.85	1181.58	0.36
3425	3952.17	1257.85	0.12
4087	5158.41	1242.84	0.12
4101	6556.61	1154.43	0.89
4115	7943.39	974.32	1.30
4125	8916.35	759.49	1.77

目标形状的外形是双椭圆曲线,对于初始形状的确定,同样采用二次曲线函数进行拟合,如图 2-9 所示,可以得到较好的拟合结果。使用制图软件的一

般二次曲线功能,使用 5 点创建模式:始点、终点和 3 个中间点,可以通过调整 3 个中间点的位置,使拟合误差最小。

图 2 - 9　初始形状的二次曲线拟合

2.5　飞艇索膜结构的初始形态优化设计

飞艇艇身属于封闭式囊体结构,为了提高膜结构的承载能力,通常采用增加加强索的方式。加强索的增加会使膜结构产生“鼓包”结构,从而减小了结构的曲率,膜结构应力也随之减小,承载能力便随之增强。增加了索结构之后,飞艇的初始形态分析方式也随之变化,在满足总体设计要求的同时,还需要考虑“鼓包”效应。

飞艇的承载能力主要是靠浮力和重力、载荷平衡来实现的,因此囊体的体积必须满足设计要求;同时,为了充分发挥索和膜的材料性能,期望索和膜的应力之比有一个合适的值。针对带有加强索的飞艇结构,考虑“鼓包”效应,本节提出了合理的初始形态优化方案,如图 2 - 10 所示,先采用压差预置法与节点平衡法相结合的方法来满足索和膜结构的应力比值的设计要求,然后在此基础上,采用等比例缩放的方法,对结构进行微调以满足囊体的体积要求。

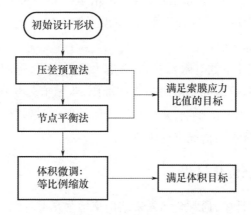

图 2 - 10　飞艇索膜结构的初始形态优化分析方案

2.5.1 飞艇索膜结构的初始外形

以 2.4 节轮廓作为基础囊体外形,增加绳索来加强结构的承压性能,该艇的设计要求为体积 33.5m³,并且考虑环向绳索 9 根,纵向绳索 8 根,模型的示意图如图 2 – 11 所示,该索膜结构作为初始形态分析的初始模型。

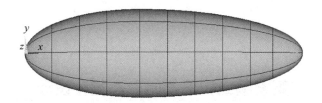

图 2 – 11　飞艇索膜结构的初始模型示意图

组成结构的材料属性如表 2 – 4 所列。

表 2 – 4　膜和绳索的材料属性

材料	弹性模量/GPa	泊松比	强度	热膨胀系数	尺寸参数/mm
膜	9	0.3	800N/cm	1×10^{-5}	厚度 0.18
索	20	0.3	$1.25t/\phi4$	1×10^{-5}	直径 4

特别说明,热膨胀系数不是真实的,只是为了采用降温法施加预应力需要而自行设置的。对于膜材和绳索的折减系数,均采用 $\lambda = 1/1000$。

在有限元模型中,膜结构采用三角单元,属性为只受拉、不受压;索结构采用一维单元,属性也是只受拉、不受压。索膜结构在初始形态分析时,采用协同分析的方式,即有共同的坐标位置,因此将索单元和膜单元进行共节点设置。全局大小设置为 100mm。约束条件为:左顶点约束住 x、y、z 三个方向的位移,右顶点只约束 y 和 z 方向。

求解方式采用非线性有限元方法,考虑大变形因素,采用 Newton – Raphson 迭代方法求解位移,收敛准则采用力收敛准则,收敛值为 0.01 ~ 0.05。模型计算的收敛受到很多因素的影响,如结构的几何外形、网格划分的密度、预应力的设置等,需要根据算例的情况进行调整。

2.5.2 初始形态优化过程

飞艇结构的设计中,通常会加入索结构来增强承载能力。根据索和膜的强度值,膜材的强度为 800N/cm,索的强度值为 $1.25t/\phi4$,但在设计形状受载时,索发挥的作用不大,在支撑压差作用下,索的应力值比膜材小很多。因此,希望通过初始形态分析后,能让索和膜充分发挥出材料的性能。

本算例初始形态分析的目标为:在设计形状的基础上改善飞艇索膜结构,使索和膜在支撑压差 800Pa 作用下,应力值之比在 1.6 左右,同时最终模型的总体积为 33.5m³。

预应力的选择:选择设计形状受载 800Pa 时,索的最大应力值为 3.512MPa,预应力选取为该值的 3%,因此,索结构的预应力为 $\sigma_1 = 1.0536 \times 10^5 Pa$;由于膜结构的弹性模量比索结构小很多,因此预应力选为索结构预应力的 9/20,$\sigma_2 = 4.74 \times 10^4 Pa$。预应力的施加,索和膜都选用降温法,由于虚拟弹性模量选择实际模量的 1/1000,虚拟热膨胀系数为实际值的 1000 倍,根据公式 $\sigma = E \cdot \alpha \cdot \Delta t$,对应的索的降温温差为 $\Delta t_1 = 0.5268℃$,膜的降温温差为 $\Delta t_2 = 0.5268℃$,参考温度选 0℃。

采用压差预置法进行初始形态分析,压差采用多载荷步施加,在压差值达到 185Pa 时,索和膜的最大应力值之比为 1.85。此时选取的应力比值要比设计目标大一些,因为在设计模型基础上压差施加后模型会膨胀放大,比值随着模型的扩大会增加。

在压差预置初始形态分析之后,模型的应力分布需要做微量的调整,采用自平衡迭代法,迭代 5 次(根据经验,一般 5 次之内即可满足平衡状态)。由于初始模型的体积为 33.5m³,施加压差后,体积增大,因此在初始形态分析结束后,把模型进行等比例缩小,缩小至体积为 33.5m³。

2.5.3　初始形态优化前后的对比

初始形态优化分析之后,飞艇的形状有所变化。相比横向索,纵向索的作用相对较小,因此只关注纵向截面图。

优化前后的对比如图 2 - 12 和图 2 - 13 所示。由图 2 - 12 可知,艇总长度由 10.078m 缩短为 9.59m,艇身变得更圆润一些,同时,局部结构发生了细微的变化。由图 2 - 13 可知,初始形态优化分析之后的模型存在"鼓包",这样的形状会使索结构发挥本身的作用,承担更多的载荷来优化膜结构的受力。

为了研究初始形态优化分析前后的模型效果,按照设计目标,分析在 800Pa 压差作用下模型的受力情况。图 2 - 14 所示为初始形态优化分析前后模型的应力云图。初始形态优化分析之前,索的最大应力为 3.512MPa,膜的最大应力为 4.762MPa,比值为 0.74;初始形态优化分析之后的模型,索的最大应力为

7.56MPa,膜的最大应力为 4.578MPa,比值为 1.65,与设计目标约 1.6 倍相符
合,初始形态优化的效果很好。

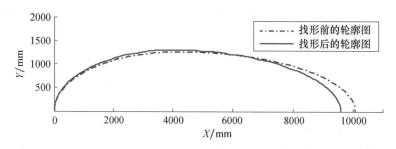

图 2 – 12　初始形态优化前后的外形对比图

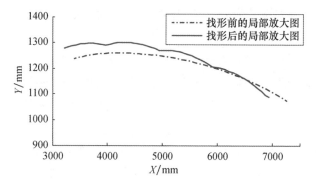

图 2 – 13　初始形态优化前后的外形局部放大图

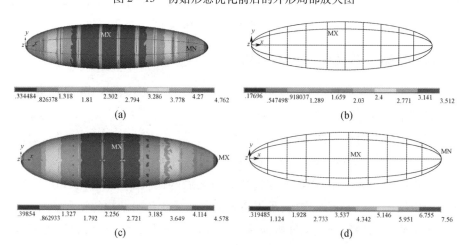

图 2 – 14　初始形态优化前后的应力云图对比

（a）初始形态优化前膜的应力云图;（b）初始形态优化前索的应力云图;

（c）初始形态优化后膜的应力云图;（d）初始形态优化后索的应力云图。

经过对比之后,发现初始形态优化之后膜的最大应力值有所减小,而且索的应力值则有明显增大,是优化前的 2.15 倍,索的应力值增大改善了膜的应力分布,如图 2 - 15 所示,采集了飞艇结构一条母线上所有节点的应力值,即图 2 - 14(a)和图 2 - 14(c)中的初始形态优化前后膜的应力值进行对比,由图可知,膜的受力整体水平下降,而且受力更加均匀。

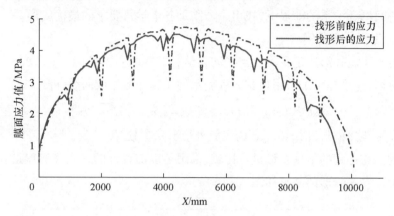

图 2 - 15　初始形态优化前后结构的应力分布图

根据非线性有限元初始形态分析理论,将压差预置法与节点平衡法相结合,对飞艇结构的两类初始形态问题进行了分析。第一类初始形态问题是先确定目标形态,再确定初始形态,属于逆向问题分析;第二类问题是先确定初始形态,再寻找满足设计需求的目标形态。

根据目标形态,以外形几何误差进行控制,逐步确定初始形态;针对飞艇索膜结构,以固定体积、固定索膜最大应力的比值和应力分布均匀为优化目标,确定了带"鼓包"的优化目标形态,使索的最大应力值为初始形态优化前的两倍,充分发挥了索的增强承载作用。

2.6　平流层飞艇外形优化设计

2.6.1　多学科优化分析

从空气动力学角度出发,飞艇外形的设计目标是飞艇受到的阻力最小,即飞艇的体积阻力系数最小;从结构强度角度上考虑,应使飞艇气囊满足强度要求,这点主要是通过最小表面积和最小环向应力反映出来,而最小表面积和最小环向应力实际上对应的即是最小的艇囊重量。实际上,包括气动力、结构以及重量与平衡在内的三个学科,通过自身的约束条件和需求直接影响着飞艇的形状,而且各个学科之间存在紧密的耦合关系。例如,根据经验公式,体积阻力系数主要受飞艇的长细比影响,长细比越大,飞艇的体积阻力系数越小,但是飞艇的最小环向应力会越大。因此对于飞艇外形的多学科优化而言,是要在处理好学科间耦合关系的前提下,找出一个满足各个学科要求的最优艇形。

1. 飞艇外形曲线

由于飞艇外形决定了飞艇空气动力学和结构的基本性能,为了更好地找到最优艇形,这里提出了采用显式方程表示的飞艇外形生成曲线,即

$$64(y^2 + z^2) = a(l - x)(bx - l\sqrt{c} + \sqrt{cl^2 - dlx}) \tag{2-14}$$

式中:l 为飞艇的长度;a,b,c,d 为飞艇外形形状参数。

为了与得到的最优艇形进行比较,采用了以前设计的一款飞艇艇形作为参考艇形。参考艇形的外形如图 2-16 所示。

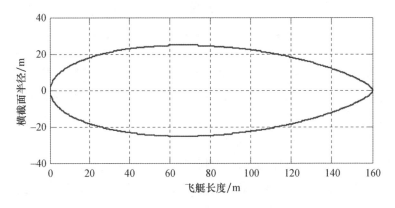

图 2　16　参考艇形的外形图

2. 飞艇外形优化数学模型

根据飞艇艇体设计中气动阻力最小、质量最小以及对强度要求最低的设计目标,得出飞艇外形优化的目标主要有:给定体积下最小的气动阻力,最小的表面积以及最小的环向应力。

1）气动阻力模型

Khoury 和 Gillett 根据试验数据和流场计算的结果统计出了流线型旋转体零攻角的阻力系数,该阻力系数是基于 $V^{2/3}$ 计算的,公式为

$$C_{DV} = \frac{0.172\,(l/D)^{1/3} + 0.252\,(D/l)^{1.2} + 1.032\,(D/l)^{2.7}}{Re^{1/6}} \tag{2-15}$$

$$Re = \rho_a vl / \mu \qquad (2-16)$$

式中:l 为飞艇长度;D 为飞艇最大直径;Re 为雷诺数;ρ_a 为空气密度;v 为设计速度;μ 为空气动力黏度。对于飞行高度为 20km 的平流层飞艇而言,$\mu = 1.4216 \times 10^{-5} \mathrm{N \cdot s/m^2}$,$\rho_a = 0.088035 \mathrm{kg/m^3}$。

2) 最小环向应力模型

飞艇外气囊所能承受的荷载是有限度的,在较大的弯矩作用下,飞艇会发生褶皱变形。为了保持飞艇外气囊的刚度,飞艇内部必须维持一定的内压力,使得在承受最大弯矩及其他挤压作用时,外气囊顶部保持拉应力状态。假设工程弯曲理论是适用的,那么环形横截面顶部的内部轴向力可表示为

$$f \cdot t = \frac{P_{\mathrm{cross}}}{A_{cs}} t - \sigma t \geq 0 \qquad (2-17)$$

$$P_{\mathrm{cross}} = p \pi r_{gc}^2 \qquad (2-18)$$

$$A_{cs} = 2 \pi r_{gc} t \qquad (2-19)$$

$$\sigma = \frac{M_{gc}}{I} r_{gc} \qquad (2-20)$$

式中:f 为轴向膜应力;t 为飞艇外气囊膜材织物的厚度;P_{cross} 为挤压作用力;A_{cs} 为横截面面积;σ 为外气囊顶部由于作用在重心处弯矩所引起的应力;p 为压力差;M_{gc} 为作用在质心上的弯矩;I 为横截面上的二次弯矩;r_{gc} 为重心处的截面半径。

由式(2-17)~式(2-20)可得

$$\frac{p}{2} - M_{gc} \frac{t}{I} \geq 0 \qquad (2-21)$$

对大半径的环向膜来说,横截面上的二次弯矩可以表示为

$$I = 2 \int_0^\pi rt (r\cos\gamma)^2 \mathrm{d}\gamma = r^3 t \int_0^\pi (1 + \cos\gamma) \mathrm{d}\gamma = \pi r^3 t \qquad (2-22)$$

$$t = r - r_i, t \ll r, r_i / r \approx 1$$

式中:γ 为横截面上圆周角;r_i 为外气囊内半径。

由于飞艇的外气囊织物的厚度与外气囊的半径之间满足 $r_i / r \approx 1$,因此式(2-22)就适用于飞艇外气囊织物。由式(2-22)可得

$$t/I = \frac{1}{\pi r^3} \qquad (2-23)$$

将式(2-23)代入式(2-21)中,可以得到为了抵抗相应弯矩而需要的最小内压力的计算公式,即

$$p \geqslant 2M_c / (\pi r_c^3) \qquad (2-24)$$

由式(2-24)可知,为了计算在飞行中飞艇保持刚度所需的最小内压力值,必须首先求得施加在外气囊上的最大弯矩,也就是作用在外气囊上的静力弯矩和动力弯矩之和。同时,气囊内气体的压力梯度所产生的作用力也应该考虑在内。

飞艇上的结构部件如头尾锥、尾翼、吊舱、起落架、动力和推进系统以及有效载荷等的重量会对飞艇质量中心形成一个静弯矩。对椭球外形飞艇而言,静弯矩可表示为

$$M_{\text{static}} = 0.1154g\rho_a \pi r_{gc}^4 \lambda^2 \qquad (2-25)$$

式中:g 为重力加速度;λ 为长细比,有 $\lambda = l/D$。

由式(2-24)和式(2-25)可以得出静弯矩对应的最小内压力为

$$p_{\text{static}} = 0.2308g\rho_a r_{gc}\lambda^2 \qquad (2-26)$$

飞艇飞行时,主气囊上作用有外部气动力和气动力矩。当飞艇以一定的仰角飞行时,会产生一个抬头力矩,也称为 Munk 力矩,其作用在飞艇质量中心处。对椭球外形飞艇而言,Munk 力矩通常表示为

$$M_{dyn} = \frac{1}{2}\rho_a v^2 V_e (k_2 - k_1) \sin 2\alpha \qquad (2-27)$$

式中:V_e 为气囊体积;α 为仰角;k_1 为横向 Munk 系数;k_2 为纵向 Munk 系数。

由式(2-24)和式(2-27)可以得到 Munk 力矩对应的最小内压力为

$$p_{dyn} = \rho_a v^2 V_e (k_2 - k_1) \sin 2\alpha / (\pi r_{gc}^3) \qquad (2-28)$$

飞艇外气囊不仅要抵抗这两种压力作用,还要抵抗压力梯度带来的作用力,可以大概估算为

$$p_{\text{diff}} = 1.722g\rho_a R\lambda \sin\alpha \qquad (2-29)$$

式中:R 为飞艇横截面最大半径。

由于静力弯矩、动力弯矩和压力梯度是分别作用在飞艇外气囊上并一起发生作用的,所以气囊所需的最小内压力可表示为

$$\Delta P = P_{\text{static}} + P_{dyn} + P_{\text{diff}} \qquad (2-30)$$

飞艇艇囊单位厚度下的最小环向应力的计算公式为

$$\sigma_{\min} = \frac{\Delta PD}{2} \qquad (2-31)$$

3)表面积模型

飞艇表面积可表示为

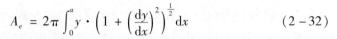

$$A_e = 2\pi \int_0^a y \cdot \left(1 + \left(\frac{\mathrm{d}y}{\mathrm{d}x}\right)^2\right)^{\frac{1}{2}} \mathrm{d}x \qquad (2-32)$$

4）多学科优化设计参数

一个经典的优化问题主要包括设计变量、约束条件和目标变量,飞艇外形优化的设计变量、约束条件和目标变量分别如下所示。

（1）设计变量。

由飞艇外形曲线可知,优化设计变量包括 a,b,c,d,同时为了扩大最优艇形的寻优范围,将飞艇的长度 l 也作为设计变量参与优化。

（2）约束条件。

为了使设计结果具有可比性,将飞艇的最大浮力设为定值,即体积为常数。考虑到初始艇形和初始艇长 $l = 160\mathrm{m}$,将飞艇的体积和飞艇长度的取值进行了设定,即

$$\begin{cases} V_e = 186000\,\mathrm{m}^3 \\ 145\mathrm{m} \leqslant l \leqslant 175\mathrm{m} \end{cases} \qquad (2-33)$$

（3）目标变量。

为了综合考虑各个学科对外形的影响,采用了一个包括阻力系数 C_{DV}、表面积 A_e 和最小环向应力 $\sigma_{\min}$ 的复合目标函数,即

$$F_{\mathrm{composite}} = \frac{1}{3} \times \left(\frac{C_{DV}}{C_{DVF}} + \frac{A_e}{A_{eF}} + \frac{\sigma_{\min}}{\sigma_{\min F}}\right) \qquad (2-34)$$

式中: $C_{DVF}, A_{eF}, \sigma_{\min F}$ 分别为三个输出变量 C_{DV}, A_e 和 $\sigma_{\min}$ 的初始值。

为了与复合目标函数的优化结果进行对比,还分别以最小阻力系数和最小表面积为目标函数进行了优化。为了便于比较,在优化中对这两个目标函数进行了适当变形,即

$$F_{\mathrm{MinDrag}} = \frac{C_{DV}}{C_{DVF}} \times 100 \qquad (2-35)$$

$$F_{\mathrm{MinAe}} = \frac{A_e}{A_{eF}} \times 100 \qquad (2-36)$$

5）优化算法

为了能够尽可能得到全局最优解,采用模拟退火算法来求解飞艇外形的优化设计问题。模拟退火算法(Simulated Annealing,SA)是基于蒙特卡罗迭代求解策略的一种随机寻优算法,其出发点是基于物理中固体物质的退火过程与一般组合优化问题之间的相似性而设计的一种全局优化算法。模拟退火算法把

每种组合状态 x_i 看成固体退火过程中物质系统的微观状态,把 $E(x_i)$ 看成是系统在状态 x_i 下的能量,用 T 表示该时刻系统的温度,并使 T 从一个足够高的值缓慢下降以模拟退火过程。在每个 T 值处,使用 Metropolis 采样法模拟系统在 T 处的热平衡状态,即对当前状态 x 的某个粒子做一个随机扰动以产生一个新的状态 x',若 $E(x') \leqslant E(x)$(即能量减少),则认为 x' 是重要状态并接受之,否则计算增量 $\Delta E = E(x') - E(x)$,并以概率 $P(\Delta E) = \exp(-\Delta E/(kT))$ 认为 x' 是重要状态并接受其作为当前状态。当重复随机扰动的次数足够多后,系统将达到温度为 T 时的热平衡状态,此时能量最小。统计结果表明,状态 x_i 出现为当前状态的概率服从 Boltzmann 分布,即

$$P(E = E(x_i)) = \frac{1}{Z(T)} e^{-E(x_i)/k_B T} \qquad (2-37)$$

式中:E 为能量的一个随机变量;$E(x_i)$ 为系统在状态 x_i 下的能量;k_B 为玻耳兹曼常数;$Z(T) = \sum_i \exp\left(\dfrac{-E(x_i)}{k_B T}\right)$ 为概率分布的标准化因子。

模拟退火算法的基本步骤如下:

(1) 设定初值 x_0,$x = x_0$;令 $k = 0$;给出一个足够高的起始温度 T_{max},$T_0 = T_{max}$;计算目标函数 $E(x)$;给出温度下降函数 $d(T)$。

(2) 对初值作随机扰动以产生一个新的状态 x'。

(3) 计算新状态 x' 处目标函数 $E(x')$ 和增量 $\Delta E = E(x') - E(x)$。

(4) 若 $\Delta E \leqslant 0$,接受新状态为当前状态,令 $x = x'$;若 $\Delta E > 0$,则以概率 $P(\Delta E) = \exp(-\Delta E/T_k)$ 接受新状态,即若 $P(\Delta E) \geqslant \mathrm{random}(0,1)$,则接受新状态为当前状态,令 $x = x'$,否则保持当前状态不变。

(5) 重复(2)~(4)步,直至到达平衡状态为止。

(6) $k = k + 1$,$T_{k+1} = d(T_k)$,若满足算法停止条件,则算法中止;否则,重复(2)~(5)步。

从流程上看,模拟退火算法主要包括新状态产生函数、新状态接受函数、退温函数、抽样稳定准则和退火结束准则,这些环节的设计将直接决定模拟退火算法的优化性能。

2.6.2 仿真结果与分析

针对上述优化问题,采用模拟退火算法作为寻优算法进行优化,得到了不同优化目标下的最优艇形。最优艇形与参考艇形的比较结果如图 2-17 ~ 图 2-19

所示和表 2 - 5 ~ 表 2 - 8 所列。

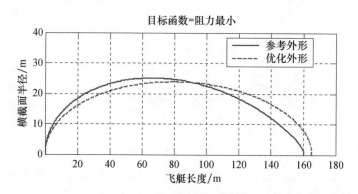

图 2 - 17　最优艇形（F_{MinDrag}）与参考艇形的比较

表 2 - 5　最优艇形（F_{MinDrag}）和参考艇形参数比较

对比参数	参考艇形	最优艇形	优化提高率
C_{DV}	0.02502	0.02449	2.12%
A_e	19560.06	20004.30	- 2.27%
$\sigma_{\min}$	4739.69	4853.53	- 2.40%
F_{MinDrag}	100.00	97.88	2.12%

从图 2 - 17 和表 2 - 5 可以看出,以最小阻力为优化目标得出的最优艇形较参考艇形,体积阻力系数改善了 2.12%。但是,表面积和最小环向应力分别增加了 2.27% 和 2.40%。

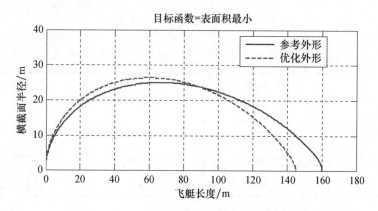

图 2 - 18　最优艇形（F_{MinAe}）与参考艇形的比较

表 2 - 6 最优艇形(F_{MinAe})和参考艇形参数比较

	参考艇形	最优艇形	优化提高率
C_{DV}	0.02502	0.02659	-6.27%
A_e	19560.06	18829.61	3.73%
$\sigma_{\min}$	4739.69	4310.69	9.05%
F_{minAe}	100.00	96.27	3.73%

从图 2 - 19 和表 2 - 7 可以看出,以表面积最小为优化目标得到最优艇形的表面积比参考艇形降低了 3.73%。同时通过仿真发现,最小表面积的优化艇形往往对应着优化空间中艇长最小的艇形。

到目前为止,前面进行的优化设计均是以单一学科为优化目标进行的。为了考虑各个学科对飞艇外形的综合影响,以考虑飞艇阻力系数、表面积和最小环向应力的复合目标函数作为优化目标进行了优化。

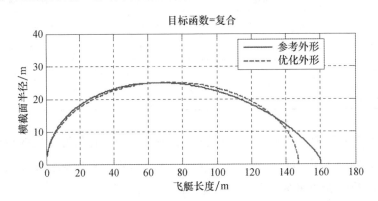

图 2 - 19 最优艇形($F_{\text{composite}}$)与参考艇形的比较

表 2 - 7 最优艇形($F_{\text{composite}}$)和参考艇形参数比较

	参考艇形	最优艇形	优化提高率
C_{DV}	0.02502	0.02587	-3.40%
A_e	19560.06	19110.77	2.30%
$\sigma_{\min}$	4739.69	4325.04	8.75%
$F_{\text{composite}}$	100.00	97.45	2.55%

将最优艇形整理在表 2 - 8 中,同参考艇进行比较。

表 2-8 不同优化目标下的优化艇形和参考艇形的比较

飞艇外形	$F_{composite}$	优化提高率
参考艇形	100	0%
最优艇形($F_{MinDrag}$)	100.85	-0.85%
最优艇形(F_{MinAe})	97.83	2.17%
最优艇形($F_{composite}$)	97.45	2.55%

从仿真结果可以看出,优化结果性能较参考艇形有所改善,而且优于以单个学科为优化目标得出的优化艇形,因此优化方案合理可行。

第3章

囊体结构强度分析

3.1　基于单轴拉伸试验的囊体材料力学行为与本构模型

3.1.1　单轴拉伸试验方法

1. 试验原理

　　囊体材料单轴拉伸试验所测得的性能是基于材料的单向拉伸力学性能,具有方法简单、可操作性强、高效、广泛应用于工程等优点。单轴拉伸囊体材料工程常数试验主要包括两部分内容:单轴拉伸强度试验和单轴循环试验。通过单轴拉伸强度试验可获得囊体材料经纬向拉伸强度值,采用单轴拉伸强度值来确定循环试验的加载应力范围。目前囊体材料设计安全系数为4,正常工作应力为单轴拉伸强度的 1/4,且由于飞艇经历重复操作和可变载荷,因此,针对囊体正常工作阶段的力学模型参数采用低周循环拉伸试验测定稳定的力学常数。

2. 试验方法

1)拉伸强度试验

　　囊体材料拉伸试验过程中试样夹持距离、试样宽度以及加载速度对拉伸测试结果有一定影响。针对单轴拉伸强度试验,采用条形试件,净长度为 $200 \pm 1mm$,试样宽度为 $50mm$,拉伸速度为 $100 \pm 10mm/min$,采用缠绕夹具或哑铃型且夹持端采用胶合铝片增强,试件断裂位于试件中间 1/3 区域认为是有效拉伸强度试验。试验机力传感器的量程和精度选择合理。有效试验不应少于5,具有囊体材料力学表征的高置信度。对不同批次囊体材料,分别进行经纬向或其他偏轴角度拉伸强度试验。

2）拉伸低周循环试验

因囊体材料呈现非线性、黏性、塑性特征,为获得稳定的工程常数,采用拉伸低周循环试验,测定囊体材料经纬向拉伸模量、泊松比、剪切模量,并应用于正交异性平面应力力学模型。

在拉伸循环试验中,因拉伸载荷小,夹持端可直接夹持而不至于损伤失效,试件仍采用条形试件,净长度为 $200 \pm 1 \text{mm}$,试样宽度为 50mm,夹持长度为 $50 \pm 1 \text{mm}$,拉伸速度为 $100 \pm 10 \text{mm/min}$;试验过程中,荷载从 0 按照加载速率加载至最大拉力,然后荷载从最大拉力卸载至最小拉力,再加载至最大拉力,如此反复循环 15 次。因囊体为柔性材料,仅受拉,载荷最小值大于设备灵敏度或预紧载荷或设定较小值 $0.2 \sim 1.0 \text{kN/m}$($10 \sim 50 \text{N}$)。最大载荷为 1/4 单轴拉伸强度。

试件拉伸过程中部 1/3 可有效表征材料力学行为,可采用引伸计或无接触图像相关测量试件位移应变,引伸计具有较大的应变量程和精度。对囊体材料经纬向试件、45°偏轴试件进行拉伸循环试验,可测定经纬向弹性模量、泊松比和剪切模量。

3.1.2 单轴拉伸力学行为及本构模型与工程常数

1. 单调拉伸力学行为

1）试验破坏现象

经纬向试样在单调拉伸荷载作用下,基布纱线和多功能层及胶黏剂均逐渐被拉伸变形;当荷载继续升高时,由于 Vectran 纤维相对基体具有高强、高模量性质和"脆性"特征,应力水平明显高于基体,加之其强度存在一定的离散性,在应力达到一定水平时就有少数纤维首先断裂。纱线一旦断裂,断裂处应力应变将下降至零并释放应变能。

层合织物类囊体材料在单调拉伸荷载下,往往具有三类典型破坏形式:纱线抽断型破坏、脆性断裂型破坏、积累损伤型破坏,如图 3-1 所示。图 3-1(a)为纱线抽断型破坏,对于纤维纱线弹性模量高而界面强度又软弱的膜材,往往发生此类破坏形式。图 3-1(b)为脆性断裂型破坏,发生的对象往往是界面强度很高,而基体性能比较脆或基体比重较小的膜材。图 3-1(c)为积累损伤型破坏,当界面强度和基体韧性比较适中时,二者配合协调,纤维纱线早期断裂产生的界面以及基体中的应力集中,仅造成界面范围不大的脱粘或基体的屈服。

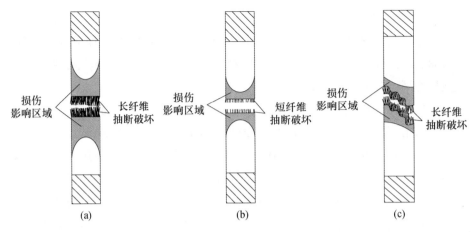

图 3 – 1　典型拉伸破坏形式

(a)纱线抽断型;(b)脆性断裂型;(c)积累损伤型。

囊体材料 Uretek3216LV 的断裂破坏类型均属于积累损伤型破坏,纱线纤维强度发挥充分,反映出此类膜材性能优良;针对囊体材料,依据试验现象,积累损伤破坏类型仍可细化,分为三类:

(1)倾斜串型。此类型中多段平直断裂截面,依次分布在一倾斜屈服损伤带上,纱线纤维在平直段内被抽出断裂,屈服损伤带内纱线聚集现象显著,出现不规则翘曲,纱线和基体脱离,如图 3 –2(a)所示。

(2)平行断裂型。这类形式的损伤区域比倾斜串型小,断裂平直段数量多而集中,各断裂截面呈等间距平行分布,纱线在断口截面处抽出断裂,长短不一,断口截面间的膜材屈服翘曲,纱线聚集特征明显,如图 3 –2(b)所示。

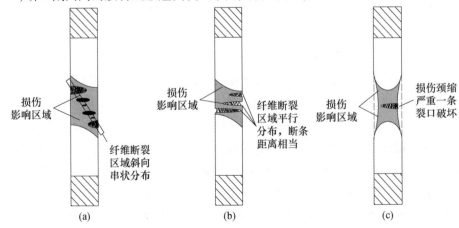

图 3 – 2　积累损伤型三种形式

(a)倾斜串型;(b)平行断裂型;(c)颈缩型。

（3）颈缩型。此类型的损伤积累区域发生段并不倾斜而是基本平直,屈服区域范围较大,纱线在屈服区内向中心线收紧,脱粘现象在区域内分布均匀,试样在屈服区域内颈缩明显,两侧颈缩一致,见图 3-2(c)。破断时一侧先撕裂并延展至对面,和脆性断裂型破坏有相似之处,但其屈服损伤区域明显大于脆性断裂型破坏。

2）应力应变关系的正交异性特征

单调拉伸试验所得囊体材料的应力应变关系曲线如图 3-3 所示,为清楚表现各试样的结果,各曲线依次偏移应变 0.5%。

对比图 3-3 各组曲线,可发现囊体材料 Uretek3216LV 抗拉强度试验离散性小,每组试样的拉伸曲线表现出一致的规律性,说明膜材质量稳定性好。经纬向极限强度分别为 85.4kN/m、75.9kN/m,经纬向极限应变分别为 6.63%、7.25%。囊体材料呈现正交异性和非线性特征。

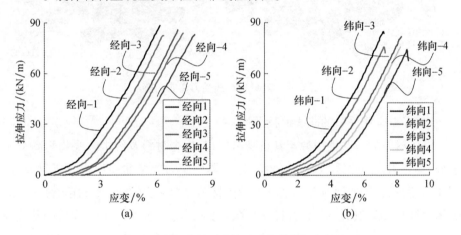

图 3-3　单调拉伸试验应力应变结果(见彩图)

(a)经向;(b)纬向。

囊体材料 Uretek3216LV 是多层复合织物类膜材,其力学性质基本上取决于膜材基布。基布是由经纬向芳族聚酯 Vectran 纤维纱线依据特定的构造编织而成的。Uretek3216LV 是一种平(纹)织法,平织法有一组称为经向的长直纱线,在编织过程中被紧紧地张拉着,另一方向纱线为纬线,纬纱上下缠绕、交替绕过经纱。荷载作用时,经纬向纱线表现出的力学性质差异性很大。经纱原本较平直,卷曲起伏度较小,拉伸时基本上发生伸展变形;而纬纱成波浪状编织,受载后首先需要被拉直,失去卷曲度,然后才发生伸展变形,造成纬向的极限应变大于经向。对于极限强度的差异性主要原因是纱线密度,经向纱线密度大于纬向纱线密度。由此,囊体材料产生经纬向正交异性的根源是经纬向纱线的几何结构及编织工艺。

另外,平纹织物囊体的经纬向纱线,一方向纱线受荷载作用时,其自身方向纱线将伸展变形,同时会引起其垂直方向纱线由于"编织波浪"效应出现收缩变形,此效应并非是弹性变形,而是一几何变形,称为卷曲交换(Crimp Interchange)。图3-4展示了经纬纱受力机理,当沿纬向纱线施加拉伸荷载时,纬向纱线卷曲度降低,而经向纱线的卷曲度会增大,甚至出现负应变。卷曲交换是膜材经纬向相互作用的主要机理,也是膜材双轴力学响应复杂的主因之一。

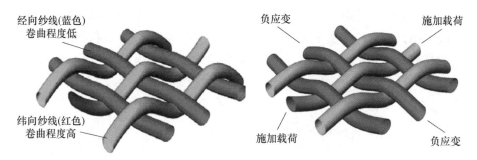

图3-4 经纬向纱线受力卷曲交换

3) 应力应变关系的非线性特征

囊体材料的非线性根源于其自身组成,其层合材料及纤维纱线均为高分子成分,具有明显的非线性和黏弹性。选取典型应力应变曲线作为分析对象,如图3-5所示。为加深对芳族聚酯类囊体材料力学性质的认识,选用聚酯类飞艇囊体材料 Uretek3216L®(后文省略®标)与之对比。Uretek3216L 膜材的基底为聚亚安酯(Polyurethane),防护层聚氟乙烯(PVF,商品名 Tedlar®),厚度0.40mm,面密度300g/m²,该膜材具有优越的耐腐蚀、抗紫外线、自洁性等性质,普遍应用于中型飞艇囊体结构中。

由图3-5可知,囊体材料 Uretek3216LV 和 Uretek3216L 均表现出明显的非线性特征,在应力增加的过程中,整个应力应变历程具有多段性、渐变性。但这两类膜材的应力应变关系存在很大差异,各代表聚酯类膜材的一个典型类型。

Uretek3216LV 囊体膜材(热致液晶芳族聚酯类)是新型膜材中的优秀代表,具有高强、高比强、高模量、耐氧化、性态稳定、耐磨、轻质、气密性优、耐强辐射、耐高温的特点,在国内外大中型飞艇、航天领域得到广泛使用。Uretek3216L 是普通聚酯的代表,采用了具有自洁性、耐久性、抗菌、耐腐蚀、弹性和柔性好的聚

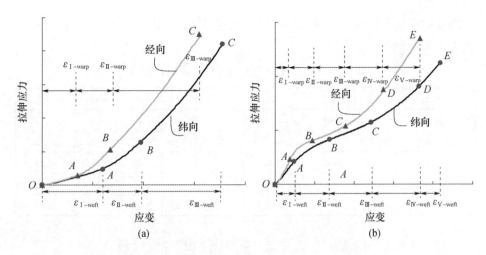

图 3 - 5　囊体材料单调拉伸应力应变关系模型

(a)Uretek3216LV；(b)Uretek3216L。

氟乙烯(PVF - Tedlar ®)面层,质轻,目前普遍应用在中小型航空飞艇的主(副)气囊结构中。

由图 3 - 5 可知,两种囊体材料的非线性特征十分显著,在变形应变范围内,可将应力应变关系曲线分为典型的多段特征区域:Uretek3216LV 膜材可划分为 3 段,其中两段线性区域(OA、BC),一段非线性区域(AB);Uretek3216L 膜材可划分为 5 段,其中三段线性区域(OA、BC、DE),两段非线性区域(AB、CD)。

(1) Uretek3216LV 囊体膜材应力应变关系曲线如图 3 - 5(a)所示。

OA:起始阶段。膜材初始受荷,受力纱线结构重新协调、卷曲特征逐渐减弱,膜材和纱线均为线弹性特征,大体和纱线拉伸曲线的 I 区域对应,各功能层和基布同步伸展。

AB:非线性阶段。纱线卷曲特征趋于消失,刚度逐渐增大,和纱线的拉伸曲线中的 I - II 区域对应,纱线纤维和基底层间存在脱黏现象。

BC:第 2 个线性阶段,主要体现为纱线的力学特征。纱线处于线性拉伸阶段对应 II 区域,曲线斜率大于 OA 段,类似冷拉强化,C 点处纱线纤维几乎全部断裂破坏或从基底层中抽出失效,多层之间剥离。

Uretek3216LV 囊体材料各阶段的应力应变关系式可表示为

$$线性阶段(OA、BC):\sigma = a \cdot \varepsilon + b \tag{3 - 1}$$

$$非线性阶段(AB):\sigma = a \cdot e^{b \cdot \varepsilon} \tag{3 - 2}$$

式中:σ、ε 分别为应力和应变;a 和 b 分别为试验数据所拟合得出的参数。相应数值及应变范围如表 3-1 所列。拟合的确定系数 R^2 均大于 0.99,可见公式的拟合效果理想。

表 3-1　参数数值结果(Uretek3216LV)

阶段		OA	BC	AB	阶段		OA	BC	AB
公式		$\sigma = a \cdot \varepsilon + b$		$\sigma = a \cdot e^{b \cdot \varepsilon}$	公式		$\sigma = a \cdot \varepsilon + b$		$\sigma = a \cdot e^{b \cdot \varepsilon}$
纬向	应变范围/%	$0 \sim 2.4$	$3.9 \sim 7.1$	$2.4 \sim 3.9$	经向	应变范围/%	$0 \sim 1.4$	$2.7 \sim 6.2$	$1.4 \sim 2.7$
	a	4.02	18.22	2.10		a	4.28	19.38	1.44
	b	-0.47	-48.08	0.65		b	-0.47	-33.96	1.01
	确定系数 R^2	0.99	0.99	0.99		确定系数 R^2	0.99	0.99	0.99

(2) Uretek3216L 膜材应力应变关系曲线如图 3-5(b)所示。

OA:起始阶段。膜材初始受荷,膜材和纱线均为线弹性特征,大体和纱线拉伸曲线的Ⅰ区域对应,各功能层和基布同步伸展。

AB 和 CD:第 1 个和第 3 个非线性阶段。纱线为非线性特征,分别和纱线的拉伸曲线中的Ⅰ-Ⅱ及Ⅱ-Ⅲ区域对应,纱线纤维和基底层间存在脱黏现象。

BC:第 2 个线性阶段,主要体现为纱线的力学特征。纱线处于线性拉伸阶段对应Ⅱ区域,曲线斜率小于 OA 段,延性特征显著。

DE:D 点后膜材再次进入线性特征阶段,E 点处几乎全部纱线纤维断裂破坏或从基底层中抽出失效。

2. 单轴循环拉伸力学行为

飞艇结构是一种柔性充气结构,在飞艇结构服役工作过程中,必须保持张紧状态,使其产生应力刚度从而抵抗外部风、温度等荷载。囊体是飞艇结构的主体,大多暴露在空气中,在受到外部动载荷(如风载荷)或内部氦气由于充放气、温度作用、升降高度改变引起的内外气压改变时,囊体材料的应力变化特征基本表现为循环荷载作用。循环荷载对囊体膜材的力学性质、变形特征有重要影响,通过囊体材料的循环拉伸试验,可获取膜材的力学响应特征,以及求取其拉伸刚度、残余应变等参数,用于飞艇结构的力学分析。

1) 应力应变滞回曲线特征

囊体材料 Uretek3216LV 单轴循环拉伸时应力应变曲线见图 3-6。由图 3-6 可知,囊体材料 Uretek3216LV 在单轴循环加载下依然表现出明显的非线性,虽然所选择的应力较小,其范围基本上处于单调拉伸试验的第一段线性阶段内,但是该膜材的非线性在试验的所有循环里仍都存在。这表明:囊体材料作为一种纤维织物类复合材料,其力学特征具有复杂性,应力应变关系的非线性在任何水平的应力下均有不同程度的体现。另外,该囊体材料的应力应变曲线表现出下凹的特征,说明囊体材料的弹性模量在拉伸过程中时时改变,在应变增大时弹性模量逐渐增加。在加载应力范围内,膜材初始受荷时,膜材刚度低,应变增加迅速,纱线内部纤维正逐渐协调受力,待应变继续增加,纱线卷曲特征逐渐减弱,其承载能力开始发挥,膜材的刚度也因此增大。

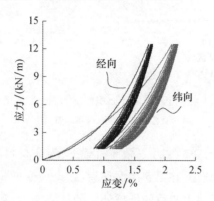

图 3 - 6　囊体材料单轴循环拉伸应力应变关系

图 3 - 6 所示的循环拉伸曲线也反映出材料经纬向间的差异性,在同应力水平,纬向的应变明显大于经向,经纬向的变形刚度,在同应变时存在明显差异性。这是膜材正交异性的体现,根源于经纬向纱线的编织结构、预紧力水平、层合工艺等因素。

图 3 - 7 所示为经纬向各循环时的残余应变及滞回环面积数值增量变化规律。图中残余应变增幅的表达式为

$$f = \frac{(M_{(i+1)} - M_{(i)})}{M_{\text{all}}} \qquad (3-3)$$

式中:$M_{(i)}$ 为第 i 次残余应变数值;M_{all} 为 20 次循环内残余应变总和。滞回环面积为加载曲线与卸载曲线所包面积,图 3 - 7 中的面积比为单次循环滞回面积与总面积之比。

对残余应变随循环次数的变化关系进行拟合,残余应变拟合曲线公式为

$$f = 9 \cdot (n - 0.9)^{-0.8} \qquad (3-4)$$

式中:n 为循环次数,有 $n \geqslant 1$。

由图 3 - 6 和图 3 - 7 可知,经纬向初次加载均有较大残余应变,其值分别为 0.84%(经)和 1.05%(纬)。初次循环后残余应变约占 20 次循环总残余应

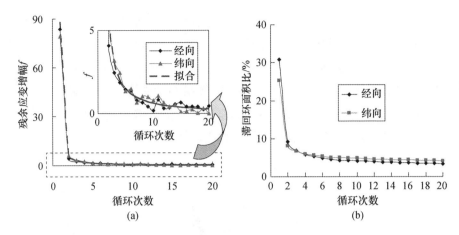

图 3 - 7　残余应变及滞回环面积增量随循环次数的变化规律

(a)残余应变;(b)滞回环面积。

变的 84.1%(经)和 81.0%(纬)。循环荷载下,囊体材料的残余应变增量随循环次数的增大而迅速减小,在第 5 次循环后,残余应变增量已趋稳,增幅已降至1.0%。滞回环面积反映出膜材的抵抗外载的耗能能力,和残余应变相似,在前几次循环里,滞回环面积减小幅度较大,而后期在 10 次循环后,滞回面积逐渐稳定,膜材进入稳定的耗能阶段。

　　分析可知,随着循环次数的增加,膜材的耗能能力、残余应变增量逐渐稳定,材料的线性力学特征逐渐明显。通过试验获取膜材的弹性常数,一般是以线弹性理论为前提的,当膜材的力学特征线性特征显著时,所计算的弹性常数具有更好的适用性。在多次循环后,囊体材料的相邻循环间已非常接近,线性特征较明显,采用多次循环的加载制度获取稳定力学性质具有可行性。

　　2)拉伸弹性模量变化

　　针对循环试验,以低点高点割线斜率表征一个循环加载的等效模量,即割线模量。同样可采用加载应力应变曲线的拟合线性或基于应变能相等原则计算模量,割线模量是较为简洁有效的计算方法。如图 3 - 8 所示,弹性模量随循环次数增加而增加,采用模量增量系数表征模量变化,弹性模量增量 $f = \dfrac{E(i+1) - E(i)}{E(20) - E(1)}$,式中 $E(i)$ 为第 i 次循环弹性模量,第 1 次循环 f 为 0。

　　对弹性模量增幅随循环次数的变化关系进行拟合,拟合曲线公式为循环次数的负幂次函数,即

$$f = 9 \cdot (n - 1.9)^{-0.9} \tag{3-5}$$

式中：$n \geqslant 2$ 为循环次数。

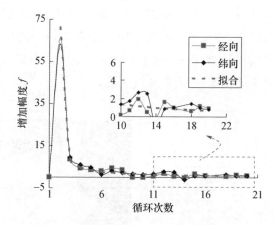

图 3-8　弹性模量增量随循环次数的变化规律

3）剪切弹性模量和泊松比

剪切弹性模量 G_{wf} 值可表示为

$$G_{wf} = \frac{E_{45}}{2(1 + \nu_{45})} \qquad (3-6)$$

式中：E_{45} 和 ν_{45} 分别为偏轴45°囊体材料的弹性模量和泊松比。弹性模量通过单轴循环试验获得，泊松比通过 VIC 测定。

囊体膜材弹性模量呈现正交异性，符合偏轴公式，即

$$\frac{1}{E_x} = \frac{\cos^4 \theta}{E_w} + \left(\frac{1}{G_{wf}} - \frac{2\nu_{wf}}{E_w} \right) \cos^2 \theta \sin^2 \theta + \frac{\sin^4 \theta}{E_f} \qquad (3-7)$$

最后，针对 Uretek3216LV 囊体，经纬向极限强度分别为 85.4kN/m、75.9kN/m，经纬向极限应变分别为 6.63%、7.25%。在 1/4 强度范围内，经纬向弹性模量分别为 1404.7～1434.03kN/m、934.9～987.46kN/m，泊松比分别为 0.36、0.01，剪切模量为 85.4kN/m。

3.2　基于双轴拉伸试验的囊体材料力学行为与本构模型

3.2.1　双轴拉伸试验方法

1. 试样尺寸及试验条件

双轴拉伸试件尺寸如图 3-9 所示，采用十字形切缝试样，该试样可实现多

应力比荷载的施加,是目前普遍采用的形式。试样按囊体膜材的经纬向对称取样,核心区域为 16.0cm×16.0cm,悬臂长 16.0cm,夹具夹持范围为 4.0cm。为使夹具上没有多余应力,并且使中心区域应力分布均匀,悬臂间隔约 4.0cm 做均匀切缝。试件采用半径 15.0mm 的过渡圆弧以减弱应力集中影响。此外,膜材宜沿相邻纱线的中间裁剪,以避免纱线的散失。

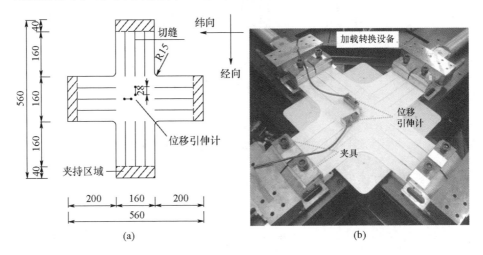

图 3-9　弹性十字形试件尺寸(mm)和试样加载图

囊体经纬向应力比为 0:1、1:0、1:1、1:2、1:3、2:3、3:2、3:1 和 2:1,每组 3 个试样,考察材料的应力应变曲线,揭示囊体膜材的力学特性,包括非线性、正交异性、非弹性特性,以获得合理膜材弹性常数。

2. 双轴拉伸试验机

双轴拉伸试验机主要包括机架、动力源、控制站,应具备四轴联动独立控制能力,保证囊体试件加载和变形的对称性、正交性,且可实现加载速度和加载力的闭环跟踪控制。目前并无成熟商用设备,对基于双组单轴拉伸试验机组装,因仅两轴运动,导致试件中心偏移,对变形较大的囊体类材料将引入较大差异。双轴拉伸试验机应变测量范围为 -10%~20%,夹具标准拉伸速率为 2~4mm/min,采用基本的引伸计测应变,同时可结合 VIC 等系统应用,试验机拉力传感器量程为 20~30kN,精度 0.3%。

上海交通大学研制了多功能薄膜双轴拉伸试验机系统,已广泛应用于囊体材料的测试研究和工程应用测试,如图 3-10 所示,该系统主要包括液压伺服动力站、双轴试验机机架、控制柜。

图 3 – 10　双轴拉伸试验机

3. 双轴拉伸加载谱

飞艇囊体结构实际受力复杂,处于不同应力比和应力范围,为准确表征囊体材料双轴拉伸力学性能,应采用尽量涵盖结构受力范围,且具有整体代表性的方法。国内外研究表明,采用多应力比进行双轴拉伸试验可涵盖飞艇结构受力。

加载谱采用如图 3 – 11(b)所示的方式,每个比例 3 个循环,在每个加载比例前,先做 3 个 1∶1 循环,以消除前一比例的影响,使后一加载比例的初始条件一致。此加载谱被世界多国和地区的膜结构规范采用,并有适当调整。

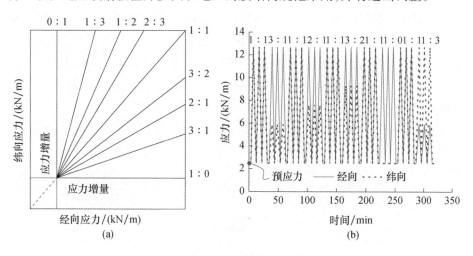

(a)　　　　　　　　　　　　　　　(b)

图 3 – 11　双轴双轴加载制度

(a)加载路径(虚线表示预应力);(b)部分加载谱。

加载路径见图 3 – 11(a),由于飞艇常为双轴椭球体,飞艇囊体结构的膜材与传统建筑膜结构有所差异,囊体结构膜材的应力比相对集中,基本上在 1/2 ~ 2/1 间,本试验将凸显这个区域内的应力比,所选比例共 9 种,分别为 0∶1、1∶3、1∶2、2∶3、1∶1、3∶2、2∶1、3∶1、1∶0。该加载制度比建筑膜结构规范或标准中的应力比例多,建筑膜结构规范采用 0∶1、1∶2、1∶1、2∶1 及 1∶0 等 5 组应力比。

针对不同囊体材料及工况,可采用图 3 – 11(b)所示的加载谱或者定制任意加载谱,进行双轴拉伸试验,可充分揭示囊体材料双轴拉伸力学行为特征,并可基于平面正交异性应力模型,计算囊体双轴拉伸弹性常数(经纬向模量、泊松比)。

3.2.2　双轴拉伸力学行为及本构模型与工程常数

1. 双轴循环拉伸应力应变关系

囊体应力应变关系是拉伸试验最基本的试验结果,它是力学模型和弹性常数计算分析的基础。取典型应力比工况揭示囊体材料力学特征。双轴应力应变曲线呈现与单轴拉伸应力应变曲线不同的特征和力学意义,是表征经纬向同时作用拉力时囊体的应力应变特征,同时也呈现类似单轴的非线性、塑性应变等,随拉伸次数增加应力应变曲线稳定,滞回环变窄,塑性减小。

图 3 – 12 列出了 Uretek3216L 膜材的 1∶2、1∶1 和 2∶1 三种比例时的应力应变关系,由图 3 – 12 可知,当应变比为 2∶1 和 1∶1 时,经纬向均是正应变,而当应力比为 1∶2 时,纬向为正应变而经向出现了负应变。不同应力比时,经纬向收缩和伸展的差异,根源于经纬纱线的卷曲度和松弛度的差异。此外,鉴于膜材的材料常数随应力比的改变而改变,当膜材的应力状态复杂多变时,囊体结构的应力分布和变形特征的可预测性将显著降低。因此,囊体结构设计分析时,应尽量避免引起膜材松弛等严重不平衡变形的应力比状态的存在。

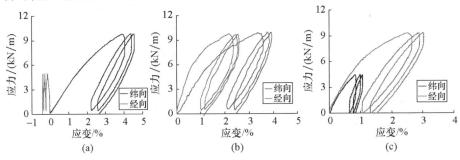

图 3 – 12　双轴拉伸应力应变关系(Uretek3216L)

(a)1∶2;(b)1∶1;(c)2∶1。

2. 双轴循环拉伸应力应变响应曲面

在多应力比的加载工况下,获得的囊体膜材响应数据中,响应曲面包容信息最全。针对囊体膜材的力学响应,应力应变响应曲面技术是最近出现的研究方法,它可将膜材在各应力状态下的应变响应展现于应力空间。应力应变响应曲面将膜材的力学响应在应力空间里全方位呈现,可形象地观察膜材在各应力状态点的应变响应。

当连续函数 $f(x)$ 的逼近函数为 $y(x)$,最小二乘法是一种在区间 $[a,b]$ 内使二者的残差平方和最小的优化逼近方法。其原理表达式为

$$\int_a^b \{f(x) - y(x)\}^2 \mathrm{d}x \to \min. \tag{3-8}$$

以经、纬向应力为变量,运用应变残差平方和最小的拟合原理,编制程序对各应力比的第三次循环试验数据进行三维曲面拟合。所得应力空间的应变响应曲面如图 3-13 所示。

由图 3-13 可知,各应力比数据以(0,0)为起点、以辐射状均匀地分布在应力空间内,所选应力比组合涵盖了广泛的应力空间区域,数据点具有普遍的代表性。所拟合曲面有效地捕捉了各应力比试验数据点(图中散点为试验数据),展现了应力空间上经纬向应变分布特征。

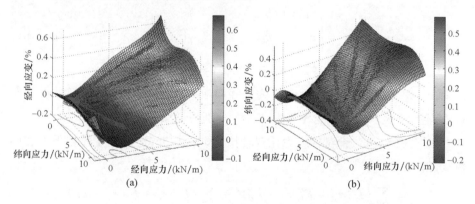

图 3-13　双轴应力空间上的应变响应曲面(见彩图)

观察第三次循环的拟合曲面可发现:在所选应力空间内,响应曲面在低应力区起伏卷曲显著,高应力区较平整舒缓。当应力水平及应力比不同时,膜材表现出不同的响应特征,这是由膜材力学参数的改变引起的,曲面的起伏和倾斜是膜材的模量、泊松比等参数改变的外在表现。响应曲面的起伏多变,反映出弹性常数在应力空间的分布及膜材自身力学性质上的复

杂性。

非线性在应变曲面上表现为曲面的起伏和扭曲。通过图 3-13 可知,在各应力比的较高应力阶段(此处不考虑低应力阶段,因其一般对应加卸载转折区域),虽然循环加载会使膜材响应逐渐趋于线性化,3 次循环后曲面仍保留了明显的非线性特征。应力空间仍然保留较明显非线性,也表明应力比是膜材响应的重要影响因素。膜材经纬纱线具有特殊的正交结构,经纬纱线十字交叉、彼此上下缠绕,循环荷载在单一应力比时可使经纬纱正交结构"重构",彼此间形成新的相对稳定关系,明显减弱膜材的非线性。

3. 双轴拉伸囊体弹性常数计算方法

针对多应力比双轴拉伸试验,目前国际建议采用应变残差最小方法,国际已有大量研究论文报道,国内亦有深入研究,且对正交异性互补定律的引入与否进行了研究。鉴于膜材的微观结构特征,严格意义上囊体材料不满足正交异性互补条件,则基于平面正交异性应力问题具有 4 个独立变量。

囊体膜材的应力应变关系可表示为

$$
\begin{cases}
\varepsilon_x = E_{11}^e \sigma_x + E_{12}^e \sigma_y \\
\varepsilon_y = E_{21}^e \sigma_x + E_{22}^e \sigma_y
\end{cases}
\tag{3-9}
$$

$$
\begin{cases}
E_{11}^e = 1/E_x \\
E_{22}^e = 1/E_y \\
E_{12}^e = E_{21}^e = -v_x/E_y = -v_y/E_x
\end{cases}
\tag{3-10}
$$

式中:ε_x、ε_y 为经纬向应变;σ_x、σ_y 为经纬向应力;$E_{ij}^e (i,j=1,2)$ 为弹性模量分量,加上标 e 表示使用应变残差法;E_x、E_y 分别为经纬向弹性模量。

根据式(3-9),针对各应力比双轴拉伸试验数据,建立应变残差平方和函数,可得

$$
S = \sum \left(E_{11}^e \sigma_{xi} + E_{12}^e \sigma_{yi} - \varepsilon_{xi} \right)^2 + \sum \left(E_{22}^e \sigma_{yi} + E_{12}^e \sigma_{xi} - \varepsilon_{yi} \right)^2
$$

$$
\tag{3-11}
$$

式中:i 为数据点编号(各应力比试验数据)。

假设试验数据满足应变残差平方和最小,利用最小二乘法,有

$$
\frac{\partial S}{\partial E_{11}^e} = \frac{\partial S}{\partial E_{22}^e} = \frac{\partial S}{\partial E_{12}^e} = 0
\tag{3-12}
$$

因此可得

$$
\begin{cases}
\sum (E_{11}^{e}\sigma_{xi} + E_{12}^{e}\sigma_{yi} - \varepsilon_{xi})\sigma_{xi} = 0 \\
\sum (E_{22}^{e}\sigma_{yi} + E_{12}^{e}\sigma_{xi} - \varepsilon_{yi})\sigma_{yi} = 0 \\
\sum \left\{ (E_{11}^{e} + E_{22}^{e})\sigma_{xi}\sigma_{yi} + E_{12}^{e}(\sigma_{xi}^{2} + \sigma_{yi}^{2}) - \varepsilon_{xi}\sigma_{yi} - \varepsilon_{yi}\sigma_{xi} \right\} = 0
\end{cases}
$$

$$(3-13)$$

式(3-13)为 3 个独立方程,根据式(3-11)可求出未知量 E_{11}^{e}、E_{22}^{e}、E_{12}^{e},同时考虑弹性模量泊松比关系式,可进一步求出双轴拉伸弹性模量和泊松比。一个应力比双轴拉伸试验仅建立 2 个方程,至少需要 2 个应力比试验,形成超定条件,并通过最小二乘才可求解膜材常数。

4. 应力比对弹性常数影响

应力比是影响囊体材料常数的最重要因素,如图 3-14 所示,应力比变化不仅影响拉伸刚度,且影响泊松比。针对不同的应力空间,囊体呈现不同的力学特征。研究表明,不仅应力比影响弹性常数,考虑应力比组合数量和组合方式不同,计算弹性常数亦不同。

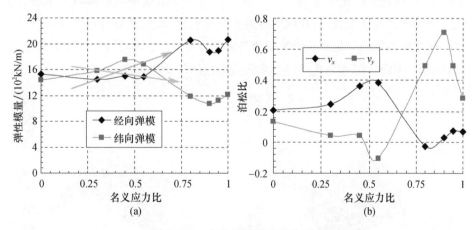

图 3-14 应力比对弹性常数影响

5. 应力空间弹性常数响应面

以目标双轴拉伸受力数据为基础,在应力空间平面上一点 $(\sigma_{x0}, \sigma_{y0})$ 的邻域对称选取 N 个数据点 $(\sigma_{xi}, \sigma_{yi})$,应用应变残差最小二乘法,求得 N 个数据点所代表的弹性常数 $E_{ij}(i,j=1\sim3)$,以 $E_{ij}(i,j=1\sim3)$ 为点 $(\sigma_{x0}, \sigma_{y0})$ 处弹性常数的代表值(见图 3-15)。例如,N 取 5 时,点(3,3)是该分区的中心,由 25 个数据点所得结果是点(3,3)对应位置的弹性常数。分区完毕后将依次沿双向移动,遍历所有应力空间中的位置点,移动幅度为一个子间距。

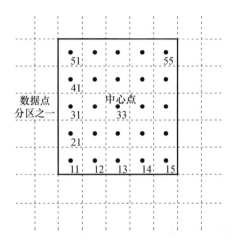

图 3 – 15　数据点分区示意

基于试验数据和图 3 – 15 所示方法,可形成囊体材料经纬向拉伸弹性模量在应力空间的响应面,如图 3 – 16 所示。弹性常数在所选应力空间内,分布并不均匀,弹性常数存在明显的起伏特征。在曲面上形成典型的峰域和缓坡,陡缓之间的梯度差异很大,在峰域的等值线分布密集,缓坡区域等值线分布稀疏。弹性模量等参数的变化直接影响膜材外在力学响应,是膜结构力学行为变化的内在基础,下面将深入分析弹性参数在应力空间的变化规律。

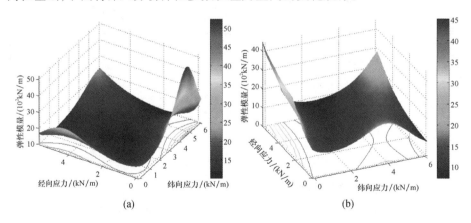

图 3 – 16　双轴应力空间上的弹性模量响应特征

(a)经向;(b)纬向。

最后,根据工程需要,可列出 Uretek3216LV 双轴拉伸试验测定和计算的弹性常数,如表 3 – 2 所列。工况 1 包括全部 9 个应力比(4∶1、3∶1、2∶1、1∶1、1∶2、1∶3、1∶4、1∶0、0∶1),工况 2 为高应力比(3∶1、1∶3、4∶1、1∶4、1∶0、0∶1),

工况 3 为低应力比(1∶1、2∶1、1∶2),工况 4 仅包含 1∶1、1∶2(均指经∶纬),代表性值为均值 +3 倍方差。

表 3-2　囊体双轴拉伸弹性常数

工况	$E_x t/(\text{kN/m})$	$E_y t/(\text{kN/m})$	ν_x	ν_y
1	1191.70 ± 119.08	810.31 ± 49.34	0.27 ± 0.03	0.41 ± 0.046
2	1189.50 ± 171.53	849.93 ± 95.23	0.34 ± 0.08	0.47 ± 0.11
3	1314.44 ± 17.22	801.92 ± 26.05	0.17 ± 0.03	0.27 ± 0.09
4	1233.42 ± 85.56	751.22 ± 30.52	0.21 ± 0.04	0.34 ± 0.07

3.2.3　双轴剪切测试方法

1. 试件参数

采用十字试件如图 3-17 所示,伸臂有效宽度 $w=160\text{mm}$,伸臂长 210mm(160mm + 40mm),中心域 160mm × 160mm,有效长度 $L_0=480\text{mm}$,夹持长度 $l_0=40\text{mm}$。膜材经纬向与 x、y 方向呈 45°。

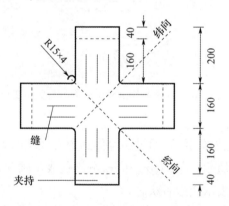

图 3-17　剪切模量试验试件

2. 工程剪应变与剪应力计算方法

1)工程剪应变

当拉伸试件的四臂时,拉力会通过四臂传到试件核心区域。剪应力与剪切变形如图 3-18 所示。实线表示变形前状态,虚线表示变形后状态。α 表示经纬向之间夹角,β 表示纬向和 x 轴之间夹角,α 与 β 之间关系有 $\beta = \pi/2 - \alpha/2$。ΔL_1 和 ΔL_2 分别表示 y 轴和 x 轴方向的变形。工程剪应变表示经纬向的剪切角变化,定义 x 轴增长 y 轴缩短时,工程剪应变为正,反之为负。由图 3-18 可知,

x、y 轴向变形可以表示为

$$\begin{cases} \Delta L_2 = \varepsilon_x L \\ \Delta L_1 = \varepsilon_y L \end{cases} \qquad (3-14)$$

式中：ΔL_1 为 y 轴的变形量；ΔL_2 为 x 轴的变形量；ε_x 为 x 轴的应变；ε_y 为 y 轴的应变；L 为试件对角线一半。

根据三角形的几何关系可知，经纬向的夹角 α 可表示为

$$\alpha = 2 \cdot \arctan\left(\frac{L + \Delta L_2}{L + \Delta L_1}\right) = 2 \cdot \arctan\left(\frac{1 + \varepsilon_x}{1 + \varepsilon_y}\right) \qquad (3-15)$$

因此，剪切角 γ 为

$$\gamma = \alpha - \pi/2 \qquad (3-16)$$

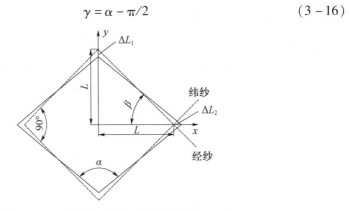

图 3-18　双轴剪切试验中剪应力与剪切变形

2）剪应力

对十字形试件施加荷载后，通过四臂传到中心区域的力在中心区域形成的应力场，如图 3-19 所示。其中，σ_x 和 σ_y 分别代表 x 轴和 y 轴的应力，虚线表示未变形状态，实线表示变形后状态。

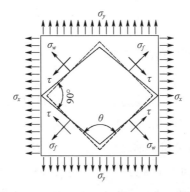

图 3-19　双轴剪切试验平面应力示意图

由材料力学可得经向应力 σ_w 和纬向应力 σ_f 以及剪应力 τ，即

$$\sigma_w = \sigma_f = \frac{1}{2}(\sigma_x + \sigma_y) + \frac{1}{2}(\sigma_x - \sigma_y) \cdot \cos\alpha \qquad (3-17)$$

$$\tau = \frac{1}{2}(\sigma_x - \sigma_y) \cdot \sin\left(2 \cdot \left(\frac{\pi}{2} - \beta\right)\right) = \frac{1}{2}(\sigma_x - \sigma_y) \cdot \sin\alpha \qquad (3-18)$$

当剪切角 γ 很小时，α 接近 90°，式（3-17）式（3-18）可简化为

$$\sigma_w = \sigma_f = \frac{1}{2}(\sigma_x + \sigma_y) \qquad (3-19)$$

$$\tau = \frac{1}{2}(\sigma_x - \sigma_y) \qquad (3-20)$$

3. 双轴剪切加载谱

基于十字形试件核心施加交替正负剪应力，从而测定囊体剪切力学行为特性。统筹可控制加载产生预剪切拉伸使材料特性稳定，然后再施加周期性剪切载荷。

研究表明，织物复合材料双轴剪切与双轴拉伸正应力和剪切应力有关，剪切是指在双向张拉应力场的剪切力学行为，而剪应力的大小对剪切刚度有直接影响。针对囊体材料，经纬双轴拉应力可取飞艇囊体最小临界压力条件对应的张力，剪切载荷可取剪切屈服点或限定剪切角（剪切自锁角，$\geqslant 5°$）。

取等效剪切屈服应力或剪切自锁角为加载上限，以结构要求的预紧力基准施加预张力，且加载下限大于 0。

通过 x、y 轴错位线性加载得到剪应力。控制程序中通过加载周期和应力上、下限，确定预张拉水平，然后膜材 x 轴加载，y 轴卸载。具体步骤如下：

（1）保持试件主轴 $x-y$ 轴的张拉荷载比例 1:1，沿主轴按照恒定力增量拉伸，加载至基准预张力值。采用引伸仪测量试件核心主轴 $x-y$ 轴应变，张拉荷载取试件主轴方向平均工程应力，并记录此时荷载-应变曲线。

（2）试件主轴方向错位同速加载，x 轴加载至上限，y 轴卸载至下限。

（3）加载后立即反向加载，x 轴卸载 y 轴加载至基准预张力，加载和卸载速度保持相同。

（4）改变试件主轴荷载方向，重复步骤（2）和步骤（3）。

（5）重复步骤（2）～步骤（4）3 次。

加载谱如图 3-20 所示。由式（3-19）和式（3-20）计算得到纱线方向主应力以及剪应力变化过程如图 3-21 所示。

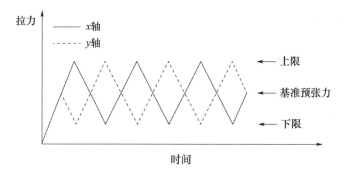

图 3 - 20　双轴剪切加载谱

图 3 - 21　双轴剪切应力变化过程

4. 双轴剪切力学行为

基于图 3 - 20 定义加载谱可对囊体试件进行双轴剪切试验,得到剪应力剪应变滞回环曲线,在低剪应力阶段曲线饱满模量高,在高剪应力阶段模量降低,即模量随剪应力或剪切变形增大而减小。模量可采用滞回环低点高点割线模量,或者加载段曲线线性拟合,以及基于应变能等效计算。

测定计算 Uretek3216LV 双轴剪切模量 10. 31 ± 1. 24kN/m。双轴剪切模量小于单轴45°偏轴拉伸测定的剪切模量,因单轴拉伸不能准确控制剪切角,以及测定泊松比的准确性,从而影响单轴拉伸测定剪切刚度。

3.3　囊体撕裂力学行为与抗撕裂设计

3.3.1　单轴拉伸撕裂强度

飞艇囊体材料制备过程不可避免存在不同尺度的缺陷,以及在结构制备集成过程引入损伤等,同时飞艇在使用过程经历复杂的静动态载荷,从而导致囊

体结构撕裂扩展破坏,因此,撕裂性能是评定囊体力学性能的一个至关重要的
指标,也是囊体结构设计核心之一。国际上飞艇囊体撕裂试验一般采用中心切
缝撕裂方式,MIL – C – 21189 和 FAA P – 8110 – 2 等规定了囊体材料的检测方
法和标准。

1. 单轴拉伸撕裂试验

　　单轴试样采用美国飞艇设计标准 FAA – P – 8110 – 2 的规定尺寸,如图 3 – 22(a)
所示。图中 2a 为切缝长度,φ 为切缝与非加载方向纱线的夹角。试样的长宽为
152.4mm × 101.6mm,有效尺寸 76.2mm × 101.6mm,切缝位于试件中心。采用
0°、22.5°、45°、67.5°等 4 个梯度角度,以及两个典型角度 30°和 60°。切缝长度
为 10mm、20mm、30mm、40mm,4 个梯度长度;每组类型均做 3 个试样以获得具
有代表性的撕裂性能。考虑到加载速率对膜材力学性质的影响,本章对单轴撕
裂试验选用了 1mm/min、3mm/min、6mm/min、12mm/min、24mm/min 等 5 组加
载速率。在制备中心切缝试样时,采用手术刀片在试样中部对称线处预置长度
为 2a 的贯穿型裂缝切口。为利于观测裂缝扩展,在切口附近 20mm 内,以 4mm
为单位画出网格,如图 3 – 22(b)所示。

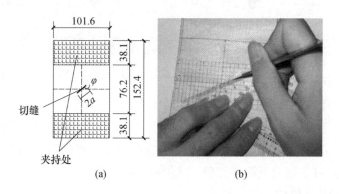

图 3 – 22　单轴撕裂试件尺寸及切缝制作(mm)

2. 单轴拉伸撕裂过程与破坏模式

　　经纬向切缝试样的拉伸撕裂破坏经历 4 个阶段,分别是初始阶段、切缝张
开阶段、切缝扩展阶段与撕裂破坏阶段,如图 3 – 23 所示。

　　切缝扩展过程特征如下:

　　(1)外加载荷为零或较小时,切缝保持初始状态。

　　(2)随外加载荷逐渐增加,试样的中心切缝逐渐张开,切缝端部贴膜和纱
线出现脱粘现象,形成类似"塑性变形"的区域,其形状大体为椭圆形,并在切缝

端部附近区域产生钝化现象,该塑性变形区随外加载荷的增加而逐渐扩大。

(3)当切缝端部塑性变形区发展到临界状态时,切缝端部的基体和贴膜开始破坏,且切缝端部纱线也开始断裂。此时试样进入切缝扩展阶段,切缝两侧端部纱线交替断裂,材料开始逐渐失效。

(4)随着外加载荷的增加,切缝进一步扩展,试样最终被撕裂为上下两部分。

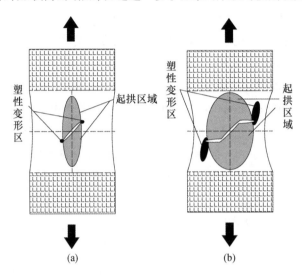

图3-23 试样切缝扩展过程示意图(45°)

切缝的扩展方向基本不受切缝方向影响,切缝扩展方向与力作用方向保持垂直。在切缝扩展过程中及破坏时,切缝的形状表现出"Z"字形特征,此时的塑性变形区位于切缝扩展的顶端区域。与0°切缝相比,倾斜切缝的扩展方向虽仍保持和拉力方向垂直,但塑性区的发展范围在撕裂过程的后期,表现出向一侧倾斜的现象,且切缝上下端部的塑性区倾斜方向一致。

3. 切缝长度影响

不同的切缝长度时囊体材料的抗力-变形曲线,如图3-24所示,图中为0°倾角试验结果。应力采用名义应力,定义为:名义应力=荷载/(试样宽度-切缝在0°倾角方向的投影)。

由图3-24可知,随切缝长度的增加,名义应力的最大值(最大抗撕裂应力)逐渐下降,下降幅度与切缝长度的增加并不成比例。初期降低较快,待切缝较大时,降幅减小降速变缓。在切缝长度为5mm、10mm、20mm、30mm、40mm时,纬向试样最大抗撕裂应力分别为39.2kN/m、36.5kN/m、28.8kN/m、24.9kN/m、23.2kN/m,分别为无缝时(63.1kN/m)的62.12%、57.84%、45.64%、39.46%、

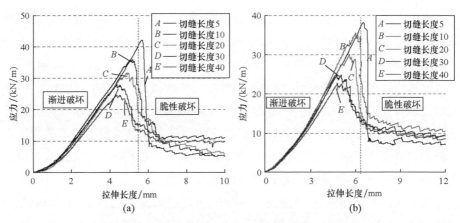

图 3 - 24 初始切缝长度对名义应力的影响(见彩图)

(a)经向;(b)纬向。

36.77%;经向试样最大抗撕裂应力分别为 42.3kN/m、36.9kN/m、31.4kN/m、26.6kN/m、23.9kN/m,分别为无缝时抗力(67.5kN/m)的 62.67%、54.67%、46.52%、39.41%、35.41%。此处的无缝时最大抗撕裂应力取自和撕裂试验同加载速率时的单调拉伸试验结果。

临界扩展应力对囊体的抗撕裂性能具有重要意义,在低于临界扩展应力时囊体安全,切缝不会出现扩展现象,飞艇结构的形体可保持稳定。但高于临界扩展应力时,切缝可能出现扩展,如果切缝扩展,囊体开裂的张口扩大,将引起新的应力分布和位移分布,以至于贯通撕裂,此时囊体结构很难保持稳定形态。针对试验材料 Uretek3216LV,囊体材料临界扩展应力及切缝最大抗撕裂应力(最大应力)如图 3 - 25 所示。

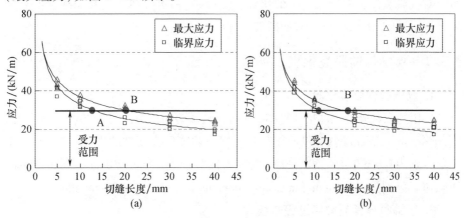

图 3 - 25 切缝临界扩展应力及最大应力

(a)经向;(b)纬向。

由图 3 – 25 可知,随着切缝长度的增加,最大应力和临界扩展应力均存在降低的趋势,最初降幅较大,后期降幅变缓和。临界扩展应力和最大应力之间的差距,随切缝长度增加逐渐增大,最大差值在 6kN/m 左右;切缝长度越小,二者数值越接近,当切缝长度为 5mm 时,二者已非常接近。从拟合曲线来看,最大应力和临界扩展应力在切缝长度处于 0 ~ 5mm 之间某值时重合,此时临界扩展应力和最大应力值相等,囊体临界扩展应力和最大应力同步出现。最大应力和临界扩展应力间的差距变化,对撕裂的破坏类型存在影响,二者数值差距由大到小变化时,囊体撕裂便从渐进破坏过渡为脆性破坏。

按照囊体的拉伸强度,当安全系数取 4 时,囊体最大工作应力为 19kN/m(纬)和 21.4kN/m(经)。由上述分析可知,切缝容许长度随应力水平升高而降低,为安全起见,在确定容许长度后有必要将工作应力范围适当扩大。目前尚未有规范规定,本节结合所研究飞艇的受力特征及材料的撕裂强度特征,建议将应力最大值扩大 1.5 倍,因此将最大工作应力定为 30kN/m。依据设定的最大工作应力,在图 3 – 25 中可确定两个代表点 A、B,分别对应切缝扩展及最大应力对切缝长度的容许值。切缝长度小于 A 点时,几乎不会发生扩展及破坏;AB 点之间的切缝长度,切缝可发生扩展;切缝长度大于 B 点时,切缝可扩展并可能发生破坏。由此可求得试验囊体的容许切缝长度,切缝扩展容许长度经纬向分别为 13.4mm、12.3mm,最大应力容许长度经纬向分别为 20.3mm、18.5mm。对于本试验囊体材料,在工作应力范围内,当切缝长度低于 12.3mm 时,不会发生扩展;当切缝长度高于 18.5mm 时,可能发生撕裂破坏。

针对切角的影响,可以将切缝投影到 0° 方向,假设为等效切缝长度,从而将切角对抗撕裂的影响转化为类似切缝长度影响,基本规律一致。加载速度对撕裂有一定影响,随加载速度增加撕裂强度略增大。

3.3.2 双轴拉伸撕裂强度

1. 双轴拉伸撕裂试验

选用的双轴撕裂试件尺寸见图 3 – 26(a),试验加载图见图 3.26(b)。图中区域,画有 5mm × 5mm 网格,以便于现象观察。切缝位于试件的中心,切缝共 5 个倾角分别为 0°、30°、45°、60°、90°。切缝长度分别为 10mm、20mm、30mm、40mm。加载速率分别为 1mm/min、3mm/min、6mm/min、12mm/min、24mm/min。

2. 双轴拉伸撕裂破坏过程与模式

双轴拉伸撕裂破坏过程类似单轴拉伸撕裂,也概括为 4 个阶段,即初始、切

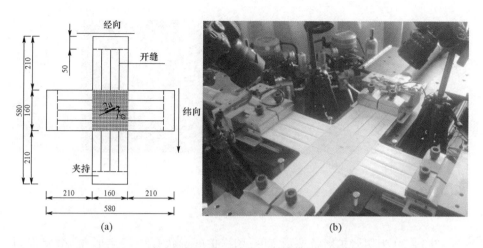

图 3 - 26　双轴撕裂试件尺寸(mm)及试验加载图

缝张开、切缝初扩展与撕裂破坏阶段,但是呈现出区别于单轴拉伸撕裂的具体特征。裂纹由切缝两端开始扩展,端部区域的纱线被逐渐抽出进而断开,切缝端部不会产生"面外屈曲",仍保持平整状态,没有出现"起拱"现象,仅在拉伸撕裂后期,在切缝处出现膜材的松弛和屈曲。切缝扩展方向影响因素主要包括:切缝相对纬向的角度、加载的经纬向应力比例(1/1、2/1、1/2 等)、囊体经纬向材料力学性能。切缝的扩展方向一般垂直于纱线局部最大拉伸力的方向,这个最大拉伸力的方向由切缝方向及加载应力比例所决定。此外,囊体经纬向承载强度也会对切缝扩展方向产生影响。例如 1∶1 加载 90°切缝(见图 3 - 27),纬向纱线被切断,其所受拉应力大于经向,因此切缝扩展方向沿着经向(即与较大拉应力方向垂直)。又如 1∶1 加载 45°切缝(见图 3 - 28),理论上经纬向的拉应力相同,但纱线编织工艺及纱线密度不同,纬向的承载强度小于经向。

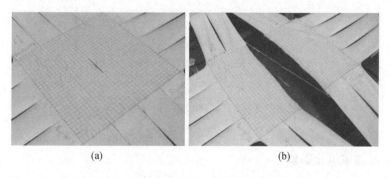

图 3 - 27　试样切口扩展过程图(1∶1, -90°)

(a)初始;(b)撕裂破坏。

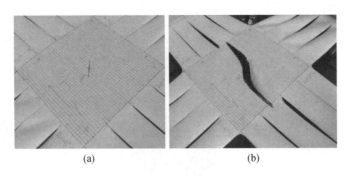

(a)   (b)

图 3-28　试样切口扩展过程图(1:1,-45°)

(a)初始;(b)撕裂破坏。

图 3-29 为切缝扩展状态示意图,切缝扩展形状有"一"字形和"Z"字形两类,图中的 0° 对应"一"字形,45° 则是"Z"字形。无论 0° 或是 45°,还是其他角度,切缝均是沿着纱线的方向扩展。另外,切缝的扩展是以塑性区的发展为导向,塑性区内网格变形显著,贴膜和纱线脱粘明显,塑性区的形成和发展与材料局部区域的应力分布有关。因此,切缝是否发生扩展及扩展方向均是由不同应力比下局部区域的应力分布所控制的。

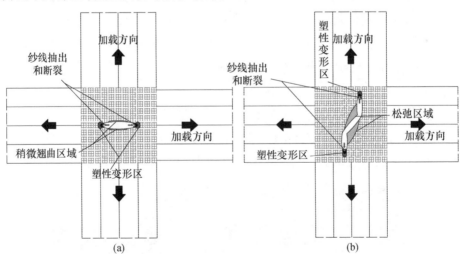

(a)   (b)

图 3-29　试样切缝扩展示意图

(a)0°;(b)45°。

3. 经纬应力比影响

图 3-30 为不同应力比例时,名义应力随伸长量的变化规律,图中 D1-1:0 经向为带切缝试件单轴加载结果。整体上来说,应力变形关系曲线受应力比的

64

影响显著,不同应力比时囊体破坏对应的经纬向强度及变形值差别很大。应力比为 2∶1、1∶1、1∶2 囊体破坏时,经纬向达到的强度分别为(39.2,23.6)、(30.5,34.8)、(15.8,30.7),单位为 kN/m。括号中前一项为经向应力,后一项为纬向应力。此时,同条件下 1∶0 和 0∶1 的强度分别为 67.5kN/m(经向)和 28.7kN/m(纬向)。

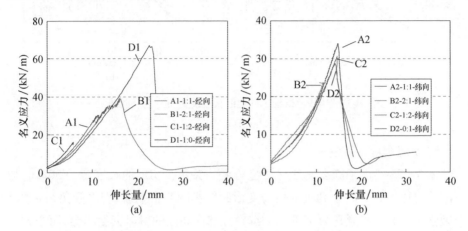

图 3 - 30　双轴拉伸撕裂应力 - 变形曲线(2a = 20mm,90°)(见彩图)

(a)经向;(b)纬向。

4. 切缝长度比影响

图 3 - 31 列出了 4 种切缝长度下 1∶1 应力变形曲线。采用的切缝长度有 0mm、10mm、20mm、30mm。切缝角度均为 90°,即与纬向垂直的方向,飞艇结构设计时对该方向切缝的影响比较关注。

由图 3 - 31 可知,采用不同切缝长度时,各组的应力变形曲线具有很大的相似性。例如经向曲线(图中 A1、B1、D1),除个别外几乎重合,短切缝的曲线几乎是沿着长切缝曲线继续发展而成。而纬向曲线,在应力较小阶段时比较接近,在较高应力水平时表现出一定的分离。由于切缝的存在,纬向应力 - 变形曲线的离散性大于经向。

随着切缝长度的增加,纬向的应力最大值逐渐降低,0mm 切缝时其最大应力可达 49.1kN/m,而 30mm 切缝时纬向的最大应力下降为 25.5kN/m,下降了约 48.1%。经向 0mm 时的最大应力为 49.2kN/m,而 30mm 时最大应力下降为 21.5kN/m,下降了约 56.3%。同时变形也发生了相似的规律,从 0mm 到 30mm,纬经向分别下降了 42.6% 和 51.1%。对于 1∶1 加载,囊体破坏均是沿着纬向纤维方向,即裂纹沿切缝的方向发生扩展破坏。

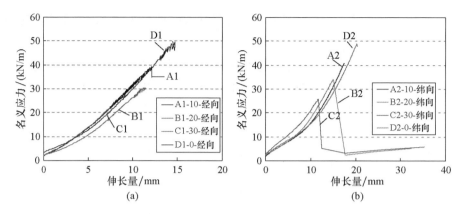

图 3-31　90°试样不同切缝长度的应力-变形曲线

(a)经向;(b)纬向。

5. 切缝角度比影响

图 3-32 给出了撕裂强度与切缝角度的关系。切缝的长度定为 30mm,加载的应力比均为 1:1。角度对应力变形曲线影响非常显著,切缝倾角为 45°时撕裂强度最大。当倾角为 45°时,切缝在经纬向切断的材料宽度相等,两个方向的承载材料宽度相同,在 1:1 加载时双向承载力发挥协调,承载效果较好。而其他角度,如 90°,经向材料没有被切断,在该方向的承载能力不会受到影响,但纬向材料切断宽度较大,其承载能力下降显著。由此承载力发展到一定程度,纬向纱线就发生断裂,进而整个试样发生破坏,因此整体承载力并不高。

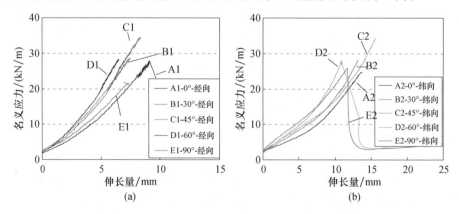

图 3-32　不同切缝角度试样破坏时的应力及变形($2a = 30$mm)

(a)经向;(b)纬向。

针对切缝角度和切缝长度,考虑应用等效切缝长度来反映强度变化。由于双轴撕裂试样的切缝临界扩展力和最大抗撕裂力(抗力)几乎一致,因此,仅考察双轴试验的最大抗撕裂力随切缝等效长度的变化规律。图 3 – 33 列出了 90°切缝时纬向最大抗撕裂力试验结果。

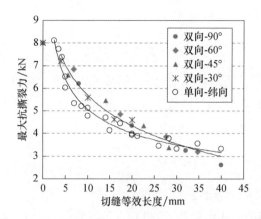

图 3 – 33　最大抗撕裂力随切缝等效长度的变化(纬向)

由图 3 – 33 可知,转化成等效切缝长度后,双轴最大抗撕裂力和单轴最大抗撕裂力变化趋势类似。因为单轴试样尺寸的宽度和双向不同,所有的单轴撕裂数据均乘以调整系数 ζ,ζ 的数值定义为

$$\zeta = (B_{biaxial} - 2a_{eq})/(B_{monoaxial} - 2a_{eq}) \qquad (3-21)$$

式中:$B_{biaxial}$ 为双轴试样宽度,取值为 160mm;$B_{monoaxial}$ 为单轴试样宽度,取值为 101.6mm;$2a_{ep}$ 为切缝初始等效长度尺寸。

由双轴撕裂抗力数据得到纬向最大抗撕裂力的拟合公式为

$$F_{cmax} = - 1.991 \cdot \ln(2a_{eq}) + 10.26 \qquad (3-22)$$

由式(3 – 22),飞艇囊体抗撕裂力降低至 50%、25% 时的纬向切缝长度分别约为 13.5mm、46.8mm。

3.3.3　撕裂强度分析方法

针对撕裂强度分析理论,目前分析方法主要有基于断裂力学理论、临界应力场理论、Thiele 经验理论、Hedgepeth 应力集中理论、Griffith 能量理论等。

目前美国采用的飞艇标准 FAA – P – 8110 – 2,对飞艇囊体的切缝撕裂强度(此处不妨记为 σ_P)提出了具体要求,并且规定在正常荷载工况内,不允许切缝发生扩展。但是依据标准测试的撕裂强度 σ_P(或称失效应力)并不是撕裂扩展临界应力,因此一些学者对二者的关系进行了探讨研究,主要是基于经验分析的 Thiele 公式。

Miller 和 Mandel 用 ILC 充气管做了撕裂扩展试验,证实了裂缝撕裂强度 σ_P 和撕裂扩展临界应力关系的泰勒经验公式可以应用到 Zeppelin NT 飞艇囊体材料上。对于充气圆柱管,Thiele 经验公式为

$$\sigma_c = pr = \frac{C_l C_p}{(2a)^{C_n}(1 + 2a/r)} \quad (3 - 23)$$

式中:p 为撕裂内压;r 为半径;C_p 为按照标准 FAA – P – 8110 – 2 所得的切缝撕裂抗力;C_l 和 C_n 为常数。C_p 单位为 N,σ_c 单位为 N/mm,$2a$ 和 r 单位为 mm。

对于平面试件,由于 $r = \infty$,式(3 – 23)可化为

$$\sigma_c = \frac{C_l C_p}{(2a)^{C_n}} \quad (3 - 24)$$

式中:C_l 和 C_n 为常数,可通过最小二乘法计算。

Thiele 经验理论公式中参数 C_l 和 C_n 可通过试验所测数据,利用最小二乘法计算得到。经向 C_l 和 C_n 分别为 1.346 和 0.4186,纬向 C_l 和 C_n 分别为 1.478 和 0.5164。其中式(3 – 24)中 C_p 取 30mm 时抗撕裂试验结果,C_p 和 $2a$ 单位分别采用 N/cm 和 cm,经纬向 C_p 分别为 276N/cm 和 248N/cm。各理论及试验结果如图 3 – 34 所示。

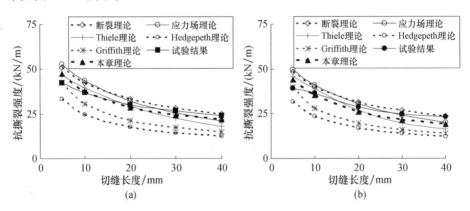

图 3 – 34　各理论方法与试验结果对比

(a)经向;(b)纬向。

由图 3 – 34 可知,各理论方法对膜材的抗撕裂强度发展趋势预测基本一致,但各方法对膜材抗撕裂强度的预测精确度有明显差异。对比来看,Hedgepeth 应力集中理论和 Griffith 能量理论预测结果偏低,和试验结果的误差较大。尤其是 Hedgepeth 应力集中理论的预测结果最为保守,其预测误差最大。Zender 和 Deaton 曾利用 Hedgepeth 理论对纤维增强复合材料板纤维断裂进行

分析,发现该理论对于断裂数量较少时的预测效果好于数量多时的预测效果,且纤维断裂数量越多结果往往越保守。

3.4　柔性结构计算分析方法

3.4.1　几何非线性问题

囊体结构属于柔性结构,存在强几何非线性问题,包括充气初应力刚化现象、大变形和大应变等。囊体薄膜是无矩柔性张力材料,初应力使薄膜刚化。囊体经历突风等载荷将发生大变形,以及大转角、刚体运动,同时存在较大应变(超过 1%)。囊体结构存在复杂的几何非线性问题,在结构设计分析时应采用有效的数值分析理论,考虑这些复杂的非线性因素和模型。

大位移、大变形将导致应变和位移之间的几何方程需考虑高阶项,即

$$_0^t\varepsilon_{ij} = \frac{1}{2}(_0^t u_{i,j} + _0^t u_{j,i} + _0^t u_{k,i} \cdot _0^t u_{k,j}) \qquad (3-25)$$

$$_t^t u_{i,j} = \partial^t u_i / \partial^t u_j$$

式中: $_0^t\varepsilon_{ij}$ 为 Green – Lagrange 应变张量,它是用变形前坐标表示的,是拉格朗日坐标的函数。

当位移很小时,式(3 – 25)中位移导数的二次项可以忽略,同时忽略应变度量参考位形之间的差别,此时可简化为小位移情况下的无限小应变张量 ε_{ij} ,可得 $_0^t\varepsilon_{ij} = _t^t\varepsilon_{ij} = \varepsilon_{ij}$ 。

对非线性问题,实际选择更新拉格朗日格式(Updated Lagrange Formulation, U. L.),这种格式中所有变量以时间 t 的位形作为参考位形,求解过程参考位形不断变化。

假定应力增量和应变增量呈线性关系,即 $_t S_{ij} = _t C_{ijkl} \cdot \varepsilon_{kl}$,并且令 $\delta_t\varepsilon_{ij} = e_{ij}$,则该方程可转化为

$$\int_{tV} _t C_{ijkl} \cdot \varepsilon_{kl} \cdot \delta_t \varepsilon_{ij}^t \mathrm{d}V + \int_{tV} {}^t\tau_{ij}\delta_t\eta_{ij} \cdot {}^t\mathrm{d}V = {}^{t+\Delta t}W - \int_{tV} {}^t\tau_{ij} \cdot \delta_t e_{ij} \cdot {}^t\mathrm{d}V \qquad (3-26)$$

式中: $_t C_{ijkl}$ 为时间 t 位形度量的切线本构张量。

3.4.2　材料非线性与本构模型

囊体材料应力与应变之间为非线性、非弹性,与材料经纬向、应力应变值大

小、应力比等因素有关,基于平面应力理论,其本构关系只能用应力增量与应变增量局部线性化表示为

$$\begin{bmatrix} \Delta\sigma_w \\ \Delta\sigma_f \\ \Delta\tau \end{bmatrix} = \begin{bmatrix} E_{11} & E_{12} & 0 \\ E_{21} & E_{22} & 0 \\ 0 & 0 & G \end{bmatrix} \begin{bmatrix} \Delta\varepsilon_w \\ \Delta\varepsilon_f \\ \Delta\gamma \end{bmatrix} \tag{3-27}$$

式中:$\Delta\sigma_w$、$\Delta\sigma_f$ 为经纬向应力增量;$\Delta\varepsilon_w$、$\Delta\varepsilon_f$ 为经纬向应变增量;E_{11}、E_{22} 为经纬向线弹性模量。剪切和拉伸应力之间不耦合。

$$\nu_{12} = \frac{E_{12}}{E_{11}} \qquad \nu_{21} = \frac{E_{21}}{E_{22}} \tag{3-28}$$

式中:ν_{12}、ν_{21} 为囊体经纬向泊松比,表示囊体经向或纬向受力对纬向或经向变形的影响,符合正交互补定律。

囊体材料存在复杂非线性,且单轴拉伸测试力学常数不能有效表征囊体材料实际双向受力特征,而双轴拉伸测试材料常数与应力比、应力大小有关,可采用弹性常数(拉伸模量、泊松比)在应力空间的响应面表征,并进一步建立基于应力空间的非线性力学模型,从而可以实现较准确的囊体材料非线性力学模型。

在囊体结构工程设计分析中,常采用几何非线性分析方法,材料假设为正交异性线弹性,此时囊体弹性常数可以分别基于双轴拉伸试验和双轴剪切试验测定,并根据具体材料、结构受力水平,选取合理的工程弹性常数。

3.4.3 褶皱

囊体在突风等载荷下易出现松弛、褶皱,这是囊体结构的一种典型失效形式,进一步导致撕裂失效,而准确模拟褶皱及其对结构安全的影响至今仍是挑战。针对薄膜褶皱的理论和数值模拟方法有较多文献介绍,主要分两大类方法:基于后屈曲分歧理论方法和基于应力张量的应力场理论,前者可以表征褶皱形态和发展过程,后者可以表征褶皱的宏观应力状态。结构载荷分析,一般采用应力场理论。

在张力场理论中,假定膜材不能承受压应力,可变泊松比法是以张力场理论为基础的一种褶皱分析方法。

1961 年,Stein 和 Hedgepet 对金属薄板局部褶皱进行了研究,认为结构存在张拉区和褶皱区。张拉区可以用一般本构方程进行表示平面应力,而褶皱区,通过引入一个可变泊松比 λ 来修改本构方程,以实现对褶皱区域的数值分析。

修改的本构方程为

$$\begin{bmatrix} \sigma_x \\ \sigma_y \\ \tau_{xy} \end{bmatrix} = \frac{E}{1-\lambda^2} \begin{bmatrix} 1 & \lambda & 0 \\ \lambda & 1 & 0 \\ 0 & 0 & \dfrac{1-\lambda}{2} \end{bmatrix} \begin{bmatrix} \varepsilon_x \\ \varepsilon_y \\ \tau_{xy} \end{bmatrix} \qquad (3-29)$$

式中:λ 为可变泊松比;E 为弹性模量。

　　在褶皱区内,可变泊松比的值会超过材料的真实泊松比,这将导致在垂直于褶皱方向上产生"过度收缩"以及一个单轴张拉状态,因此在分析时假定在褶皱区与张拉区边界处的泊松比与材料实际泊松比一致,用此来保证分析的可靠性。Miller 利用可变泊松比模型的本构方程,基于有限元方法提出了迭代薄膜性能方法。

　　根据褶皱状态主应变及坐标轴应变与主应力方向角度 α 正弦及余弦之间关系,可推导得

$$D_w = \frac{E}{4} \begin{bmatrix} 2[T+1] & 0 & Q \\ 0 & 2[1-T] & Q \\ Q & Q & 1 \end{bmatrix} \qquad (3-30)$$

式中:$T = (\varepsilon_x - \varepsilon_y)/(\varepsilon_1 - \varepsilon_2)$;$Q = \gamma_{xy}/(\varepsilon_1 - \varepsilon_2)$。

　　一般薄膜在结构中处于以下三种状态:张紧、褶皱或松弛。常采用主应力准则、主应变准则或混合应力应变准则确定薄膜的状态。

3.4.4　数值分析方法

　　针对囊体结构,考虑几何与材料非线性模型,建立任意 $t + \Delta t$ 时刻平衡方程为

$$\phi(u) = {}^{t+\Delta t}P(u,\sigma) - {}^{t+\Delta t}R = 0 \qquad (3-31)$$

式中:${}^{t+\Delta t}R$ 为作用在节点上的外荷载;${}^{t+\Delta t}P(u,\sigma)$ 为等效于单元应力的节点力。

　　由于节点力 ${}^{t+\Delta t}P(u,\sigma)$ 非线性地依赖于节点位移 u 和应力 σ,因此需要对有限元非线性方程组进行牛顿－拉夫森数值方法迭代求解,其原理如下。

　　设 ${}^{t+\Delta t}u = {}^{t+\Delta t}u^n$ 为式(3-31)的第 n 次近似解,为求更好的近似解,设修正值为 Δu^n,则新的近似解为

$$\,{}^{t+\Delta t}u = {}^{t+\Delta t}u^{n+1} = {}^{t+\Delta t}u^n + \Delta u^n \qquad (3-32)$$

　　将 $\phi({}^{t+\Delta t}u^n + \Delta u^n)$ 在 $u = u^n$ 附近按泰勒公式展开,并只取线性项,引入记号,有

$${}^{t+\Delta t}K_T^n = {}^{t+\Delta t}K_T(u^n) = \left(\frac{\partial \phi}{\partial u}\right)_{u=u^n}^n \tag{3-33}$$

进而可得

$$O = \phi(u^{n+1}) \approx \phi(u^n) + {}^{t+\Delta t}K_T^n \cdot \Delta u^n \tag{3-34}$$

从而解出修正量为

$$\Delta u^n = {}^{t+\Delta t}(K_T^n)^{-1}\phi(u^n) = {}^{t+\Delta t}(K_T^n)^{-1}\left[{}^{t+\Delta t}R - {}^{t+\Delta t}P(u^n)\right] \tag{3-35}$$

于是,牛顿 – 拉夫森法迭代公式为

$$\begin{cases} \Delta u^n = {}^{t+\Delta t}(K_T^n)^{-1}\left[{}^{t+\Delta t}R - {}^{t+\Delta t}P(u^n)\right] \\ {}^{t+\Delta t}K_T^n = \left(\dfrac{\partial \phi}{\partial u}\right)_{u=u^n}^n \\ {}^{t+\Delta t}u^{n+1} = {}^{t+\Delta t}u^n + \Delta u^n \end{cases} \tag{3-36}$$

由于增量分析是在时间步 Δt 内完成的,初始条件为

$$\begin{cases} {}^{t+\Delta t}K^0 = {}^{t}K \\ {}^{t+\Delta t}P(u^0) = {}^{t}P \\ {}^{t+\Delta t}u^0 = {}^{t}u \end{cases} \tag{3-37}$$

由于牛顿 – 拉夫森法仅取得了线性项,其解仍是一个近似解,需不断进行迭代,直至合理的收敛准则得到满足。通常,用牛顿 – 拉夫森法解非线性方程组时在迭代的每一步都必须重新计算和分解切线刚度矩阵。

针对上述基本数值分析方法,通用有限元软件 Abaqus、Ansys、Nastran 等皆具备,但针对材料非线性、褶皱等问题,需要借助于二次开发实现特定功能。

3.5 柔性主气囊计算分析方法与结构特性

3.5.1 载荷

飞艇柔性主气囊在运行过程中承受复杂的载荷,按静动力性质可分为静力载荷、动力载荷。静力载荷包括分布式结构自重、有效载荷等确定载荷、浮力载荷。动力载荷包括推力、气动载荷,其中气动载荷依赖于自然环境、飞行状态等。

目前飞艇载荷并没有研究透彻,没有严格飞行包线及其载荷定义。针对静、浮、气动载荷,其对艇体浮心的作用力效应可假设为等效力矩,概括为静力矩、浮力梯度矩、动力矩。

飞艇主气囊静力矩可以表示为

$$M_{st} = g\rho_a \left(1 - \frac{M_h}{M_a}\right) \pi r_c^4 f_r^2 \left(\frac{1}{4} - \frac{k}{3} - \frac{k^3}{6}\right) \tag{3-38}$$

式中:g 为重力加速度;ρ_a 为空气密度;M_h 为氦气相对分子质量(4);M_a 为空气相对分子质量;r_c 为飞艇质心位置半径;f_r 为长细比;k 为质量分布系数(0~0.627)。飞艇重量分布越均匀,k 值越大,静力矩越小。

飞艇的动力矩可表示为

$$M_d = \frac{1}{2}\rho_a v_c^2 \sin 2\beta k_m V_e \tag{3-39}$$

式中:ρ_a 为空气密度;v_c 为飞行速度;β 为飞艇巡航俯仰角;k_m 为 Munk 动力系数;V_e 为外气囊体积。

浮力是因内部浮力工质密度小于外部空气,而外部空气由于重力效应存在梯度。由气压梯度作用产生的弯矩为

$$M_{\text{gradient}} = p_{\text{gradient}} \pi r^3 / 2 \tag{3-40}$$

气压梯度可表示为

$$p_{\text{diff}} = g\rho_a \left(1 - \frac{M_h}{M_a}\right) 2 r_{\max} f_r \sin\beta \tag{3-41}$$

式中:M_a、M_h 分别为空气和氦气相对分子质量,且有 $M_a = 28.97$,$M_h = 4$。

FAA 提供的弯矩公式为

$$M_{\text{FAA}} = 0.029\{1 + [L_a/D - 4][0.562L_a^{0.02} - 0.5]\}\rho_a u v_c V_e L_a^{0.25} \tag{3-42}$$

式中:L_a 为飞艇长度;D 为飞艇外气囊最大直径;ρ_a 为空气密度;u 为风速;v_c 为飞艇速度;V_e 为外气囊体积(量纲为英制)。式(3-42)为综合性载荷描述公式,当静力矩取合理值时,式(3-38)~式(3-40)之和与式(3-42)相当。

3.5.2　工程分析理论

1. 临界弯矩与压力

根据工程弹性分析理论,在弯矩为 M_c 囊体顶部产生褶皱的最小气压为

$$p_{\min} = 2M_c / \pi r^3 \tag{3-43}$$

基于飞艇主气囊承受等效力矩,如式(3-38)~式(3-42),以飞艇承受弯矩而不出现褶皱为条件,可由式(3-43)计算各自的最小抵抗气压 $p_{st\,\min}$、$p_{d\,\min}$,由此得到柔性飞艇的最小抵抗气压 $p_{\min} = p_{st\,\min} + p_{d\,\min} + p_{\text{diff}}$,这个压力一般认为是飞艇主气囊正常工作的最小临界压力。反之,在特定充气压力条件下,囊体

顶部产生褶皱的弯矩,称为临界弯矩 M_c。

2. 极限弯矩

在充气压力作用下,气囊承受弯矩作用,气囊截面如图 3 - 35 所示,其受力平衡可写为

$$\frac{P}{2(\pi-\theta)rt}+\frac{Py_0}{I_n}(r\cos\theta+y_0)=\frac{M}{I_n}(r\cos\theta+y_0) \qquad (3-44)$$

$$P=\pi r^2 p_i$$

式中: P 为囊体横截面压力合力; p_i 为压力(内外压差)。

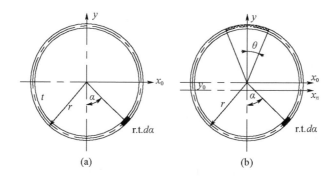

图 3 - 35　气囊截面

(a)无褶皱囊截面;(b)褶皱囊截面。

式(3 - 44)左侧表征囊体承载力,右侧表征载荷效应,可写为

$$\frac{M}{Pr}=\frac{2(\pi-\theta)+\sin2\theta}{4[(\pi-\theta)\cos\theta+\sin\theta]}=k_1 \qquad (3-45)$$

如 $\theta=0$, $k_1=0.5$。从理论上,当 $\theta=\pi$, $k_1=\dfrac{0}{0}$ 无极限,但可求极值 $\theta\to\pi$ 为 1,则此时承受弯矩为极限弯矩,即

$$M_u=p_i r^2 \pi=2M_c \qquad (3-46)$$

式(3 - 46)表明极限弯矩 M_u 为临界弯矩 M_c 的 2 倍,且研究表明,充气囊体结构在外载荷大于临界弯矩 M_c 后仍可继续承受载荷和具有较高的线性载荷效应,以及较高的临界后承载力。

3. 应力分析

针对囊体母线 $r(x)$,内压为 p,则囊体在环向和纵向的曲率 ρ_H、ρ_L 可分别写为

$$\begin{cases} \rho_H(x) = r(x) \sqrt{1 + r'(x)^2} \\ \rho_L(x) = r(x) \cdot \left| \dfrac{(1 + r'(x)^2)^{\frac{3}{2}}}{r''(x)} \right| \end{cases} \quad (3-47)$$

囊体环向和纵向张力为

$$\begin{cases} f_2 = \sigma_H(x) \cdot t = p \cdot \rho_H(x) \left(1 - \dfrac{\rho_H}{2\rho_L} \right) \\ f_3 = \sigma_L(x) \cdot t = \dfrac{1}{2} p \cdot \rho_H(x) \end{cases} \quad (3-48)$$

式中:$r'(x)$、$r''(x)$ 分别为囊体母线方程一、二阶导数;单位为 kN/m。

基于囊体应力分析,针对长期载荷效应可选 5~6 倍安全系数,对突风载荷可选 3~4 倍安全系数。而针对变形,工程性简化计算较少。工程分析理论可有效用于初步设计,针对工程详细设计仍应采用精细的数值分析方法。

3.5.3 静力变形与强度分析

针对复杂工程问题,主气囊受力复杂,难以采用工程分析理论分析,需要基于大变形几何非线性和必要的材料非线性模型,进行集成整体模型的数值分析,并基于分析的变形和应力对静刚度和强度进行评价。

鉴于囊体材料特性的非线性和复杂性,采用各向同性薄膜验证充气薄膜非线性静力分析。如图 3 – 36 所示,采用 0.25mm 四氟乙烯薄膜,模量为 0.81GPa,泊松比为 0.31。管左侧固定,设充气与压力控制系统在加载带施加载荷。

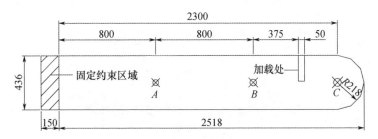

图 3 – 36 充气管模型(单位:mm)

在不同充气压力条件下,施加载荷,测定各测点挠度。图 3 – 37 为充气压力 4kPa 时各测点挠度载荷曲线,呈现类似理想弹塑性变形,随载荷增加,各测点挠度近似线性增加,当达到破坏载荷 72.5N 后挠度显著增大。

基于薄膜非线性分析方法,采用 M3D4 单元不考虑褶皱模拟,其极限载荷为 83.9N。考虑褶皱,即基于褶皱理论模型,修正数值算法,极限载荷为 68.6N。

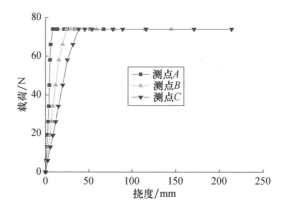

图 3 - 37　4kPa 下载荷 - 挠度曲线

图 3 - 38 为充气管模型测试点 C 的载荷 - 挠度曲线,可以看出试验的荷载 - 挠度曲线在载荷 63N 前(大约是临界褶皱载荷的 1.75 倍)与 M3D4 抗压性膜单元计算值吻合较好,而在 63N 后介于模型考虑褶皱及不考虑褶皱载荷 - 挠度曲线之间。采用理论计算临界载荷 36.1N、极限载荷 72.2N,采用数值模拟的临界载荷均为 36.3N,而极限载荷分别为 68.6N、83.9N,充分表明考虑褶皱模型数值模拟结果的合理性。同时载荷大于临界载荷之后,试验和模拟均证明仍具有较大的变形和承载力,这个认识对主气囊最大载荷限值具有重要的工程设计指导意义。

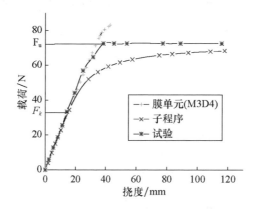

图 3 - 38　测点 C 的试验与模拟载荷 - 挠度曲线

3.5.4　柔性主气囊试验

1. 主气囊模型

为验证囊体结构材料力学模型、结构数值模拟方法,揭示囊体结构静动力力学特性,设计典型主气囊模型,研制精密充气和压力控制系统,进行充气、加载和模态测试及其数值模拟分析。

1)主气囊外形设计

主气囊采用双轴椭球外形,长度为 2.5m,最大半径为 0.625m,长细比为 4。主气囊外形和基本尺寸如图 3 – 39 所示。

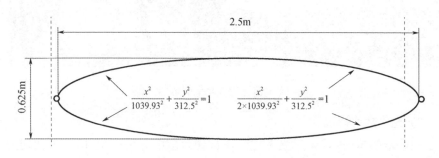

图 3 – 39　主气囊双椭球外形和基本尺寸

2)充气测压孔和加载点设计

在主气囊底部纵向 0.625m 和 1.875m 处分别设置充气气嘴和测压气嘴,以配合充气与压力控制系统使用。主气囊吊点位置设在主气囊头部、尾部,底部纵向 0.595m、1.847m 处,1.25m 处分别设置加载吊点,用于主气囊固定和加载。吊环通过焊接直接固定于主囊体表面。

3)主气囊切片和焊接

主气囊采用 6 片热合焊接,搭接焊缝,搭接 60mm,焊缝位于中性轴。裁切片采用等面积展开设计方法,即基于母体 1/6 瓣 3D 囊体边线,再以其中对称母线为基线,按照等面积展平形成 2D 裁切片。

4)主气囊模型材料

主气囊模型材料分别采用大型飞艇囊体 Uretek3216LV(Vectran 平纹织物基布)和强度模量较低囊体材料 Uretek3224(聚酯平纹织物基布),使用典型工业单位的制作工艺标准,包括数控裁切和热合成形工艺。

2. 主气囊充气成形试验与数值模拟

1)充气试验

图 3 – 40 所示为主气囊充气试验,首先选择 2 个吊点把主气囊用吊绳悬吊在试验龙门架上,然后对试验囊体充气。因囊体充气之前非稳定成形状态,先充气 0.6kPa 至稳定形态,以此为初始构型,再分别充气 1kPa、3kPa、5kPa、7kPa、

9kPa。在囊体上设置约10cm的靶点网格阵列,通过摄影测量分别测定各压力状态的外形,可计算出囊体变形。

图3-40　充气测试

2）充气数值模拟

在数值模拟时,首先建立考虑囊体裁切效应的分析模型,即基于裁切片模型,通过数值模拟裁切片由二维提升到设计模型三维形成1/6瓣囊片,同时考虑裁切片自重,再绕极坐标旋转对称构建整个囊体。图3-41(a)为考虑裁切效应的囊体初始构型,图3-41(b)为理想形状囊体构型。

(a)　　　　　　　　　　　　　　　(b)

图3-41　缩尺模型初始构型

(a)裁切片整合后几何形状;(b)回转体模型。

针对采用囊体模型材料 Uretek3224,分别进行多比例双轴拉伸试验,建立应力应变响应面,弹性常数响应面,并进一步提出完整三次式表达的弹性常数非线性模型,即

$$
\begin{cases}
E_x t = 364.5 + 9.42x - 27.69y - 1.89x^2 - 5.87xy + 11.81y^2 - 0.518x^3 + 1.49x^2y - \\
\qquad 1.05xy^2 - 0.436y^3 \\
E_y t = 235.2 - 64.04x + 6.89y + 18.91x^2 - 9.15xy + 4.51y^2 - 1.31x^3 + 1.09x^2y - \\
\qquad 0.661xy^2 - 0.0097y^3 \\
\nu_x = 0.744 - 0.774x + 0.19y + 0.194x^2 - 0.116xy + 0.021y^2 - 0.011x^3 + \\
\qquad 0.0015x^2y + 0.00753xy^2 - 0.0032y^3
\end{cases}
$$

$$(3-49)$$

式中:E_{xt}和E_{yt}分别为经向弹性模量和纬向弹性模量;ν_x为主泊松比;x和y分别为经向应力和纬向应力。可通过用户自定义材料子程序(UMAT)整合到 ABAQUS 中,表征有限元模型材料力学特性。

内压为 9kPa 时飞艇囊体缩尺模型的数值模拟和试验结果如图 3-42 所示。图 3-42(a)为考虑裁切效应模型结果变形云图,从图中可见,囊体裁切片中间区域的变形高于两侧变形,在垂直于囊体轴向截面内,越靠近裁切片拼接的热合缝区域,膜面变形越小;图 3-42(b)为理想回转体模型结果变形云图,从图中可见,膜面变形沿囊体轴向出现明显的分层现象,囊体表面变形极大值位于囊体横截面直径最大处;图 3-42(c)为裁切片表面贴有反光靶点区域的变形云图,从图中可见,裁切片表面变形极大值分布在中间椭圆形核心区域内,越靠近裁切片外侧,膜面变形越小。

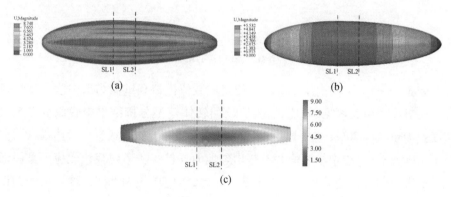

图 3-42 9kPa 状态膜面变形分布对比
(a)考虑裁切效应模型(单位:mm);(b)回转体模型(单位:mm);
(c)裁片试验(单位:mm)。

对比两种模型数值结果和试验结果可见,考虑裁切效应模型数值结果与充气试验膜面变形分布一致,靠近热合缝区域变形低于裁切片中间区域变形,这是由于初始状态下囊体横截面并非理想圆形,而近似为六边形,充气过程中裁切片中间区域向外鼓出,热合缝处受到表面张力的影响有回缩的趋势,因此越靠近热合缝处,膜面变形越小。

为了比较充气过程中裁切片形态的变化,分别提取初始状态和 9kPa 状态下有限元模型和试验结果的裁切片横截面曲线进行分析,提取截面位置分别位于囊体截面半径最大处 SL1 和囊体中间位置截面 SL2。充气过程前后裁切片 SL1,SL2 处截面形态变化如图 3-43 所示,由图可见,考虑裁切效应模型裁切片截面曲线与试验曲线基本一致,初始状态下,试验模型与考虑裁切模型裁切片截面曲率大致相同,均小于回转体模型裁片曲率;随着气压增加,试验模型与裁切模型截面曲率增大,逐渐接近回转体模型,说明囊体充气前后由初始近似六边形演变成圆形,证实了基于裁切效应建立的初始构型有限元模型的正确性。

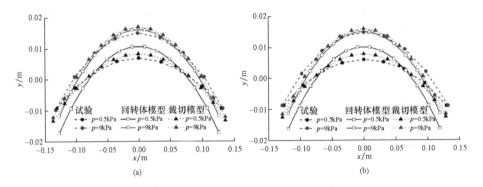

图 3-43 有限元模型和试验模型裁片截面形状

(a)最大半径处截面(SL1);(b)中间截面(SL2)。

表 3-3 表示不同内压工况下飞艇囊体数值模拟和试验结果中膜面变形最大值的对比。由表可见,对比试验结果,回转体模型分析结果中膜面变形最大值误差为 40%~70%,主要原因在于回转体模型对于初始状态下囊体横截面假设不正确,充气过程中横截面并不是均匀地向外扩张。考虑裁切效应模型膜面变形最大值的变化趋势与试验结果基本一致,当内压为 1kPa 时,裁切模型的误差为 12.1%,并且随着内压增大,模型的误差逐渐减小。当内部气压比较低时,囊体的刚度比较小,形态不稳定,试验模型的初始状态与有限元模型的初始状态存在偏差,数值模拟的结果误差较大;当内压增大时,囊体形态逐渐稳定,裁切模型和试验模型在高应力状态下变形基本一致,数值模拟误差逐渐减小。

表 3-3 试验与数值模拟变形最大值对比

内压值/kPa	变形最大值/mm				
	试验	回转体模型	回转体模型误差/%	考虑裁切模型	裁切模型误差/%
1	4.53	1.37	69.76	3.98	12.1
3	5.85	2.25	61.34	5.44	7.01
5	7.02	3.01	57.12	6.88	2.0
7	8.14	4.34	46.68	7.73	5.1
9	9.1	5.53	39.23	8.75	3.8

第 4 章
薄膜结构流固耦合分析

▶▶▶ 4.1　引言

飞艇根据其结构形式可分为硬式飞艇、半硬式飞艇和软式飞艇。飞艇的结构以充气囊体形成的艇身为主,为一类柔性充气结构。

在不同环境条件和外部载荷(囊体充气压差、外部绕流风压、热环境引起的温变、集中和分布吊挂载荷等)作用下,囊体结构容易产生较大整体和局部变形。一般考虑到囊体材料强度和氦气泄漏问题,飞艇囊体内外压差较小,这导致该类柔性充气结构的刚度很小,外形的变化随外部来流以及各类载荷的变化更加敏感,流固耦合特性变得更加突出。

飞艇主要以轴对称外形的艇身为主,具有充气薄膜结构形式的特点,使得其流固耦合特性不同于常规的动升力刚性蒙皮飞行器(飞机、导弹等)的流固耦合特性,飞艇会产生整体变形和局部形变,是一类材料非线性和几何非线性综合的强非线性流固耦合问题。

飞艇的流固耦合作用不仅对飞艇的气动力以及飞行稳定性、操纵与控制特性产生较大的影响,而且对飞艇外形保持和结构强度等也会带来一系列的问题,因此需要对其流固耦合效应进行研究。这些方面的研究,可以为结构设计(结构变形、强度等)、稳定性、操纵性分析和控制系统(提供柔性飞行器的气动力模型及空间运动模型等)的设计提供可靠而有效的依据。

在对该类飞行器流固耦合特性(柔性结构大变形的几何非线性,材料非线性和气动力非线性)进行分析时,重点是对流固耦合计算分析方法、试验方法以及试验技术(地面试验和飞行试验)的研究。高效、精确、可靠的计算分析方法及工具的形成和建立是这方面研究的关键环节。

4.2 流固耦合计算分析方法

4.2.1 流固耦合时域分析方法

目前对于流固耦合的分析方法主要有两大类:频域分析方法和时域分析方法。

频域分析方法是将结构和流场的运动表示为时间的谐波函数。这样该问题就简化成一个特征值问题,稳定临界点通过每一个模态的特征值符号的变化来得到。该分析方法局限于线性结构方程和由于结构变形引起的线性气动力,很难解决带有强结构非线性和气动非线性问题。流固耦合问题常常是静、动态响应耦合的过程,频域方法不易实现静、动态计算的一体化,但由于频域分析运用翼面作简谐运动的频域气动力,一般仅能提供临界失稳响应的信息,不能准确计算亚、超临界响应,频域分析物理意义不够直观,且计算方法建模复杂、人工干预较多。

时域分析方法在时间历程上分析流场和结构的变化得到结构的流固耦合特性。该方法通过在时间域中求解结构响应和气动力的变化,得到结构的响应,由结构响应可分析流固耦合特性。时域分析方法可以弥补频域分析方法存在的不足,具体如下。

1. 古典分析方法

该方法通常是假定结构以给定的频率和幅值进行振动,通过计算非定常气动力来判断系统的稳定性。它把原来内部耦合的非线性问题分解成两个独立的解耦问题,因此不能用来预测非线性极限环振荡现象。由于流体 – 结构间不存在封闭的反馈,因而不能准确反映两种连续介质间的能量传递。常用的古典分析方法有能量法、特征值法等。

2. 交错积分耦合法(松耦合)

交错积分耦合法能充分利用现有的流体和结构计算方法及程序,只需作少量的修改,从而保持程序的模块化。该方法中流体和结构使用各自的求解器在时域积分,交错时间推进,其过程为:

(1) 在气动力作用下对结构响应进行积分,推进到下一时刻。

(2) 把结构的边界位移和运动传递给气动计算系统。

（3）更新流体区域网格,计算新的气动压力和应力场。

（4）把流体压力和应力转换成结构载荷,传递给结构。

通过结构计算 – 流体计算之间的迭代,求解流固耦合问题。

3. 整体积分（完全积分）耦合法（紧耦合）

整体积分耦合法是把流体和结构看作通过耦合界面连接的单一连续介质,用单一的算子来描述控制方程。由于时间积分完全同步,且不存在任何的时间滞后和能量不守恒现象,该方法基于将流体域和结构域作为一个整体,而非独立求解,存在如下不足:

（1）整体积分法推导求解方程较困难。

（2）在求解时,需要修改目前的流体和结构求解器,重新编制算法。

（3）在时间积分和网格离散时,要求流体动力求解器与结构动力求解器参数一致,如需采用相同的积分步长等。

（4）求解过程中,每次迭代都需要储存和计算海量数据。

交错积分耦合法和整体积分（完全积分）耦合法都属于双向的耦合方法,因此可以考虑流体和结构的各种非线性因素,也可以预测到极限环振荡现象。两者的差别主要在于时间积分推进是否同步。

流固耦合的计算,需要两方面的基础数据:一是结构动力特性;二是空气动力特性。这两个方面基础数据的可靠性,就决定了流固耦合计算的可靠性。结构动力特性和空气动力特性的可靠性有效分析是由结构和气动分析方法的可靠性决定的。下面分别对空气动力计算方法和结构分析方法进行概述。

4.2.2　非定常空气动力计算方法

非定常空气动力计算方法的发展是随着其他学科(飞行器设计、计算机技术等)的发展而不断形成和完善的。非定常空气动力计算方法的发展,经历了由简化假设到逐渐逼近真实非定常流动的发展过程。

20 世纪 30 年代,随着飞机的发展,有了进行颤振计算的需求,在当时的条件下,建立了基于线化理论的二维不可压缩的非定常空气动力计算方法(Theodorson 方法、kussner 方法),而对于超声速流,则可使用"活塞理论"。这些简单的流体模型虽然都有各自有限的使用范围,但都可以把非定常气动力显式地表示在结构动力方程中,通过频域法来判断颤振是否发作。同时,可用于非谐振荡运动的二维不可压缩流计算方法也逐渐形成。

进入 20 世纪 50 年代后,随着跨声速飞机设计的需要和数字电子计算机的使用,基于线化理论的三维非定常空气动力计算方法逐渐形成。Walkins 等提出了著名的计算亚声速三维谐振荡非定常空气动力的核函数法,使三维亚声速非定常空气动力计算进入了工程应用。Albano 等在 20 世纪 60 年代末提出了计算任意外形的三维亚声速谐振荡非定常空气动力的偶极子网格法。同时,基于线化理论的三维超声速谐振荡非定常空气动力计算方法,三维亚、超声速非谐振荡非定常空气动力计算方法,也建立了起来。

由于计算机计算能力的限制,跨声速范围的非定常空气动力的计算采用线化理论从亚声速和超声速两边向跨声速范围"逼近",正在通过大量的跨声速风洞试验验证。

随着计算机技术的进步,基于全位势方程、Euler 方程,以及 Navier – Stokes 方程的数值计算方法都得到蓬勃的发展,并形成成熟的商业软件(VSAERO、FLUENT 等)。这为流固耦合问题的研究提供了可靠有效的工具。

4.2.3　结构分析方法

结构分析方法的发展和气动力计算方法的历程一样,也经历了由简单到复杂逐渐接近真实结构模型的发展过程。不同复杂程度的流固耦合分析方法如图 4 – 1 所示。以机翼振动特性分析为例,常用的方法有梁理论法、瑞利 – 李兹(Rayleigh – Ritz)能量法、传递矩阵法(又称初参数法或 Prohl 法)和有限元方法。目前,随着计算手段的改善,有限元方法成为一种主要的、通用的计算结构动力学方法。在有限单元模型的选择上,先后经历了梁类单元(直梁、扭曲梁)、板壳单元(薄壳、厚壳)和三维实体单元。三维实体单元能描述具有复杂结构的机翼,能真实反映机翼承受各种不同载荷时的应力状态和变形情况,而这对考虑流体与结构间的耦合关系,特别是非定常气流力对结构做功的定量计算,无疑是重要的。另外,通过对各种单元模型进行修正,能够提高求解复杂结构问题的能力。

对于某些大变形结构,原来的线性小变形模型已不能反映这些因素对结构动力特性的影响,此时应考虑采用非线性几何大变形模型建立结构控制方程,把平衡方程建立在变形后的构型上,并通过迭代来获得最终的平衡位置。

目前,结构分析方法已经形成成熟的商业软件(ABAQUS、NASTRAN、ANSYS等)。这些软件包含了大量的结构单元模型和结构分析方法,这为流固耦合问题中对结构的分析研究提供了可靠有效的工具。

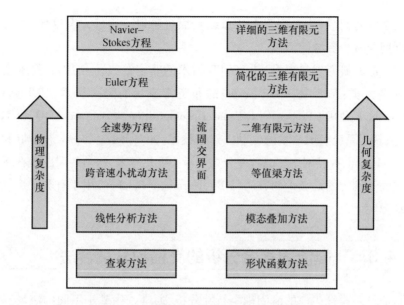

图 4 - 1　不同复杂程度的流固耦合分析方法

4.2.4　流固耦合分析的降阶方法

常用的基于计算流体动力学(CFD)和计算结构动力学(CSD)的高精度的流固耦合分析方法,在整个分析过程中需要耗费大量的时间和资源,计算效率很低,因此对已有方法的改进完善以及发展高效精确的流固耦合分析新方法,并使其可以应用于流固耦合特性分析、优化设计、动力学分析以及系统控制是非常必要的。

目前,除了对常规的流固耦合计算方法外,国内外对高效精确的流固耦合方法也进行了一定的深入研究。其中,降阶模型(Reduced Order Model,ROM)是一种高效新颖的研究手段。

由于流场分析在整个流固耦合分析中占据相当大的比例,流场分析效率的改善是建立高效流固耦合分析方法的基础,故国内外对流场模型降阶进行了相关研究。

降阶模型它可以用于非定常流场的分析和非定常气动力的建模,可以考虑到流动的非线性特性,而且其计算效率也远远高于直接的 CFD 数值模拟。非定常气动力的 ROM 可以替代 CFD 流场求解器,既可以用于流固耦合的时域仿真,又可以用于动力学分析和参数优化设计。

降阶模型不仅可以在保证与原始高阶模型相同精度的情况下,大幅减少计算耗费的时间(减少 1 到 2 个数量级),而且可以应用于方案设计阶段,缩短设计周期和减少资源的消耗。

就目前的研究现状来看,基于 CFD 技术的非定常气动力 ROM 技术主要可划分为两大类:基于基函数(模态)的非定常流场的降阶技术,如 Eigenmode based Method、POD(Proper Orthogonal Decomposition)、Balance POD 和 Hybrid POD 等;基于系统辨识技术的气动力建模技术,如 Volterra Theory、Hybrid POD – Volterra Method、神经网络和离散差分方程等。近几年来,Dowell 课题组在频域内将非线性气动力的谐波平衡方法(HB – Harmonic Balabce)用于有非线性气动力的气动弹性研究。

4.3　飞艇流固耦合分析的交错积分耦合法

目前针对柔性飞艇的流固耦合特性分析,通常采用基于不同的流场和结构成熟分析软件的交错积分耦合法(松耦合)。基于流体计算软件 FLUENT 和结构分析软件 ABAQUS 针对该方法的计算流程和方法如图 4 – 2 所示。

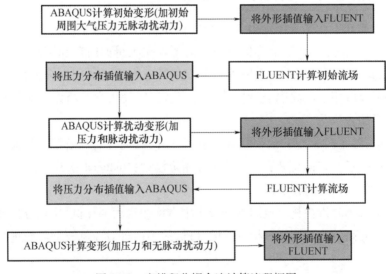

图 4 – 2　交错积分耦合法计算流程框图

4.3.1　流场计算方法

1. 控制方程

在流固耦合计算时,结构的外形发生变化,流场的壁面边界和全流场网格也要相应地随之变化,这时流场计算方法(FLUENT)的建立需要考虑网格的运动和边界条件的变化,需要采用基于 Arbitrary Lagrange – Euler(ALE) 的 Reynolds – Averaged Navier – Stokes(RANS)方程的气动特性计算方法。

FLUENT 中的动网格模型可用于模拟由于区域边界运动而引起区域形状随时间变化的流动。区域边界运动可以是确定运动(固体重心随时间变化的线速度和角速度),也可以是由当前时间的解,决定后续运动的不确定的运动(固体受力变形计算出的位移、线速度等)。在每个时间步会根据新的边界位置自动更新体网格。在使用动网格模型前,必须提供初始体网格,并定义模型中所有运动区域的运动。FLUENT 可以使用边界轮廓、UDF(User Defined Function)或六自由度求解器来定义区域运动。

在任意的边界正在运动的控制体 V 中,对于通用标量 φ,动网格守恒型方程的积分形式可写为

$$\frac{\mathrm{d}}{\mathrm{d}t}\int_V \rho\varphi\mathrm{d}V + \int_{\partial V} \rho\varphi(\boldsymbol{u} - \boldsymbol{u}_g) \cdot \mathrm{d}A = \int_{\partial V} \varGamma\,\nabla\varphi \cdot \mathrm{d}A + \int_V S_\varphi \mathrm{d}V \qquad (4-1)$$

式中:ρ 为流体的密度;$\boldsymbol{u}$ 为流体速度向量;$\boldsymbol{u}_g$ 为动网格的网格速度;$\varGamma$ 为扩散系数;S_φ 为 φ 的源项;∂V 为控制体 V 的边界。

式(4–1)中的时间导数部分可以用一阶向后微分公式近似,即

$$\frac{\mathrm{d}}{\mathrm{d}t}\int_V \rho\varphi\mathrm{d}V = \frac{(\rho\varphi V)^{n+1} - (\rho\varphi V)^n}{\Delta t} \qquad (4-2)$$

式中:n 为当前时刻;$n+1$ 为下一个时刻。第 $n+1$ 个时刻的控制体体积可表示为

$$V^{n+1} = V^n + \frac{\mathrm{d}V}{\mathrm{d}t}\Delta t \qquad (4-3)$$

式中:$\dfrac{\mathrm{d}V}{\mathrm{d}t}$ 为控制体的时间导数。为满足网格守恒定律,控制体的时间导数可表示为

$$\frac{\mathrm{d}V}{\mathrm{d}t} = \int_{\partial V} \boldsymbol{u}_g \cdot \mathrm{d}A = \sum_j^{n_f} \boldsymbol{u}_{g,j} \cdot \boldsymbol{A}_j \qquad (4-4)$$

式中:n_f 为控制体的面数;A_j 为面 j 的面向量。每个控制体面上的点积可表示为

$$\boldsymbol{u}_{g,j} \cdot \boldsymbol{A}_j = \frac{\delta V_j}{\Delta t} \qquad (4-5)$$

式中:δV_j 为控制体面 j 在时间步 Δt 内扫过的体积。

2. 湍流模型

在采用 RANS 方程进行数值计算时,湍流模型对其计算精度有很大的影响,为了分析湍流模型对不同类对象扰流特性的计算能力,常使用以下湍流模型主要包括:

(1) Spalart – Allmaras model(SA)

(2) $k - \varepsilon$ model

 ➤ Standard $k - \varepsilon$ model

 ➤ Renormalization – group(RNG) $k - \varepsilon$ model

 ➤ Realizable $k - \varepsilon$ model

(3) $k - \omega$ model

 ➤ Standard $k - \omega$ model

 ➤ Shear – stress transport(SST) $k - \omega$ model

(4) Transition $k - kl - \omega$ model

(5) Transition SST model

(6) $v^2 - f$ model

(7) Detached eddy simulation(DES)

(8) Larger eddy simulation(LES)

不同湍流模型的控制方程可参见相关文献[89]。

下面给出飞艇气动特性分析时常用的 Spalart – Allmaras 湍流模型,该模型是设计用于航空领域的,主要是壁面束缚流动,而且已经显示出很好的效果。

Spalart – Allmaras 模型的变量中 $\tilde{v}$ 是湍流动黏滞率,除了近壁区域,其满足的方程为

$$\frac{\partial}{\partial t}(\rho \tilde{v}) + \frac{\partial}{\partial x_i}(\rho \tilde{v} u_i) = G_v + \frac{1}{\sigma_{\tilde{v}}}\left[\frac{\partial}{\partial x_j}\left\{(\mu + \rho \tilde{v})\frac{\partial \tilde{v}}{\partial x_j}\right\} + C_{b2}\rho\left(\frac{\partial \tilde{v}}{\partial x_j}\right)^2\right] - Y_v + S_{\tilde{v}}$$

$$(4 - 6)$$

式中:G_v 为湍流黏度生成项;Y_v 为湍流黏度消去项,发生在近壁区域;$\sigma_{\tilde{v}}$ 和 C_{b2} 为常数;v 为分子动黏性;$S_{\tilde{v}}$ 为用户定义的源项。注意到湍流动能在 Spalart – Allmaras 没有计算,所以在估计雷诺压力时没有被考虑。

湍流黏度 μ_t 可表示为

$$\mu_t = \rho \tilde{v} f_{v1} \qquad (4 - 7)$$

$$f_{v1} = \frac{\chi^3}{\chi^3 + C_{v1}^3} \qquad (4 - 8)$$

$$\chi \equiv \frac{\tilde{v}}{v} \qquad (4-9)$$

G_v 可表示为

$$G_v = C_{b1}\rho\tilde{S}\tilde{v} \qquad (4-10)$$

$$\tilde{S} \equiv S + \frac{\tilde{v}}{\kappa^2 d^2}f_{v2} \qquad (4-11)$$

$$f_{v2} = 1 - \frac{\chi}{1+\chi f_{v1}} \qquad (4-12)$$

式中：C_{b1} 和 κ 为常数；d 为离墙壁的距离；S 为变形张量。在 Fluent 中，S 可表示为

$$S \equiv \sqrt{2\Omega_{ij}\Omega_{ij}} \qquad (4-13)$$

$$\Omega_{ij} = \frac{1}{2}\left(\frac{\partial u_i}{\partial x_j} - \frac{\partial u_j}{\partial x_i}\right) \qquad (4-14)$$

式中：Ω_{ij} 为层流旋转张量。

当模型给出时，最重要的是墙壁束缚流动中 S 表达式的修正，湍流漩涡只发生在近壁。但是，我们知道要把湍流产生的平均应变考虑进去，并且改变模型。

这种修改包括旋度和应变，在 S 中定义，即

$$\begin{cases} S \equiv |\Omega_{ij}| + C_{prod}\min(0, |S_{ij}| - |\Omega_{ij}|) \\ C_{prod} = 2.0, |\Omega_{ij}| \equiv \sqrt{2\Omega_{ij}\Omega_{ij}}, |S_{ij}| \equiv \sqrt{2S_{ij}S_{ij}} \end{cases} \qquad (4-15)$$

在平均应变率中 S_{ij} 定义为

$$S_{ij} = \frac{1}{2}\left(\frac{\partial u_j}{\partial x_i} + \frac{\partial u_i}{\partial x_j}\right) \qquad (4-16)$$

旋度和应变张量减少了漩涡黏度，从而减少了漩涡黏度本身。旋度和应变张量更多正确地考虑湍流旋度。一般的方法是预测漩涡黏度的产生，并且预测漩涡黏度本身。

消失项的模型为

$$Y_v = C_{w1}\rho f_w\left(\frac{\tilde{v}}{d}\right)^2 \qquad (4-17)$$

$$f_w = g\left[\frac{1+C_{w3}^6}{g^6+C_{w3}^6}\right]^{1/6} \qquad (4-18)$$

$$g = r + C_{w2}(r^6 - r) \qquad (4-19)$$

$$r \equiv \frac{\tilde{v}}{\tilde{S} \kappa^2 d^2} \qquad (4-20)$$

式中:C_{w1},C_{w2},C_{w3}为常量;$\tilde{S}$由式(4-10)给出。注意到考虑平均应力而修改的S也会影响$\tilde{S}$。

模型中的常量包括C_{b1},C_{b2},$\sigma_{\tilde{v}}$,C_{v1},C_{w1},C_{w2},C_{w3}和κ,即

$$C_{b1} = 0.1335, C_{b2} = 0.622, \sigma_{\tilde{v}} = \frac{2}{3}, C_{v1} = 7.1$$

$$C_{w1} = \frac{C_{b1}}{\kappa^2} + \frac{(1+C_{b2})}{\sigma_{\tilde{v}}}, C_{w2} = 0.3, C_{w3} = 2.0, \kappa = 0.4187$$

在壁面上,修改后的湍流动黏滞率$\tilde{v}$被认为是0。当网格划分得较好时,可以解决层状亚层,壁面剪应力可以表示为

$$\frac{u}{u_t} = \frac{\rho u_t y}{\mu} \qquad (4-21)$$

如果网格太粗糙不足以解决,那么假设

$$\frac{u}{u_t} = \frac{1}{\kappa} \ln E \left(\frac{\rho u_t y}{\mu} \right) \qquad (4-22)$$

式中:u为平行于壁面的速度;u_t为切速度;y为离墙壁的距离;κ为von Karman常量;$E=9.793$。

3. 控制方程的离散格式

对于飞艇这类飞行器,由于其飞行速度较低($<40.0\mathrm{m/s}$),低速流场计算时易采用基于压力的求解方式。

采用有限体积法将控制方程转换为可以用数值方法解出的代数方程。该方法可以在每一个控制体内积分控制方程,从而产生基于控制体的每一个变量都守恒的离散方程。对于方程的离散格式,即压力修正方程采用标准格式(Standard、Second Order),其他控制方程(质量、动量和湍流模型)的离散格式(First Order Upwind、Second Order Upwind、QUICK、Third Order MUSCL)。

4. 边界条件

在求解方程的过程中建立的边界条件包括速度入口边界、压力出口边界和壁面边界条件,如图4-3所示。如果分析非定常风场的影响,通过在速度入口边界中指定相应的速度剖面实现。

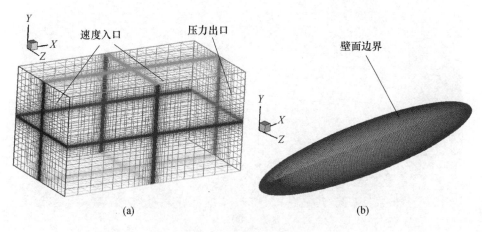

图 4 - 3　流场边界条件图

5. 流场网格

目前,常用的流场网格剖分方式有结构网格、非结构网格和混合网格。

(1) 结构网格的网格质量较高,但对于复杂外形的适应性较差,剖分网格需要消耗大量的时间。

(2) 非结构网格对于复杂外形的适应能力较强,但流场典型区域的网格质量不好控制。

(3) 混合网格综合结构网格和非结构网格的特点,通过在边界层采用结构网格满足网格质量的要求,在其他区域采用非结构网格进行填充。混合网格可以保证流场特定区域的网格质量,而且对于复杂外形生成容易。结构网格和混合网格实例如图 4 - 4 所示。

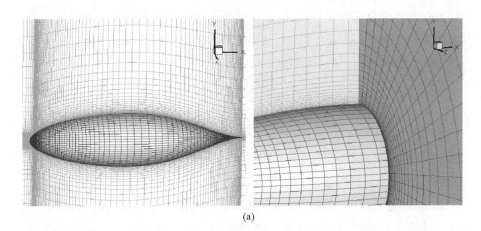

(a)

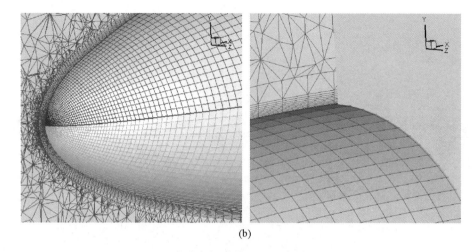

(b)

图 4 - 4　流场不同的网格剖分实例

(a)结构网格;(b)混合网格。

4.3.2　流场动网格

流固耦合计算时,由于结构外形随时间变化,使得外部的流场网格也需要进行相应的调整,才可以实现随时间的动态求解。根据不同的对象,目前已形成各种动网格更新方法。下面针对典型的 FLUENT 自带的动网格更新方法以及基于 Delaunay 图映射的动网格方法进行叙述。

1. 弹性系数网格重构算法

FLUENT 提供的 Dynamic - Mesh Modal,使用了动网格中的弹性系数算法和局部重构算法对网格进行重构。

在弹性系数算法中,将任意两个网格节点之间的边等效为一根弹簧。先由用户给定的 UDF,计算出边界上的节点位移。此位移与此节点相连产生一个弹性力,弹性力的大小与位移大小成正比,即

$$F_i = \sum_j^{n_i} k_{ij} (\Delta x_j - \Delta x_i) \tag{4-23}$$

$$k_{ij} = \frac{1}{\sqrt{|x_i - x_j|}} \tag{4-24}$$

式中:Δx_i 和 Δx_j 分别为节点 i 和其相连节点 j 的位移;n_i 为与 i 节点相连的节点个数;k_{ij} 为节点 i 与相连节点 j 的弹性常数。

由此,边界节点的位移就被传递到整个体网格。在平衡状态下,每个节点所受的所有与它相连边上的弹性力之和为零。该平衡条件产生了一个循环的

计算节点位移的方程,即

$$\Delta x_i^{m+1} = \frac{\sum_j^{n_i} k_{ij} \Delta x_j^m}{\sum_j^{n_i} k_{ij}} \qquad (4-25)$$

当边界节点位移已知时,就可以用 Jacobi 扫描算法求解方程(4 - 25)。得到收敛解后,内部节点的位置被更新,即

$$x_i^{n+1} = x_i^n + \Delta x_i^{m,\text{converged}} \qquad (4-26)$$

式中:$n+1$ 和 n 分别为下一个时间步和当前时间步。

当边界节点的位移相对局部网格的尺寸很大时,网格的质量将变得很差。为避免这一问题,FLUENT 提供局部重构算法对坏质量网格进行合并或拆分。此时坏质量网格定义为超过某一给定体,低于某一指定体积或者网格倾斜率大于某一数值的那些网格。

2. Delaunay 图映射的动网格方法

基于 Delaunay 图映射的动网格方法能够适应中等变形下的网格动态变形,并保证边界层的网格质量,计算的效率也较高。

该动网格方法可以分为以下 4 步:①Delaunay 背景网格的生成;②流场网格点在 Delaunay 图中的定位;③Delaunay 图的移动;④流场网格点的重新定位。

1)Delaunay 背景网格的生成

计算区域采用内部几何边界和外边界(包括远场、对称面和周期边界等)进行定义。为了形成 Delaunay 背景网格,需要在计算区域中选取一些特征点。对于这些选定的特征点,采用 Bowyer - Watson 算法(Delaunay 准则),存在唯一的三角形(2D)或四面体(3D)Delaunay 网格。图 4 - 5 所示为某二维翼型的背景网格。

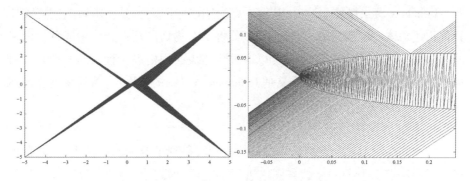

图 4 - 5　Delaunay 背景网格(二维翼型)

2）流场网格点在 Delaunay 图中的定位

在已有的 Delaunay 背景网格的基础上，可以采用各种不同的方法寻找计算网格点所在的 Delaunay 单元。对于二维问题，可以采用相对面积系数得到网格点是否在某个背景网格中。三维问题可以采用相对体积系数得到点所在的背景网格单元。背景网格的遍历（寻点）采用一种有效的 Walk – Through 算法。

二维问题相对面积系数都大于 0，即

$$e_1 = \frac{\begin{vmatrix} x_p & y_p & 1 \\ x_B & y_B & 1 \\ x_c & y_c & 1 \end{vmatrix}}{\begin{vmatrix} x_A & y_A & 1 \\ x_B & y_B & 1 \\ x_c & y_c & 1 \end{vmatrix}}, e_2 = \frac{\begin{vmatrix} x_A & y_A & 1 \\ x_p & y_p & 1 \\ x_c & y_c & 1 \end{vmatrix}}{\begin{vmatrix} x_A & y_A & 1 \\ x_B & y_B & 1 \\ x_c & y_c & 1 \end{vmatrix}}, e_3 = \frac{\begin{vmatrix} x_A & y_A & 1 \\ x_B & y_B & 1 \\ x_p & y_p & 1 \end{vmatrix}}{\begin{vmatrix} x_A & y_A & 1 \\ x_B & y_B & 1 \\ x_c & y_c & 1 \end{vmatrix}} > 0$$

三维问题相对面积系数都大于 0，即

$$e_1 = \frac{\begin{vmatrix} x_p & y_p & z_p & 1 \\ x_B & y_B & z_B & 1 \\ x_C & y_C & z_C & 1 \\ x_D & y_D & z_D & 1 \end{vmatrix}}{\begin{vmatrix} x_A & y_A & z_A & 1 \\ x_B & y_B & z_B & 1 \\ x_C & y_C & z_C & 1 \\ x_D & y_D & z_D & 1 \end{vmatrix}}, e_2 = \frac{\begin{vmatrix} x_A & y_A & z_A & 1 \\ x_p & y_p & z_p & 1 \\ x_C & y_C & z_C & 1 \\ x_D & y_D & z_D & 1 \end{vmatrix}}{\begin{vmatrix} x_A & y_A & z_A & 1 \\ x_B & y_B & z_B & 1 \\ x_C & y_C & z_C & 1 \\ x_D & y_D & z_D & 1 \end{vmatrix}}, e_3 = \frac{\begin{vmatrix} x_A & y_A & z_A & 1 \\ x_B & y_B & z_B & 1 \\ x_p & y_p & z_p & 1 \\ x_D & y_D & z_D & 1 \end{vmatrix}}{\begin{vmatrix} x_A & y_A & z_A & 1 \\ x_B & y_B & z_B & 1 \\ x_C & y_C & z_C & 1 \\ x_D & y_D & z_D & 1 \end{vmatrix}}, e_4 = \frac{\begin{vmatrix} x_A & y_A & z_A & 1 \\ x_B & y_B & z_B & 1 \\ x_C & y_C & z_C & 1 \\ x_p & y_p & z_p & 1 \end{vmatrix}}{\begin{vmatrix} x_A & y_A & z_A & 1 \\ x_B & y_B & z_B & 1 \\ x_C & y_C & z_C & 1 \\ x_D & y_D & z_D & 1 \end{vmatrix}} > 0$$

3）Delaunay 图的移动

Delaunay 背景网格生成时，其网格点的选取原则之一是要求所选网格点要具备描述物体变形的能力。通常情况下，将所有物面网格点选作生成背景网格的网格点。这样，物体的运动就可以通过物体表面网格点坐标值的变动来进行描述。而物体表面网格点恰恰又是 Delaunay 背景图的网格点，从而将物体的运动转移到了 Delaunay 图的运动上。

4）网格点的重新定位

物体的移动通过物面网格点坐标的改变转移到了 Delaunay 图上，而之前已将计算网格点在 Delaunay 背景图中进行了定位，得到了计算网格点的面积（体积）系数。背景网格移动后，先前网格点的面积（体积）系数没有变化，这样可以对网格点的新坐标进行计算。二维和三维情况分别如图 4-6 和图 4-7 所示。

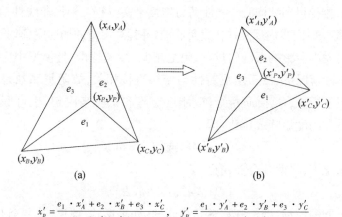

$$x'_P = \frac{e_1 \cdot x'_A + e_2 \cdot x'_B + e_3 \cdot x'_C}{e_1 + e_2 + e_3}, \qquad y'_P = \frac{e_1 \cdot y'_A + e_2 \cdot y'_B + e_3 \cdot y'_C}{e_1 + e_2 + e_3}$$

图 4-6　二维情况参数定义图

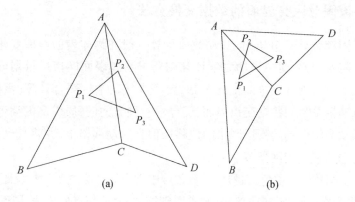

$$x'_P = \frac{e_1 \cdot x'_A + e_2 \cdot x'_B + e_3 \cdot x'_C + e_4 \cdot x'_D}{e_1 + e_2 + e_3 + e_4}, \qquad y'_P = \frac{e_1 \cdot y'_A + e_2 \cdot y'_B + e_3 \cdot y'_C + e_4 \cdot y'_D}{e_1 + e_2 + e_3 + e_4},$$

$$z'_P = \frac{e_1 \cdot z'_A + e_2 \cdot z'_B + e_3 \cdot z'_C + e_4 \cdot z'_D}{e_1 + e_2 + e_3 + e_4}$$

图 4-7　三维情况参数定义图

4.3.3　结构分析计算方法

结构的运动控制方程为

$$[M]\{\ddot{u}(t)\} + [C]\{\dot{u}(t)\} + [K]\{u(t)\} = \{P(t)\} \qquad (4-27)$$

式中：$[M]$ 为结构的质量矩阵；$[C]$ 为结构的阻尼矩阵；$[K]$ 为结构的刚度矩阵；$\{P(t)\}$ 为气动载荷向量,通过流体计算得到；$u(t)$ 为位移向量。

对这样一个复杂的非线性动力方程组,可以通过 Newmark 法和 Newton – Raphson 法,推导得到结构的非线性动力增量平衡方程。根据非线性动力增量平衡方程,在每一时间步内反复迭代直至收敛,并计算出新的加速度、速度、位移。

阻尼的大小会影响振动的过程,阻尼越低,衰减越慢,且模型中应力的峰值会更高。实际情况下,由于阻尼特性与结构直接相关,故阻尼系数是很难确定的。通常阻尼矩阵$[C]$由质量矩阵、刚度矩阵和试验来决定,也可假定阻尼与系统的质量和刚度矩阵成正比,即

$$[C] = a[M] \text{ 或 } [C] = b[K] \tag{4-28}$$

一般情况下,将两项合并,有

$$[C] = a[M] + b[K] \tag{4-29}$$

对于不同的模型,即使其材料是相同的,如果形状、厚度、边界条件不同,模型的阻尼特性也会不同,系数 a 和 b 的值也会相应地发生变化。

4.3.4 流固对应交界面的数据交换方法

在流固耦合计算分析时,气动数值计算一般在物体表面斜率变化大处,网格的密度需要增大,而结构动力学计算则要求物体表面网格尽量划分均匀,以便能方便地求出刚度矩阵。由此可知,要实现气动结构耦合计算,重要的是如何设计两网格系统的数据交换界面,即寻求一种方便的、质量高的插值方法,将计算结构动力学得到的变形网格的位移插值到气动网格上,并将气动网格上的气动载荷插值到结构网格节点上。

对于空间数据的插值,在科学计算领域中常用的算法主要包括反距离加权插值法、克里金插值法、最小曲率法、改进谢别德法、自然邻点插值法、最近邻点插值法、多元回归法、径向基函数法、线性插值三角网法、移动平均法、局部多项式法等。

下面采用简单有效的反距离加权插值法对气动数据和结构数据在界面上交换进行叙述。设空间待插值点为 $P(x_p, y_p, z_p)$,P 点邻域内有已知散乱点 $Q_i(x_i, y_i, z_i)$,$i = 1, 2, \cdots, n$ 和其对应的值 Z_i,利用距离加权反比法对 P 点的值 Z_p 进行插值。其插值原理是待插点的值是待插点邻域内已知散乱点值的加权平均,权的大小与待插点和邻域内散乱点之间的距离有关,是距离的 $k(0 \leqslant k \leqslant 2)$($k$ 一般为 $1,2$)次方的倒数,即

$$Z_p = \frac{\sum\limits_{i=1}^{n} \dfrac{Z_i}{d_i^k}}{\sum\limits_{i=1}^{n} \dfrac{1}{d_i^k}} \tag{4-30}$$

式中：d_i 为待插点与其邻域内第 i 个点之间的距离；n 为选取的邻近点的个数。

4.4　飞艇的流固耦合特性

4.4.1　飞艇结构有限元模型

飞艇为充气的柔性薄膜结构。在建立结构分析方法时基于该类飞行器的特点，形成了基于有限元的充气膜结构计算方法。飞艇外形采用有限单元进行离散，艇身囊体采用三维膜单元表征膜结构的本构特征，尾翼单元采用较厚的壳单元进行近似，其他辅助绳索采用索（Truss）单元。各个部件的材料特性基本上选取目前常用的各种材料的力学特性。内部充气采用流体充气单元进行模拟，该单元可以充分考虑体积变化引起的内部压力的变化（整个封闭囊体满足气体状态方程，即 $p = \rho RT$）。

由于飞艇是在空中自由飞行无任何约束的飞行器，其结构动力学特性与地面结构和其他具有固定支撑的结构有本质的区别。飞艇的 6 个刚体自由度不受任何约束。为了模拟真实的飞行条件，采用有限元处理无约束对象的方式，即通过惯性释放的方式来平衡无约束的刚体，消除刚体位移，避免刚度矩阵奇异，进而得到自由飞行状态下飞艇的变形和应力分布。

飞艇所受到的外载荷，包括内部充气压差载荷，整个结构的重力载荷以及不同飞行状态下的外部气动载荷。螺旋桨推力产生的载荷只在螺旋桨局部安装位置处引起局部的变形，对飞艇整体的影响可以忽略。飞艇外形、结构、单元和约束示意图如图 4-8 所示。

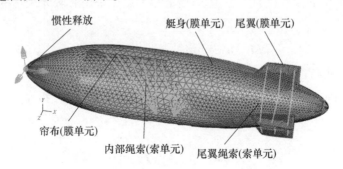

图 4-8　飞艇外形、结构、单元和约束示意图

4.4.2 无约束对象的惯性释放

当采用的载荷与对象的特征频率相比变化缓慢时,惯性释放是一种相对经济的用于自由体动态分析方法。

在静态分析步,惯性释放载荷随着外部载荷的变化而变化。例如,火箭发射时以定常或缓慢变化加速度(即自由对象受到一个定常或缓慢变化的外部力)进行静态分析。对象受到的惯性力通过惯性释放的载荷来平衡外部载荷。

在动态分析步,惯性释放载荷通过静态预载荷计算得到。例如,考虑浸没在水中的一个自由体,受到爆炸冲击波引起的变形分析。瞬间响应需要采用动态分析。如果初始时物体在重力和浮力的作用下静止,重力和浮力恰好平衡,然而如果有限元模型没有包含物体所有的质量(例如压舱物),在没有其他附加载荷下物体会由于外力的不平衡而加速。采用惯性释放载荷恰好来平衡这部分不平衡的力,将物体保持在静态平衡状态,然后采用动态分析得到物体在受到冲击波瞬间的变形响应。

在屈曲分析步,惯性释放可以用于静态预加载步,特征提取步或两步中都可以。在特征提取步,惯性释放载荷基于扰动载荷得到。例如火箭的静态分析,如果采用惯性释放对火箭推力扰动下的屈曲进行分析,可以预测引起火箭弯曲的临界推力值。

在惯性释放中,物体的总响应 $\{u_t\}$ 表示为由于刚体运动引起的刚体响应 $\{u_b\}$ 和相对响应 $\{u\}$ 的叠加,计算公式为

$$\{u_t\} = \{u\} + \{u_b\} \tag{4-31}$$

一般情况下参考点为质心,除非指定参考点。采用有限元表达的动平衡方程为

$$[M]\{\ddot{u}\} + [M]\{\ddot{u}_b\} + \{I\} = \{P\} \tag{4-32}$$

式中:$[M]$ 为质量矩阵;$\{I\}$ 为内部力矢量;$\{P\}$ 为外部力矢量。

刚体响应可以根据参考点的加速度 $\ddot{z}_j$ 和刚体模态矢量 $\{T\}_j (j=1,2,\cdots,6)$ 来表示,有

$$\{\ddot{u}_b\} = \sum_{j=1}^{6} \{T\}_j \ddot{z}_j \tag{4-33}$$

根据定义,$\{T\}_j$ 代表单位加速度矢量,例如一点的 $\{T\}_j$ 可以表示为

$$\begin{pmatrix} 1 & 0 & 0 & 0 & (z-z_0) & -(y-y_0) \\ 0 & 1 & 0 & -(z-z_0) & 0 & (x-x_0) \\ 0 & 0 & 1 & (y-y_0) & -(x-x_0) & 0 \\ 0 & 0 & 0 & 1 & 0 & 0 \\ 0 & 0 & 0 & 0 & 1 & 0 \\ 0 & 0 & 0 & 0 & 0 & 1 \end{pmatrix} \begin{pmatrix} \hat{e}_1 \\ \hat{e}_2 \\ \hat{e}_3 \\ \hat{e}_4 \\ \hat{e}_5 \\ \hat{e}_6 \end{pmatrix} \tag{4-34}$$

其中, $\hat{e}_j$ 为 1, 其他的为 0; x, y, z 为节点的坐标; x_0, y_0, z_0 为参考点(旋转中心)的坐标。如果系统在几何上经受有限的改变, $\ddot{z}_j$ 和 $\{T\}_j$ 为时间的函数。

动力学方程投影在刚体模态上, 得

$$\sum_{j=1}^{6} m_{ij} \ddot{z}_j = \{T\}_i^T \{P\} \tag{4-35}$$

式中: $m_{ij} = \{T\}_i^T [M] \{T\}_j$ 为刚体惯量; $\ddot{z}_j$ 为刚体第 j 个模态的加速度。实际情况下, 在存在对称面或二维及轴对称分析时, 刚体模态小于 6。这样刚体的响应可以直接通过外载荷计算得到。

由式(4-32)、式(4-33)和式(4-35)可推导出:

$$\{I\} = \{P\} - [M] \sum_{j=1}^{6} \{T\}_j \ddot{z}_j = \{P\} + \{P^{ir}\} \tag{4-36}$$

在涉及惯性释放的动态分析, 首先计算得到 $\{T\}_j^0$, 然后参考点的加速度 $\ddot{z}_j^0$ 在平衡静态载荷下计算得到, 则动态平衡方程为

$$[M] \{\ddot{u}\} + \{I\} = \{P\} + \{P^{ir}\} \tag{4-37}$$

$$\{P^{ir}\} = -[M] \sum_{j=1}^{6} \{T\}_j^0 \ddot{z}_j^0$$

在几何非线性情况下, 参考点的加速度不变, 空间质量分布得到更新。

默认情况下, 模型的所有刚体运动方向都可以施加惯性释放载荷。在具有对称平面的模型或只允许在指定方向上自由运动的模型, 自由方向上可以指定惯性释放载荷。例如, 在具有一个对称平面的三维模型中, 只有三个自由方向——两个平移和一个旋转。增加一个额外的对称平面, 这样只有一个自由方向。

4.4.3　流固耦合方法验证

采用成熟的 CFD 和 CSD 软件形成交错积分耦合法(松耦合), 首先需要针

对形成的方法进行验证,下面给出可用于流固耦合方法验证的弹性板模型。

对于弹性板模型的流固耦合问题,具体的模型尺寸、边界条件以及来流条件如图4-9所示。

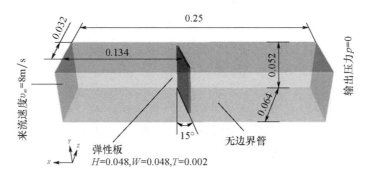

图4-9 弹性板的外形参数(单位:m)、来流条件及边界条件图

结构材料为线弹性,弹性板的材料特性如下:密度为 $1000 \mathrm{kg/m^3}$,弹性模量为 $E = 1.0 \times 10^8 \mathrm{Pa}$,泊松比为0.49。

有限元网格如图4-10所示,采用的单元类型为C3D20R,网格为 $20 \times 20 \times 2$。边界条件为上部固定(三个方向不能移动)。为了得到该结构的变形,选取某一观测点,得到该点变形量的时间历程。

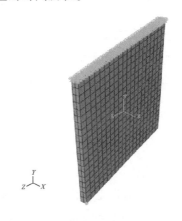

图4-10 弹性板的结构网格剖分图

流固耦合边界是指整个与流体接触的表面(不包含固支面)。

在流固耦合计算过程中,需要确定时间步长。为了得到计算需要的时间步长,首先对该结构的模态特性进行分析,计算得到的各阶模态的频率和振型如表4-1所列和图4-11所示。

表4-1 弹性板各阶模态频率

模态	频率/Hz	模态	频率/Hz
1	49.764	6	676.48
2	108.84	7	703.47
3	286.73	8	846.05
4	377.46	9	859.16
5	403.92		

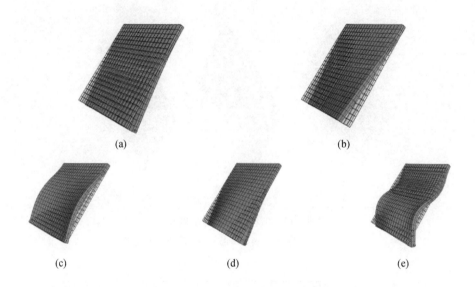

图4-11 弹性板典型的各阶振型图

(a)一阶振型;(b)二阶振型;(c)三阶振型;(d)四阶振型;(e)九阶振型。

通过分析得出,前9阶总有效质量超过模型中运动质量的90%,故选取小于第9阶模态的周期,作为流固耦合计算的时间步长,为0.25ms(0.00025s)。

流场计算采用单精度的 FLUENT 进行求解,所采用的流场网格(网格采用四面体非结构网格)如图4-12所示。

某一时刻流固耦合交界面的网格如图4-13所示。

观测点的位移变化时间历程与 MpCCI 软件使用手册算例中结果的比较如图4-14和图4-15所示。

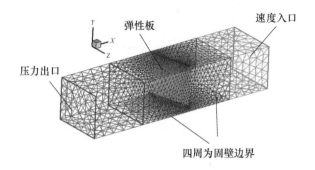

图 4 - 12　流场模型及网格图

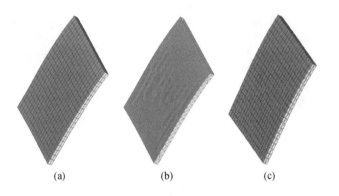

(a)　　　　　　　(b)　　　　　　　(c)

图 4 - 13　流场结构交界面网格图

(a)结构界面网格;(b)流体界面网格;(c)交界面网格。

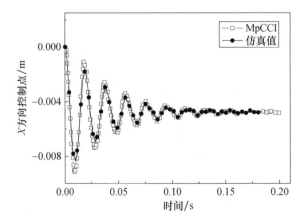

图 4 - 14　流场迭代步数为 100 时的观测点时间历程图

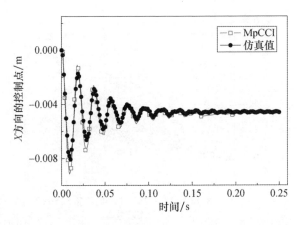

图 4 - 15   流场迭代步数为 30 时的观测点时间历程图

从上述的计算结果与已有结果的比较,可以看出所形成的流固耦合方法能够较好地计算流固耦合问题。

4.4.4   典型飞艇的流固耦合特性

本节给出典型的大尺度飞艇的流固耦合特性。针对该类尺寸巨大的充气柔性薄膜结构,在外部气动载荷作用下的流固耦合特性进行分析,得到该类飞行器的流固耦合特性的变化规律。具体包括:①柔性飞艇模态特性;②柔性飞艇静态流固耦合特性;③柔性飞艇动态流固耦合特性。

1. 柔性飞艇模态特性

1)不同长度(尺度)飞艇在特定压差下的模态特性

下面对不同长度(尺度)飞艇在充气压力为 200Pa 下的模态特性进行分析。计算条件如表 4 - 2 所列。

表 4 - 2   模态计算参数表

压差 Δp/Pa	膜厚度 T/mm	E/Pa
200	0. 5	7.0×10^{8}

艇身加尾翼的网格和结果见图 4.16 ~ 图 4.19。

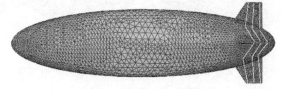

图 4 - 16   艇身加尾翼模态计算网格图

平流层飞艇结构

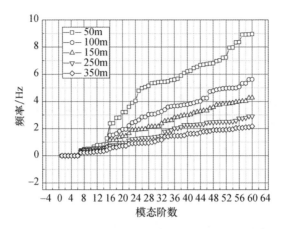

图 4-17　不同长度飞艇的各阶模态频率图(惯性释放边界条件)

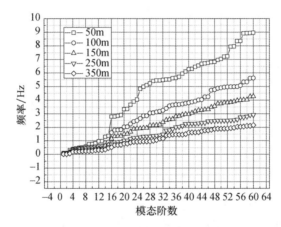

图 4-18　不同长度飞艇的各阶模态频率图(尾部固支边界条件)

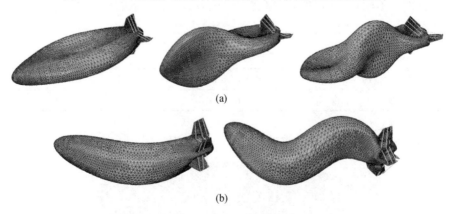

(a)

(b)

图 4-19　艇身加尾下的模态振型图(惯性释放边界条件)

(a)局部变形振型;(b)整体变形的振型。

104

从上述的计算结果可知:边界条件对飞艇各阶模态的频率影响甚微;随着飞艇长度的增大,结构刚度的减小,在同样的内外压差条件下,各阶模态的频率会逐渐减小。另外,结构模态特性的分析能够为流固耦合分析计算过程中时间步长的确定提供依据。

2)不同压差飞艇模态特性

30m飞艇的单独艇身在不同内外压差下的模态频率变化如图 4 - 20 和图 4 - 21 所示。

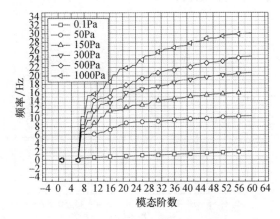

图 4 - 20　30m 艇身各阶模态频率图(惯性释放边界条件)

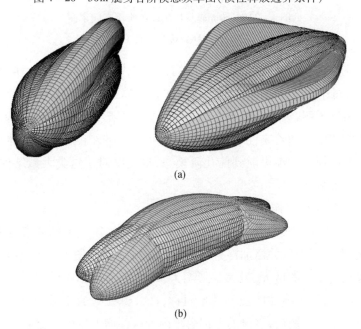

(a)

(b)

图 4 - 21　艇身模态振型图(惯性释放边界条件)

(a)局部变形振型;(b)整体变形振型。

随着压差的增大,飞艇刚度的增大使得其各阶模态的频率增大。在各阶模态中存在一些表现特征为膜的局部变形振动模态,这些模态在真实的变形中体现为局部应力的变化;另外还存在整个结构的弯扭模态,这些模态会引起整个飞艇的整体弯扭变形,从而不但引起应力分布的变化,而且也会影响到尾翼的气动效率和整个飞艇平台气动特性的变化。

下面对150m飞艇外形(艇身加尾翼),在惯性释放条件下,不同内外压差对模态特性变化的影响进行比较分析,如图4-22所示。

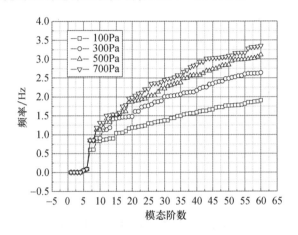

图4-22 150m艇身加尾翼各阶模态频率图

(惯性释放边界条件)

随着飞艇长度的增大,整个飞艇结构各阶模态的频率会降低。从30m增大到150m在同样的压差条件下,整个飞艇的各阶模态的频率约下降一个数量级。这方面的特性说明,针对大型平流层飞艇结构的变形以及流固耦合特性集中在频率较小的范围。随着充气压力的增大,整个结构的刚度会增大。体现结构整体变形的弯扭模态逐渐提前到前几阶模态,这说明对于这类大型结构,整体变形的趋势更加显著。

2. 柔性飞艇静态流固耦合特性

下面以150m飞艇外形作为对象,分析在不同的压差下的静态变形和应力分布情况,考虑了充气并添加浮力和重力,如图4-23~图4-26所示。

随着充气压差的增大,最大变形增大,最大应力也相应增大。单纯在充气载荷的作用下,整个囊体的变形基本对称,最大直径处的变形和应力最大。当施加浮力和重力载荷后,飞艇的上部由于内外压差增大使得其变形增大。

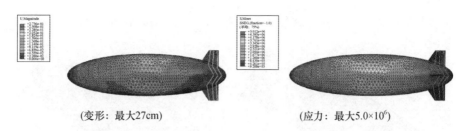

（变形：最大27cm）　　　　　　　　（应力：最大5.0×10⁶）

图 4 – 23　添加浮力和重力在 100Pa 压差下的变形和应力图（惯性释放边界条件）（见彩图）

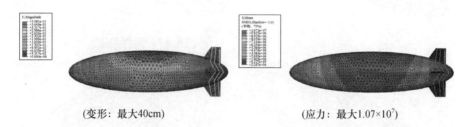

（变形：最大40cm）　　　　　　　　（应力：最大1.07×10⁷）

图 4 – 24　添加浮力和重力在 300Pa 压差下的变形和应力图（惯性释放边界条件）

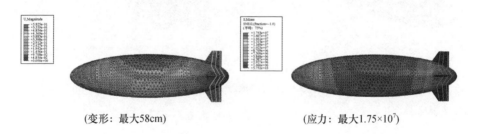

（变形：最大58cm）　　　　　　　　（应力：最大1.75×10⁷）

图 4 – 25　添加浮力和重力在 500Pa 压差下的变形和应力图（惯性释放边界条件）

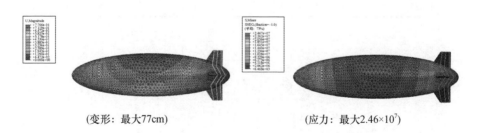

（变形：最大77cm）　　　　　　　　（应力：最大2.46×10⁷）

图 4 – 26　添加浮力和重力在 700Pa 压差下的变形和应力图（惯性释放边界条件）

3. 柔性飞艇动态流固耦合特性

　　飞艇在外部气动载荷作用下会发生动态变形,进而影响内外压差、飞艇体积和外形变化、应力分布、压力分布,所受到的气动特性也相应地发生变化。下面分析典型长度为 150m 的飞艇方案在外部气动载荷作用下的流固耦合特性。飞艇表面的网格见图 4 - 27,动态计算条件和参数见表 4 - 3,结果见图 4 - 28 ~ 图 4 - 31。

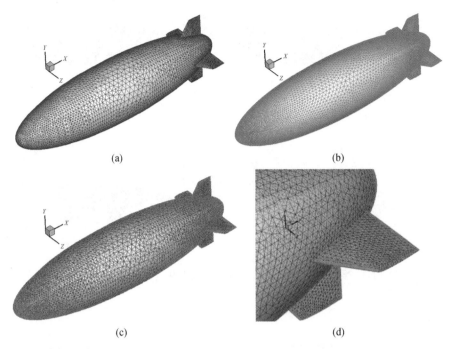

图 4 - 27　流固耦合计算飞艇表面的网格图

(a)结构计算网格;(b)流场表面网格;(c)流固交界面不一致网格;(d)尾翼处网格分布。

表 4 - 3　动态计算条件和参数表

来流密度/(kg/m³)	迎角/(°)	长度/m	风速/(m/s)	压差/Δp	膜厚度 T/mm	E
1.225	30	150	10	200	0.5	7.0×10^8

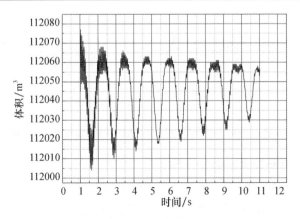

图 4 - 28　动态过程中飞艇体积随时间的变化图

(红色为充气后体积)(见彩图)

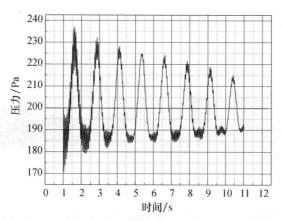

图 4 – 29　动态过程中飞艇内外压差随时间的变化图

（红色为充气压差）（见彩图）

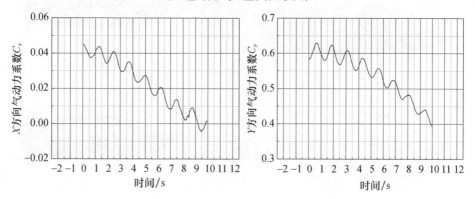

图 4 – 30　动态过程中飞艇所受 x 和 y 方向气动力系数随时间的变化图

（参考面积:2301.98）

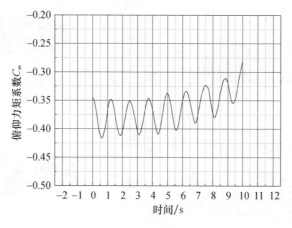

图 4 – 31　动态过程中飞艇俯仰力矩系数随时间的变化图

（参考面积:2301.98;参考长度:47.98）

下面给出在不同时刻飞艇所受到的压力分布,以及产生的变形和应力分布,如图4-32和图4-33所示。

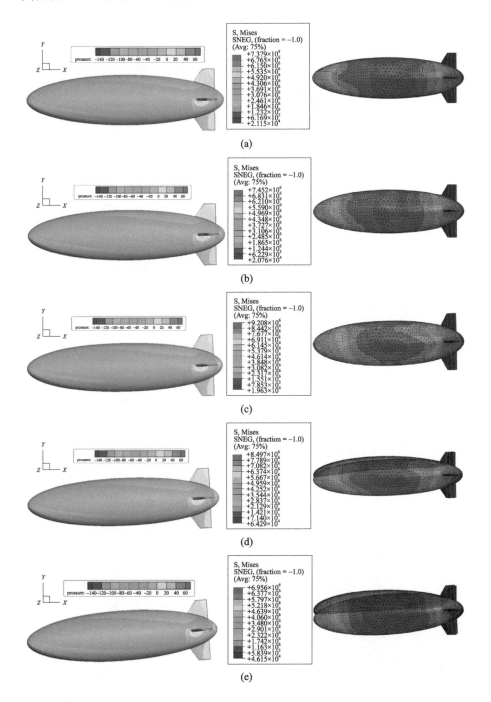

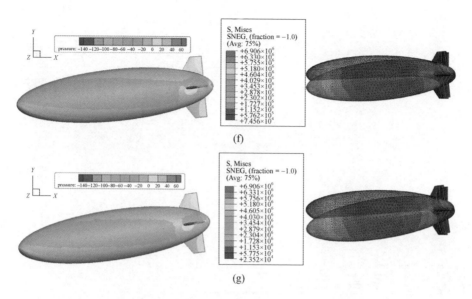

图 4 - 32 动态过程中不同时刻飞艇所受压力及产生的变形和应力分布图

(a)0.3s;(b)1.5s;(c)3s;(d)4.5s;(e)6s;(f)7.5s;(g)9s。

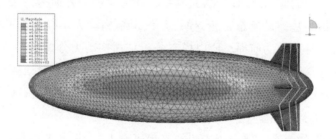

图 4 - 33 由于压力分布产生的横向变形分布图(最大:74cm)

飞艇在内外压差 200Pa 条件下,在来流速度为 10m/s 情况下所产生的表面最大压力为 60Pa,小于充气压差,故整个飞艇整体变形主要体现在:由于两侧外部气动压力减小使得飞艇具有横向变形,整体变为扁平外形。在该条件下横向最大位移量为 0.7m,内外压差的波动范围在充气压差的 10% 左右,体积变化量为 20 ~ 40m³。

第 5 章
薄膜结构模态分析

5.1 引言

　　囊体结构是柔性结构,重量轻、刚度小、尺度大,在推进、突风等载荷作用下产生复杂的动力响应,在设计分析时其结构动力学响应是研究的关键问题。而动力响应分析的基础是模态分析,模态是认识结构动力学行为的基础,是安装有效载荷及设备设计的前提。所以模态分析是结构动力分析中的重要内容,它的主要工作就是确定结构的振动频率和振型。如果结构的振动频率和振型已知,那么一旦动态载荷的频率确定,结构设计时就可以避开共振区或者采取减振措施,以防止共振的发生。

　　干、湿模态的概念一般运用于船舶工程研究中,在土木工程与航空、航天结构领域涉及较少,但对于膜结构和浮空器一类的轻结构,由于不能忽略空气对结构自振特性的影响,必须对结构区分干、湿模态进行深入的研究。膜结构的自振特性可由结构的频率和相应的振型表示,而多自由度无阻尼自由振动方程可归结为广义特征值问题,计算时可以提取前几阶频率和振型来表征结构的自振特性。

5.2 膜结构模态分析方法

5.2.1 干模态分析方法

　　结构在真空状态下的模态可称为干模态,或者说不考虑空气影响的模态,

称为干模态。主气囊模态是基于气压张力导致气囊刚化下的自由振动模态,控制方程为

$$M\ddot{u} + Ku = 0 \qquad (5-1)$$

$$K = \sum K_e \qquad (5-2)$$

$$K_e = K_{eL} + K_{e\sigma} + K_{eNL} \qquad (5-3)$$

式中:M 为质量矩阵;K 为结构总刚度矩阵;K_e 为单元刚度矩阵;u 为节点振幅向量;K_{eL}、$K_{e\sigma}$ 和 K_{eNL} 分别为线性刚度矩阵、初应力刚度矩阵及大位移刚度矩阵。

对式(5-1)通过广义坐标正则化,可得到结构的广义特征方程,即

$$(K - \omega^2 M)\phi = 0 \qquad (5-4)$$

式中:ω 为结构振动圆频率;ϕ 为特征向量。

有限元软件中可以使用线性摄动的方法实现预载荷状态下的自然频率的计算,先计算充气压力效应,继承此状态再进行模态分析。

5.2.2　湿模态分析方法

因主气囊采用轻质柔性材料,整体刚度低,内外空气以及内部浮升气体对囊体结构动态特性影响显著,考虑这些因素影响的模态,类似船舶工程领域,称为湿模态。目前考虑湿模态的方法主要有附加质量法和流固耦合方法。

1. 单元附加质量法

假设振动的膜单元均为平面且仅出现第一阶振型,则可通过势流理论对单元的附加质量进行计算,为解决采用薄翼理论计算附加质量时特征长度难以确定的问题,选用单元的特征面积作为计算参数。

在不考虑流体的压缩性和黏性,并假设流体做无旋运动时,可以通过势流理论求解结构的附加质量。假设流体处于静止状态,由于结构振动引起流体运动,由凯尔文定理知流体的运动将是无旋非周期的,其动能为

$$T_f = \frac{1}{2} \iiint_v \rho q^2 \, \mathrm{d}\tau \qquad (5-5)$$

$$\varphi = \sum_{i=1}^{6} U_i \varphi_i \qquad (5-6)$$

式中:q 为流体质点的速度,$q = \nabla\varphi = \dfrac{\partial\varphi}{\partial x}i + \dfrac{\partial\varphi}{\partial y}j + \dfrac{\partial\varphi}{\partial z}k$;$\varphi$ 为流体的速度势函数;$U_i(i=1,2,3)$ 为结构平动的速度分量;$U_i(i=4,5,6)$ 为结构转动的速度分量;φ_i

为结构运动引起流体相应的速度势。

流体的动能用附加质量可表示为

$$T_f = \frac{1}{2}\sum_{i,j=1}^{6} m_{ij}U_iU_j \qquad (5-7)$$

假定周围气体的动能等于膜面结构运动所做的功 W_A，则有

$$T_A = W_A = \frac{1}{2}\iiint_v \rho q^2 \mathrm{d}\tau = -\frac{1}{2}\rho\iint_S \varphi\frac{\partial\varphi}{\partial n}\mathrm{d}S \qquad (5-8)$$

式中：S 为膜面面积；$\dfrac{\partial\varphi}{\partial n}$ 为速度势在薄膜表面外法线方向上的变化梯度。

单位面积质量为 m_S 的薄膜结构的动能为

$$T_M = \frac{1}{2}m_S\int_S \left(\frac{\mathrm{d}w}{\mathrm{d}t}\right)^2 \mathrm{d}S \qquad (5-9)$$

式中：$\dfrac{\mathrm{d}w}{\mathrm{d}t}$ 为结构运动的速度。

假定膜面作往复振动，则圆形膜的附加质量可以表示为

$$m_{\mathrm{add}} = \frac{8\rho_a r^3}{3} \qquad (5-10)$$

将三角形按面积等效为圆后，可得三角形单元膜面的空气附加质量为

$$m_{\mathrm{add}} = \frac{8\rho_a S_c^{\frac{3}{2}}}{3\pi^{\frac{3}{2}}} \qquad (5-11)$$

式中：ρ_a 为空气密度；S_c 为单元的特征面积，即单元在主振动方向垂直平面上的投影面积。

主振动则通过单元的三个节点的特征向量增量来判断，且需保证三个节点增量向量的方向一致，如果节点方向不同，则必须重新细化该部分网格。

当两个方向的增量远小于其中一个方向的增量时，则可认为这个方向为主振动方向。如 $\max(U_x, U_y, U_z) = U_y$ 和 $\dfrac{U_x}{U_y} < 1\%$ 和 $\dfrac{U_z}{U_y} < 1\%$，U_x, U_y, U_z 为节点在 x, y, z 三个方向上的特征向量增量，则可认为 y 方向为主振动方向，而 S_c 则为单元在 xz 平面上的投影面积。平面薄膜和充气尾翼均为此种情况，可以很方便地确定其特征面积。

当节点上三个方向增量相当时，则取 $\boldsymbol{U} = U_x + U_y + U_z$ 的方向作为主振动方向，根据 $\boldsymbol{U}$ 向量和单元任一节点坐标可确定其垂直平面，S_c 则为单元在该平面上的投影面积。基于有限元软件，进行二次开发可实现基于单元附加质量的湿

模态分析方法。

2. 流固耦合分析方法

1）气体平衡方程

由于充气膜结构围绕平衡位置做自由振动时,对周围气体扰动较小,且气体处于静止无旋的初始状态,即可将充气膜周围气体假设为理想的势流体。且由于充气膜结构外侧为具有无穷远边界条件的开敞流场,在小扰动下,外流场气体可视为不可压缩流,则连续性方程为

$$\frac{\partial \dot{u}}{\partial x} + \frac{\partial \dot{v}}{\partial y} + \frac{\partial \dot{w}}{\partial z} = 0 \tag{5-12}$$

式中:$\dot{u}$、$\dot{v}$ 和 $\dot{w}$ 为速度向量的三个分量。

内流场范围有限,在小扰动下内充气体密度与压强相关,则可视为非定常可压缩流,其气体连续性方程为

$$\frac{\partial \rho}{\partial t} + \frac{\partial (\rho \dot{u})}{\partial x} + \frac{\partial (\rho \dot{v})}{\partial y} + \frac{\partial (\rho \dot{w})}{\partial z} = 0 \tag{5-13}$$

式中:ρ 为气体密度。

在小扰动条件下,可将式(5-13)改写为

$$\frac{\partial \rho}{\partial t} + \rho \left(\frac{\partial (\dot{u})}{\partial} + \frac{\partial (\dot{v})}{\partial y} + \frac{\partial (\dot{w})}{\partial z} \right) = 0 \tag{5-14}$$

根据气体密度与压强关系有

$$\Delta P = C^2 \Delta \rho \tag{5-15}$$

$$C^2 = \frac{\kappa}{\rho} \tag{}$$

式中:ΔP 为压强变化量;$\Delta \rho$ 为密度变化量;C 为声速;P 为参考压强,以标准大气压作为参考压强;κ 为气体体积模量。

由于速度是速度势的梯度,则式(5-13)可表示为

$$\frac{\partial^2 \phi}{\partial x^2} + \frac{\partial^2 \phi}{\partial y^2} + \frac{\partial^2 \phi}{\partial z^2} = \frac{1}{\kappa} \frac{\partial P}{\partial t} \tag{5-16}$$

式中:ϕ 为气体的速度势。由于 $P = \rho \dot{\phi}$,式(5-16)可改写为

$$\kappa \nabla^2 \phi - \rho \ddot{\phi} = 0 \tag{5-17}$$

式(5-17)为线性微分方程,仅有 ϕ 一个未知量,则气体的平衡方程可以表示为

$$\kappa \int_S N_F u_n \mathrm{d}S - \kappa \int_V \nabla N_F \, \nabla N_F^{\mathrm{T}} \phi \mathrm{d}V - \int_V N_F N_F^{\mathrm{T}} \ddot{\phi} \mathrm{d}V = 0 \tag{5-18}$$

式中:N_F 为整个流体的形函数向量;u_n 为气体边界单元外法线方向;S 为气固耦合边界;V 为气体体积。整理式(5-18)得

$$-M_F\ddot{\phi} - K_F\phi + C_F\dot{u} = 0 \qquad (5-19)$$

式中:

$$C_F = \sum_e \kappa \int_S N_F u_n \mathrm{d}S$$

$$K_F = \sum_e \kappa \int_V \nabla N_F \nabla N_F^{\mathrm{T}} \mathrm{d}V$$

$$M_F = \sum_e \int_V N_F N_F^{\mathrm{T}} \mathrm{d}V$$

2)膜单元平衡方程

充气膜结构的刚度来源于内充气体产生的内压,得到膜单元的静力平衡方程,即

$$(K_L^e + K_{NL}^e)\Delta U^e = R^e - F^e \qquad (5-20)$$

式中:K_L^e 为膜单元的线性刚度矩阵,与材料的弹性模量有关;K_{NL}^e 为膜单元的非线性刚度矩阵,与预应力有关;ΔU^e 为单元节点位移增量矢量;R^e 为单元外荷载节点力矢量,由内充气体的压力和外加荷载产生;F^e 为单元预应力节点力矢量,与内压有关。

将式(5-20)引入阻尼项和惯性项,得到膜单元动力平衡方程,即

$$M^e\Delta\ddot{U}^e + C^e\Delta\dot{U}^e(K_L^e + K_{NL}^e) + \Delta U^e = R^e - F^e \qquad (5-21)$$

式中:M^e、C^e 分别为膜单元质量矩阵和阻尼矩阵;$\Delta\ddot{U}^e$、$\Delta\dot{U}^e$ 分别为膜单元节点加速度和速度增量矢量。

在整体坐标下对式(5-21)进行组装,得到充气膜结构整体的动力平衡方程为

$$M_S\ddot{U} + C_S\dot{U} + K_{SS}U = R_S - F_S \qquad (5-22)$$

式中:M_S 为薄膜的质量矩阵;C_S 为薄膜的阻尼矩阵;$K_{SS} = \sum_{i=1}^n K_{Li}^e + \sum_{i=1}^n K_{NLi}^e$ 为薄膜的刚度矩阵;U 为薄膜的位移矢量;R_S 为薄膜外荷载节点力矢量;F_S 为薄膜预应力节点力矢量。

3)膜结构气固耦合

联合式(5-19)和式(5-21),再由界面协调条件,可以得到充气膜结构气固耦合动力方程为

$$\begin{bmatrix} M_s & 0 \\ 0 & -M_{FF} \end{bmatrix}\begin{bmatrix} \ddot{U} \\ \ddot{\phi} \end{bmatrix} + \begin{bmatrix} 0 & C_{FF}^{\mathrm{T}} \\ C_{FF} & 0 \end{bmatrix}\begin{bmatrix} \dot{U} \\ \dot{\phi} \end{bmatrix} + \begin{bmatrix} K_{SS} & 0 \\ 0 & -K_{FF} \end{bmatrix}\begin{bmatrix} U \\ \phi \end{bmatrix} = \begin{bmatrix} 0 \\ 0 \end{bmatrix}$$

$$(5-23)$$

$$M_{FF} = \rho M_F, \quad C_{FF} = \rho C_F, \quad M_{FF} = \rho M_F$$

求解充气膜结构的无阻尼自由振动,通过傅里叶变换可得

$$\left(-\omega_j^2\begin{bmatrix} M_s & 0 \\ 0 & M_{FF} \end{bmatrix} - \omega_j\begin{bmatrix} 0 & C_{FF}^{\mathrm{T}} \\ C_{FF} & 0 \end{bmatrix} + \begin{bmatrix} K_{SS} & 0 \\ 0 & K_{FF} \end{bmatrix}\right)\begin{bmatrix} U^{(j)} \\ F^{(j)} \end{bmatrix} = \begin{bmatrix} 0 \\ 0 \end{bmatrix} \quad (5-24)$$

式中:ω_j 为第 j 阶自振频率;$U^{(j)}$ 为第 j 阶薄膜振型;$F^{(j)}$ 为第 j 阶气体振型。

基于充气压力计算,采用流固耦合分析软件,可计算主气囊基于流固耦合的模态特性。

5.3　预应力薄膜结构模态分析与试验验证

预应力薄膜结构重量轻,它的结构刚度主要取决于边缘几何外形和预应力水平。预应力薄膜结构模态的数值模拟,通常没有考虑空气,因此需要开展真空下薄膜结构模态测试,对数值模拟结果进行验证,目前国内开展真空状态下薄膜模态测试存在困难。因此研究空气附加质量对结构模态影响,可以避开真空状态下的试验验证。

目前在薄膜结构预应力导入方式上,采用施加温度载荷进行一步考虑几何非线性静力计算的继承方式,并通过理论或试验来确定流体对结构物附加质量的大小,再利用附加质量有限元法来考虑流体与结构耦合模态。首先对两种不同预应力引入方式下的预应力薄膜结构模态进行研究;在此基础上基于势流体的流固耦合原理进行空气对预应力薄膜的影响分析。

5.3.1　薄膜结构干模态分析方法

为了研究空气对预应力薄膜结构模态的影响,首先要确定预应力对薄膜结构模态的影响。以图 5-1 所示的模型作为对象,研究不同预应力导入方式对薄膜结构模态的影响。目前薄膜结构预应力导入方式有两种:方式 A 为直接对零应力态的薄膜结构模型施加初应力;方式 B 为通过对薄膜结构施加温度荷载导入预应力。模型四周三个位移自由度都施加约束。

采用 ADINA 作为分析工具,分析过程如下。

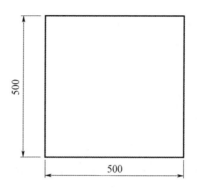

图 5 - 1　薄膜结构模型(单位:mm)

预应力导入方式 A:①建立薄膜结构数值模型,赋予材料性质及截面特性。②将数值模型划分网格,膜面采用 3D Plane Stress(Membrane)单元。③考虑薄膜大变形的几何非线性,对薄膜结构单元直接赋予初应力,程序自动转换成初应变。④利用兰索斯法对预应力薄膜结构模态进行数值计算分析。

预应力导入方式 B:①建立薄膜结构数值模型,赋予材料性质及截面特性。②将数值模型划分网格,膜面采用 3D Plane Stress(Membrane)单元。③考虑薄膜大变形的几何非线性,对膜面施加温度场载荷并进行一步静力分析。④利用兰索斯法对预应力薄膜结构模态进行数值计算分析。

可对模型进行一步静力分析来查看膜面的预应力是否成功导入,如图 5 - 2 所示。

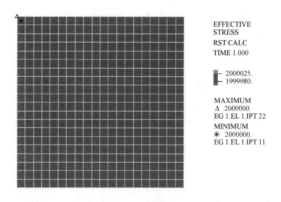

图 5 - 2　薄膜应力模型(单位 Pa)

薄膜结构模型在两种预应力导入方式下的数值分析结果如图 5 - 3 所示。图 5 - 3 反映了薄膜结构振型,表 5 - 1 反映了薄膜结构频率。

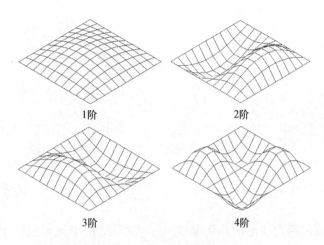

图 5 – 3　模型前 4 阶振型图

表 5 – 1　两种模型频率（Hz）

模型方式	0.8MPa	1.2MPa	1.6MPa	2.0MPa
方式 A	30.8	36.5	43.4	48.3
方式 B	30.8	36.5	43.4	48.3

由图 5 – 3 及表 5 – 1 可知，两种预应力导入方式下的振型及频率完全一致。

5.3.2　薄膜结构湿模态分析方法

考虑流体对结构模态影响的理论，在船舶、潜艇及水利工程等工程领域研究较多，因为水的密度大，对这类结构的影响较大。空气对预应力薄膜结构的影响研究还较少。

为了研究空气对预应力 ETFE 薄膜结构模态的影响，模型与干模态的模型相同，模型有限元模型见图 5 – 4，空气密度取 1.293kg/m^3。通过施加初应力的方式导入预应力并进行模态分析。薄膜结构空气范围是边长为 1.5m 的立方体，薄膜结构一侧空气的有限元模型如图 5 – 5 所示。

（1）建立薄膜结构及其周围流场的数值模型，赋予材料性质及截面特性。

（2）将数值模型划分网格，膜面采用 3D Plane Stress（Membrane）单元，流体采用 3D – Fluid（线性三维势流体）单元。为了保证薄膜能与流体协同工作，流体与膜面接触的两个面的网格大小要相同，节点要相对应，通过 Face – link 使得流体与膜面接触两个面能协同工作。

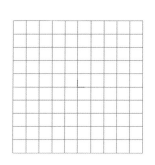

图 5 - 4 薄膜结构有限元模型

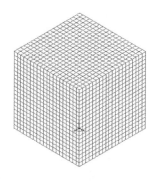

图 5 - 5 空气有限元模型

（3）考虑薄膜大变形的几何非线性，对薄膜结构单元直接赋予初应力，程序自动转换成初应变。

（4）利用子空间迭代法对预应力薄膜结构模态进行数值计算分析。

不同预应力水平下的薄膜模型频率如表 5 - 2 所列。

表 5 - 2 薄膜模型频率（Hz）

预应力水平	干膜态	湿模态
0.8MPa	30.8	18.6
1.2MPa	36.5	22.1
1.6MPa	43.4	26.2
2.0MPa	48.3	29.2

由表 5 - 2 可知，空气对预应力薄膜的模态有显著影响，薄膜空气附加质量降低了预应力薄膜结构频率大约 50%。

5.3.3 薄膜结构模态分析方法试验验证

膜材选取 ETFE 薄膜来进行试验验证，ETFE 薄膜通常处于双向张拉状态，因此要进行空气中预应力 ETFE 薄膜结构模态试验。首先要研制一套双轴张拉的试验装置，通过双轴张拉的试验装置对 ETFE 薄膜结构施加预应力。然后采用不同频率声波对薄膜施加激励，用 Polytec 扫描式激光测振仪进行测振和模态辨识。

1. 双轴拉伸试验装置

薄膜双轴拉伸试验装置如图 5 - 6 所示。试验装置设计具有对称性，4 个拉力传感器、4 个张拉螺栓对称布置。铝合金型材前端穿入 ETFE 薄膜边索，后侧套入螺帽。ETFE 薄膜双向张力通过微量旋转调节螺栓导入,逐个调整使对边两个拉力传感器达到预设张力值,从而可实现不同比例应力状态。

图 5 – 6　ETFE 薄膜双轴拉伸试验装置照片

2. ETFE 薄膜试件

试验采用 ETFE 薄膜,厚度为 150μm。如图 5 – 7 所示,ETFE 薄膜试件定位尺寸 500mm ×500mm,在定位线设 φ8 PE 棒,薄膜焊接双向包边绳套,焊缝宽 10mm。四角内切 34.5mm 凹角,并设 5.0mm 半径圆倒角。

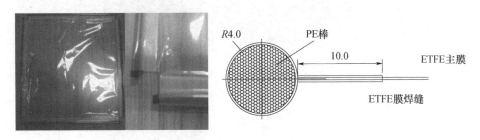

图 5 – 7　ETFE 薄膜双向拉伸试件照片与边部构造详图

3. 试验过程

ETFE 薄膜模态试验是一个精细复杂过程,主要步骤包括:

(1) 试验准备,采用砝码对拉力计标定,拉力计接通电源、清零,将砝码对称悬挂在拉力计下,根据砝码重量和拉力计显示进行拉力校验标定;其他仪器检查,试验配件检查等。

(2) 试验装置与试件安装,把张拉试验装置水平放置在试验台上。将 ETFE 薄膜试件四边穿入铝合金型材夹具,然后安装到试验装置中,连接四边的拉力传感器、连接螺栓、张拉螺栓、调整试件和螺栓使其对称平整。

（3）试验初始加载,通过调节四周 8 个螺栓,使薄膜预张紧,近似于零应力态。可采用先预张紧,然后卸载,并将拉力计调零,张力对称。

（4）试验加载使 ETFE 膜面获得预应力,按照 1:1 比例同步加载。采用同步微调螺杆使加载步的膜面应力达到设计值。

（5）对薄膜结构均匀喷洒银光粉,能使测振仪发射的激光束有效反射。在进行模态测试时,采用声波对薄膜进行激振,用激光测振仪进行测振和模态辨识,并记录。

（6）卸载,微调 4 个张拉调节螺栓,使 ETFE 薄膜同步卸载至初始态。重复张拉,再次采用声波薄膜振动,用激光测振仪进行测振和模态辨识。

4. 试验现象与试验数据结果

为了得到均匀的膜面预应力状态,通过三次重复加载后,消除非一致性问题,再施加荷载,将两个拉力计合力 $F(\mathrm{kg})$ 除以 ETFE 薄膜试件有效截面积转化为应力;使薄膜结构达到预定的预应力,再利用激光测振仪测试模态。ETFE 测试模型的模拟及试验振型如图 5-8 所示,测试模型的模拟及试验频率如表 5-3 所示。

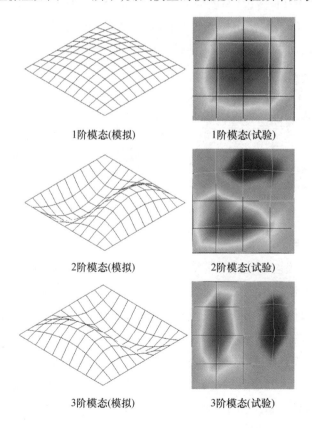

1阶模态(模拟) 1阶模态(试验)

2阶模态(模拟) 2阶模态(试验)

3阶模态(模拟) 3阶模态(试验)

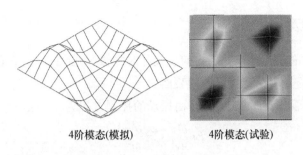

　　4阶模态(模拟)　　　　　　　　　4阶模态(试验)

图 5 - 8　ETFE 测试模型的模拟及试验振型(见彩图)

表 5 - 3　ETFE 测试模型的模拟及试验频率(Hz)

压力	试验	干膜态(A)	湿模态(B)	误差(A)/%	误差(B)/%
0.8MPa	20.5	30.8	18.6	50.2	-9.2
1.2MPa	23.8	36.5	22.1	53.4	-7.1
1.6MPa	27.7	43.4	26.2	56.7	-5.4
2.0MPa	31.8	48.3	29.2	51.9	-8.2

　　试验的难点在于实现均匀膜面预应力,由图 5 - 8 可知,数值模拟的薄膜结构振型和测试的完全一致。由表 5 - 3 可知,空气对预应力薄膜的模态有显著影响,空气可降低预应力薄膜结构模态大约 50%,因此在分析空气中薄膜结构的模态时,空气不能忽略。

5.4　充气管干湿模态分析及试验验证

　　柔性飞艇主气囊属于充气膜结构的一种,主气囊的基频是柔性飞艇主气囊设计时的必要参数之一。为了数值模拟结果方便与试验验证,可先对充气管的自振特性开展研究,充气管本身与铅笔形的柔性飞艇相似,采用膜面等应力相似的原则来确定充气管的内压。K. L. Apedo 与 J. C. Thomas 等利用工程梁的有限元理论分析了充气梁的自振特性。高海健等利用 ansys 的 shell 单元,通过对充气管引入预应力分析了充气管的气压、壁厚及管径对自振特性的影响,同时通过引入势流体单元探讨了空气对充气管的影响。方法的合理性同样需要试验验证。首先基于工程梁理论对充气管的刚度进行了分析,获得充气管的刚度影响因素;然后在其基础上对多种影响充气管模态的影响因素进行了分析;最后通过两种膜材悬臂充气管进行了试验验证。

5.4.1 工程梁理论分析

工程梁理论在充气管类结构初步设计时常被采用,假定充气管是一个理想的旋转体,内压分布在充气管的内表面。

把充气管看作梁时,充气管自由振动的控制方程为

$$EI \frac{\partial^4 v}{\partial x^4} + \overline{m} \frac{\partial^2 v}{\partial t^2} = 0 \tag{5-25}$$

用 EI 除式(5-25),并用撇表示对 x 的导数和用圆点表示对 t 的导数,式(5-25)改写为

$$v'''' + \frac{\overline{m}}{EI} \ddot{v} = 0 \tag{5-26}$$

这个方程解的一种形式可用分离变量法求得,假定解具有以下形式:

$$v(x,t) = \phi(x)Y(t) \tag{5-27}$$

假定自由振动由其振幅按 $Y(t)$ 随时间变化的不变的形式 $\phi(x)$ 组成。把式(5-27)代入式(5-26),可得

$$\phi^{iv}(x)Y(t) + \frac{\overline{m}}{EI} \phi(x)\ddot{Y}(t) = 0 \tag{5-28}$$

用 $\phi(x)Y(t)$ 去除式(5-28),使变量分离,得

$$\frac{\phi^{iv}(x)}{\phi(x)} + \frac{\overline{m}}{EI} \frac{\ddot{Y}(t)}{Y(t)} = 0 \tag{5-29}$$

因为式(5-29)的第一项仅是 x 的函数,第二项仅是 t 的函数,只有当每一项都等于一个常数时,对于任意的 x 和 t,方程才能满足,即

$$\frac{\phi^{iv}(x)}{\phi(x)} = \overline{C} = -\frac{\overline{m}}{EI} \frac{\ddot{Y}(t)}{Y(t)} \tag{5-30}$$

这样,得到了两个常微分方程,每个方程含有一个变量。为了方便,令 $\overline{C} \equiv a^4$,这两个方程可以写为

$$\phi^{iv}(x) - a^4 \phi(x) = 0 \tag{5-31}$$

$$\ddot{Y}(t) + \omega^2 Y(t) = 0 \tag{5-32}$$

$$\omega^2 = \frac{a^4 EI}{\overline{m}} \text{或} \frac{\omega^2 \overline{m}}{EI} = a^4 \tag{5-33}$$

根据式(5-33)可知,截面几何刚度 I、弹性模量 E 及单位长度质量 $\overline{m}$ 等参数对充气管的频率有很大的影响。充气管的自振频率随管的截面刚度的增加而增加,充气管在弹性阶段由于内压对管的刚度贡献较小,因而内压对充气管

的自振频率影响较小。充气管出现褶皱后,管的截面刚度会降低,因而出现褶皱后管的频率会降低。

5.4.2　充气管模态影响因素分析

1. 边界条件

像柔性飞艇之类的充气浮空结构,在工作状态时悬浮在空中或在空中低速运动,这类结构的模态是无约束状态下的模态,在无约束状态下结构会出现刚体模态,因而充气管的约束条件可以作为参数进行研究。充气管的内压为 5000Pa,无约束充气管的形状和尺寸见图 5 – 9。

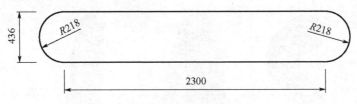

图 5 – 9　无约束充气管模型(mm)

采用有限元软件来模拟充气管的自振特性,数值模型的单元选取三维四节点膜单元(M3D4),如图 5 – 10 和图 5 – 11 所示。

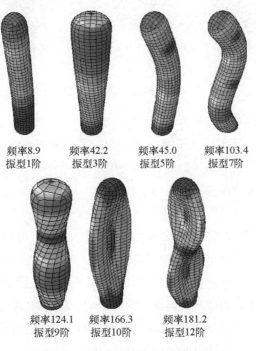

频率8.9
振型1阶

频率42.2
振型3阶

频率45.0
振型5阶

频率103.4
振型7阶

频率124.1
振型9阶

频率166.3
振型10阶

频率181.2
振型12阶

图 5 – 10　约束充气管前 12 阶模态(Hz)

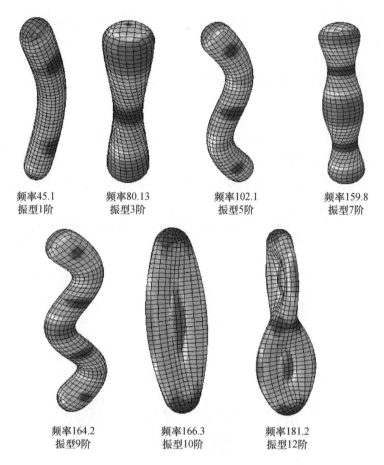

频率45.1
振型1阶

频率80.13
振型3阶

频率102.1
振型5阶

频率159.8
振型7阶

频率164.2
振型9阶

频率166.3
振型10阶

频率181.2
振型12阶

图 5 - 11　无约束充气管前 12 阶模态(Hz)

由图 5 - 10 和图 5 - 11 可知,无约束充气管的模态与有约束充气管的模态是不同的,悬臂充气管的模态远小于无约束充气管的模态,然而高阶模态中,具有相似振型的模态频率是相似的,两者的最大误差小于 8%。无约束充气管的模态比悬臂充气管的模态更密集。

2. 内压

内压的荷载工况分别取 3kPa,4kPa 及 5kPa。内压对模态的影响如图 5 - 12 所示。由图 5 - 12 可知,前四阶振型表现为梁的弯曲振型,对应频率几乎吻合,说明内压变化对梁的振动频率没有影响;这与工程弹性梁的理论相吻合,主要是内压对工程弹性梁的截面几何刚度没有影响。5 ~ 7 阶表现为薄膜振动特征,内压对表现为薄膜特征振型的频率有较大影响,主要是内压增加膜面的初应力,对薄膜的振型来说是增加了刚度。

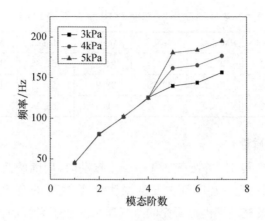

图 5 – 12 内压对模态的影响

3. 弹性模量

薄膜 ETFE 的应力 – 应变曲线通过自主研制的双轴张拉设备测得,抗拉强度、抗拉应变、切线及割线模量通过应力 – 应变曲线获得。不同的测试及模量计算方法得出的材料的弹性常数是不同的。弹性模量对频率的影响如图 5 – 13 所列,不同弹性模量模型的自振频率如表 5 – 4 所列。根据两种不同的测试方法得到 ETFE 弹性模量位于 680 ~ 820MPa。为了准确了解充气管的模态,必须开展弹性模量对自振特性影响的研究。

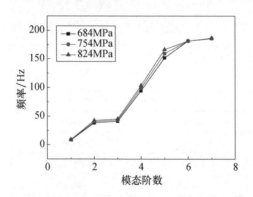

图 5 – 13 弹性模量对频率的影响

由图 5 – 13 可知,弹性模量的改变对充气管的影响表现为梁弯曲振型的自振频率有一定变化;由表 5 – 4 可知,模型弹性模量从 684MPa 到 824MPa 增加 20.1%,而充气管的基频仅增加了 9.9%。弹性模量的改变对充气管薄膜振型的频率影响较小,通常结构的自振频率随着模量增大而增大。

表 5-4 不同弹性模量模型的自振频率(Hz)

工况	Mode 1	Mode 2	Mode 3	Mode 4	Mode 5	Mode 6	Mode 7
E 684MPa	8.12	38.21	41.04	94.32	151.85	181.19	185.46
E 754MPa	8.53	40.26	43.08	98.97	159.24	181.22	185.83
E 824MPa	8.92	42.22	45.05	103.42	166.34	181.25	186.20

4. 空气附加质量

充气管被空气包围,当管在空气中发生振动时,周围的空气被迫与充气管一起发生振动,因而当管在空气中发生振动时,充气管的有效质量应包括周围空气的附加质量及充气管内部所充的空气质量。在研究管的自振特性时,把真空状态的模态称为干膜态;把在空气中的模态称为湿膜态。根据不可压缩的势流体理论,有限圆柱体的附加质量的表达式为

$$M_{ex-add} = \rho_1 \pi R^2 \qquad (5-34)$$

充气管内部附加质量的表达式为

$$M_{ex-add} = \rho_2 \pi R^2 \qquad (5-35)$$

充气管总的附加质量的表达式为

$$M_{total-add} = M_{ex-add} + M_{in-add} \qquad (5-36)$$

式中:M_{ex-add} 为外部空气附加质量;M_{in-add} 为内部空气附加质量;$M_{total-add}$ 为总的空气附加质量;ρ_1 为外部空气密度;R 为管截面半径;ρ_2 为内部空气密度。

充气管的内压为 5000Pa,利用式(5-36),附加质量各自取无限圆柱附加质量的 0.75 倍、1 倍及真空状态三个工况进行分析。附加质量对充气管模态的影响见表 5-5。

表 5-5 附加质量对充气管模态的影响(Hz)

工况	Mode 1	Mode 2	Mode 3
1 倍	7.02	34.00	35.39
0.75 倍	7.40	35.86	37.30
0 倍	8.92	42.22	45.05

由表 5-5 可知,空气附加质量对充气管的模态有显著影响。

5. 材料种类的影响

ETFE 是一种各向同性材料,各向同性材料有利于确定膜材的弹性模量。柔性飞艇的囊体及超压气球材料可能是由正交各向异性的材料组成,研究正交各向异性材料的模态有助于掌握正交各向异性材料制造的充气结构的特性。

为了对正交异性的膜材组成的充气管的自振特性开展研究,需要引入复合材料单层正交各向异性膜的本构。单层板的应力 – 应变关系可由复合材料理论推导,单层板的应力 – 应变关系为

$$
\begin{bmatrix} \varepsilon_1 \\ \varepsilon_2 \\ \gamma_3 \end{bmatrix} = \begin{bmatrix} \dfrac{1}{E_1} & -\dfrac{\nu_{12}}{E_1} & 0 \\ -\dfrac{\nu_{21}}{E_2} & \dfrac{1}{E_2} & 0 \\ 0 & 0 & \dfrac{1}{G_{12}} \end{bmatrix} \begin{bmatrix} \sigma_1 \\ \sigma_2 \\ \tau_3 \end{bmatrix} \tag{5 – 37}
$$

$$
\frac{E_1}{E_2} = \frac{\nu_{12}}{\nu_{21}} \tag{5 – 38}
$$

根据式(5 – 37)及式(5 – 38),在建立有限元模型进行数值模拟时,需要的膜材的弹性常数有 $E_1, E_2, G_{12}, \nu_{12}$。将经纬向模量相差不大的正交各向异性膜材简化成各向同性的膜材,研究模量对模态的影响,建立两个有限元模型:模型 – A 取 ETFE 材料的弹性模量;模型 – B 由正交各向异性膜材制成。弹性常数见表5 –6,结果见表 5 –7。

表 5 – 6　材料弹性常数

E_1/Pa	E_2/Pa	泊松比 ν_{12}	密度/(kg/m^3)	厚度/mm
9.8×10^8	8.24×10^8	0.3	980	0.38

表 5 – 7　不同膜材对弹性模量的影响(Hz)

膜材	Mode 1	Mode 2	Mode 3	Mode 4	Mode5	Mode6	Mode7
Model – A	8.92	42.22	45.0	103.42	166.34	181.25	186.20
Model – B	8.94	46.71	48.52	109.21	178.46	181.88	187.05

由表 5 – 7 可知,对于两个方向相差20%的正交各向异性膜材,把它简化成各向同性的模型,其模量取正交各向异性膜材的纬向模量,两个模型振型是相同的,基频的误差小于0.5%。

5.4.3　薄膜充气管模态分析试验验证

为了验证模拟方法的正确性,开展了充气管模态试验。采用激振器及激光多点模态测试设备进行模态测量(Ploy – Tech 见图 5 – 14)。为了准确测试基频,尝试了多种模态激励方法,如锤击、因充气管漏气不断充气而引起的充气管振动,不同激励方式测试的基频基本一致,误差小于0.5%。为了光点能反射,

必须要在试件测试范围喷荧光粉,试件喷荧光粉的范围如图5-15所列。在对充气管的基频进行测试时,根据计算的振型来选择部分测试范围,所选择的区域需与整体的振动形式一致,充气管测试范围如图5-16所示。

图5-14　激振器及激光模态测试设备(Ploy-Tech)

图5-15　充气管模态测试试件的荧光粉范围

图5-16　测试范围的布点分布

测试振型与模拟振型结果如图5-17所示,试件速度响应谱如图5-18所示,测试频率和模拟频率如表5-8所示。

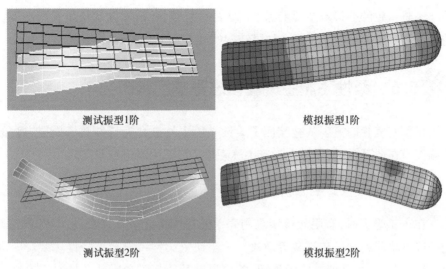

测试振型1阶　　　　　　　　　　模拟振型1阶

测试振型2阶　　　　　　　　　　模拟振型2阶

图 5 - 17　测试振型与模拟振型图(见彩图)

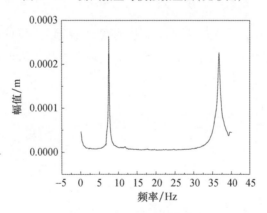

图 5 - 18　试件速度响应谱

表 5 - 8　测试频率和模拟频率(Hz)

压力	测试模态	模拟模态(A)	模拟模态(B)	误差(A)/%	误差(B)/%
		干模态	湿模态		
3MPa	7.3	8.9	7.1	21.9	-2.7
4MPa	7.5	8.9	7.1	20.2	-5.3
5MPa	7.5	8.9	7.1	20.2	-5.3

　　根据图 5 - 17,试验时测得前两阶振型与模拟振型完全一致。由表 5 - 8 可知,不考虑空气附加质量时对基频会产生 20% 的误差,考虑空气附加质量后误差在 5% 左右。内压对基频大小基本没有影响,与工程弹性梁理论及数值模拟

的结论是一致的。误差主要来源于真实的弹性模量、真实附加质量及测试模型约束边界。基于有限元模拟充气膜结构的模态是可靠的。

5.5 柔性飞艇主气囊模态影响因素研究

根据充气管的模态试验验证了柔性飞艇主气囊自振特性数值模拟方法的正确性。在此基础上,对柔性飞艇主气囊模态影响因素进行研究。

5.5.1 单元类型影响分析

在飞艇受力时,有限元模型采用壳单元比膜单元更容易收敛,但壳单元不能准确反映薄膜充气和褶皱等现象。为了研究柔性飞艇自振特性主要影响因素,模型需要选取合理的单元类型,首先研究数值模型单元的差异对固有频率的影响。

以"致远"一号验证飞艇为基本分析对象,"致远"一号母线采用三段多项式函数构成,如图 5 - 19 所示,长度 25m,最大环向半径 3.788m。

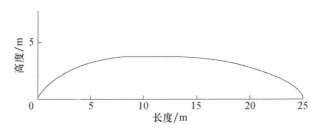

图 5 - 19 验证飞艇外形图

根据图 5 - 19 定义的母线,在有限元软件中建立数值模型,如图 5 - 20 所示,飞艇处于无约束的自由漂浮状态,分别采用壳 S4 及膜 M3D4 两种单元进行 400Pa 内压下的模态分析。薄膜弹性模量 706.39MPa,泊松比 0.38,囊体厚度 0.482mm,密度 597.82kg/m³。飞艇前 11 阶振型如图 5 - 21 所示,不同单元飞艇模态频率如图 5 - 22 所示。

图 5 - 20 飞艇数值有限元模型

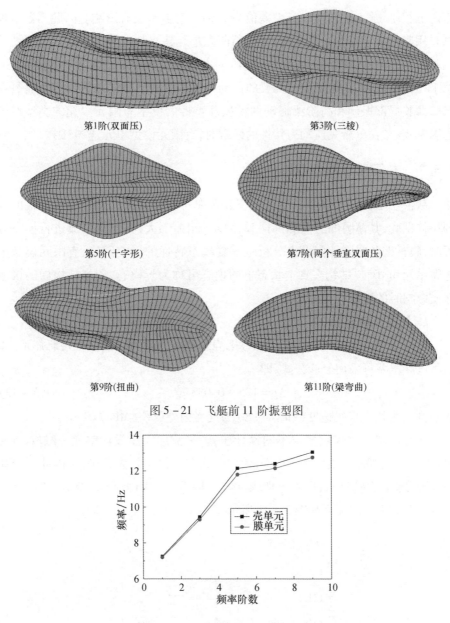

第1阶(双面压)　　　　　　　　第3阶(三棱)

第5阶(十字形)　　　　　　　　第7阶(两个垂直双面压)

第9阶(扭曲)　　　　　　　　　第11阶(梁弯曲)

图 5 – 21　飞艇前 11 阶振型图

图 5 – 22　不同单元飞艇模态频率

　　频率提取时忽略为零的刚体频率,图 5 – 21 为采用壳单元分析时,前 12 阶特征模态,低阶模态主要为气囊的局部振动,如肺叶呼吸及花生米等形状,模态密集对称出现,第 11 阶出现梁的整体弯曲变形。图 5 – 22 反映了不同单元类型对模型的频率的影响,通过对比可以发现数值模型选取不同的单元类型对频率影响很小,前5阶的频率最大差值为1.6%,对振型没有影响。因此当数值模型采用膜单元计算不能收敛时,可以用薄壳单元建立数值模型。通过振型图可以看出,飞艇在无约束条件下,前10阶固有频率的振型具有薄膜的振动特性,第11阶固有频率的振型表现为梁的振动特性。验证飞艇的结构动力性能具有低阶薄膜局部振动和高阶梁振动两种振动特性。模型有限元单元的类型对模态影响较小,在分析飞艇动力特性的因素时,有限元模型单元选M3D4。

5.5.2 主气囊干模态分析

数值模型仍以"致远"一号验证飞艇为基本分析对象。根据飞艇膜材的双轴拉伸试验,其薄膜的经向和纬向弹性模量相差不大,在对主气囊进行模态分析时,膜材按各向同性假设来分析主气囊模态特性的影响因素,有限元模型中选膜单元M3D4。结构在真空状态下的模态可称为干模态,考虑结构周围接触介质影响时的模态称为湿模态。

1. 气压影响分析

柔性飞艇的内外压差须满足在考虑静载和空气动力时足以维持艇体形态,最小设计压差可采用经验公式,即

$$\Delta p = 125 + 0.033 V_{\max}^2 \qquad (5-39)$$

式中:$V_{\max}$为最大空气速度(km/h);Δp为气囊内外压差(MPa)。

针对不同空气速度要求不同设计压差,平流层飞艇设计空速一般取15~30m/s。取相对速度最大为30m/s,代入公式即可得压差为510Pa。因此在研究平流层飞艇自振特性时,压差分别取300Pa、400Pa、500Pa、600Pa、700Pa和800Pa。飞艇压差与频率的关系如图5-23所示。

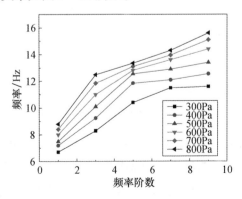

图5-23 飞艇压差与频率的关系

图 5-23 揭示了柔性飞艇的主气囊气压与频率的关系,随着压差的增大,固有频率变大,800Pa 的一阶频率是 300Pa 一阶频率的 1.27 倍。气压对自由漂浮状态主气囊基频有较大影响。不同压差作用下柔性飞艇的主气囊振型前 12 阶没有变化。

2. 几何尺寸影响分析

飞艇结构初步设计时常应用工程弹性理论,飞艇囊体假设为理想回转体,在内压力作用下,囊体产生双向张力,环向和纵向张力分别为

$$f_1 = \sigma_1(x) \cdot t = p \cdot r_H(x)\left(1 - \frac{r_H}{2r_L}\right) \tag{5-40}$$

$$f_2 = \sigma_2(x) \cdot t = \frac{1}{2}p \cdot r_H(x) \tag{5-41}$$

$$r_L(x) = \left|\frac{(1 + r'(x)^2)^{\frac{3}{2}} r_H(x)}{r''(x)}\right| \tag{5-42}$$

$$r_H(x) = r(x)\sqrt{1 + r'(x)^2} \tag{5-43}$$

式中:$r_L(x)$、$r_H(x)$ 分别为主气囊囊体纵向和环向半径;$r'(x)$、$r''(x)$ 分别为回转曲线半径函数的一、二阶导数;f_1、f_2 分别为主气囊囊体环向、纵向张力;t 为主气囊囊体膜材厚度;$r(x)$ 为主气囊囊体截面半径;$\sigma_1(x)$、$\sigma_2(x)$ 分别为主气囊囊体环向、纵向应力;P 为内外压差。

在飞艇中间部分,囊体接近圆柱面,飞艇的表面应力与飞艇的半径成正比,则式(5-40)和式(5-41)可以简化。平流层空气密度小,因此针对长驻空任务,平流层飞艇设计方案尺寸都很大,约 200m 量级。囊体环向和纵向张力与囊体截面半径成正比,大型柔性飞艇的囊体材料弹性模量远高于验证飞艇。针对大型飞艇,囊体材料一般选高强轻质膜材,材料弹性模量为 15GPa,密度为 950kg/m³,厚度为 0.4mm。在研究飞艇的尺寸效应时,选取同种材料。

为了检验尺寸效应具有一般性,可以取等轴椭圆作为柔性飞艇主气囊来进行研究,等轴椭圆形飞艇主气囊长短轴按照验证艇长度 25m,最大环向半径 3.788m 同比例放大。数值模型选取膜 M3D4 单元,压差 400Pa。飞艇几何尺寸与频率的关系如图 5-24 所示。

由图 5-24 可以看出,平流层飞艇的固有频率有明显的尺寸效应。平流层飞艇随着尺寸增加固有频率变小,不同尺寸柔性飞艇的主气囊振型前 12 阶没有变化。

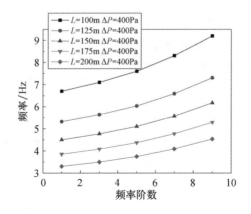

图 5-24　飞艇几何尺寸与频率的关系

3. 薄膜拼接带影响分析

飞艇是由平面薄膜幅片拼接而成,一般有两种拼接方式:纵向拼接,纵向和环向混合拼接。大型柔性飞艇在中间采用环向、两端纵向混合拼接。小型柔性飞艇一般只采用纵向拼接,验证艇采用纵向拼接。

拼接缝可为搭接缝或对接粘贴缝,由高频焊、高温焊以及胶黏剂黏合而成。拼接缝导致结构质量、刚度以及强度改变,对飞艇的模态特征产生一定影响。飞艇囊体材料幅宽常约 1.4m,拼接缝宽度为 5cm。验证飞艇设计采用 18 个拼接缝,在数值模拟时,不考虑拼接缝的黏结剂重量,拼接缝处按 2 倍膜材厚度考虑。拼接缝与频率的关系如图 5-25 所示。

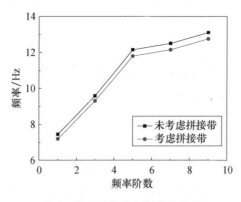

图 5-25　拼接缝与频率的关系

图 5-25 反映了拼接缝对频率的影响,通过计算结果可以看出,幅片拼接缝对飞艇主气囊自振频率影响小于 5%,主气囊振型前 12 阶没有变化,幅片拼接缝对主气囊模态影响较小。

4. 薄膜太阳能电池影响

飞艇主气囊上表面常设计一层薄膜太阳能电池,使结构主体质量分布不均匀,其对主气囊形态和模态特征存在必然影响。为考察局部质量改变对主气囊的影响,把主气囊上半部假定全部覆盖一层薄膜太阳能电池,薄膜太阳能电池厚度及密度与囊体膜材相同。可通过改变上半部膜材的密度来考虑太阳膜电池的影响。非均匀质量与频率的关系如图 5 – 26 所示,非均匀质量下飞艇前 11 阶振型如图 5 – 27 所示。

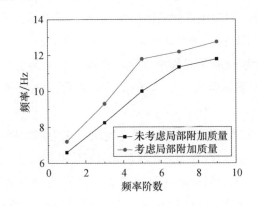

图 5 – 26　非均匀质量与频率的关系

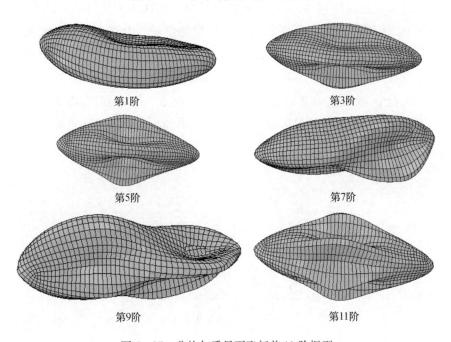

第1阶　　　　　　　　　第3阶

第5阶　　　　　　　　　第7阶

第9阶　　　　　　　　　第11阶

图 5 – 27　非均匀质量下飞艇前 11 阶振型

图 5-26 反映了局部质量改变对频率的影响,图 5-27 反映了局部质量改变对振型的影响。局部质量改变对自振频率影响显著。前 12 阶没有出现梁的弯曲振型,因此局部附加质量对柔性飞艇的频率和振型都有明显影响。

5.5.3　主气囊湿模态分析

飞艇工作时处于空气包围之中,飞艇在空气中发生振动时,将会带动周围空气运动。因此结构有效质量除包含飞艇本身质量外,还应包括因飞艇振动产生的空气附加质量。附加质量同结构形状、运动方式及流体密度有关。对于飞艇而言,附加质量与飞艇质量可能在同一个数量级上,甚至更大。因此在飞艇的主气囊的模态计算时应考虑周围空气的影响。目前研究湿模态的方法主要有附加质量法与流固耦合算法。本节采用附加质量法来考虑空气对飞艇的影响。

首先确定空气的影响范围,然后把空气质量作为附加质量施加到膜面上。模型仍采用"致远"一号,选取 M3D4 膜单元,内压 400Pa。

式(5-34)给出了无限长圆柱附加质量计算公式,而实际的结构物不可能是无限长,圆柱附加质量试验值和按式(5-34)计算的数值接近,而相同尺寸(直径相同,且长度相同)的圆筒其附加质量约为圆柱的 1.9 倍。可以看出,同等条件下圆筒的空气附加质量远大于圆柱附加质量。由于主气囊里的氦气密度仅是外面空气密度 1/8 左右,结合圆柱和圆筒的附加质量取值,对柔性飞艇的附加质量按 1 倍无限长圆柱附加质量来分析其影响。

主气囊干、湿频率关系如图 5-28 所示,由图 5-28 可知,湿模态是飞艇位于地面附近。根据计算结果可以看出,空气的附加质量对飞艇固有频率影响显

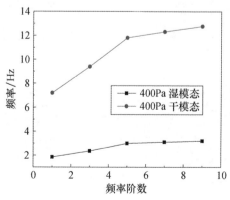

图 5-28　主气囊干、湿频率关系

著,但飞艇干、湿模态的振型没有发生变化。飞艇在升空过程中由于空气密度不断变小,因此在考虑飞艇和周围空气耦合作用时空气的附加质量也是不断变化的,其固有频率也将不断变化。

通过平面 ETFE 薄膜结构及 ETFE 充气管结构的模态试验验证了干、湿模态数值分析方法,以 25m 验证飞艇为对象,对影响飞艇主气囊模态的影响因素进行了分析。

边界约束条件对充气管自振基频有较大的影响,端部约束的悬臂充气管的基频远小于无约束状态的充气管模态,然而两个模型具有相似振型的频率相差较小。根据工程弹性梁理论可知,充气管的内压对充气管的几何刚度影响较小,因而充气管的内压对基频基本没有影响;弹性模量既影响充气管的频率,也对充气管的振型产生影响;空气附加质量对密度较小的膜材制成的充气管模态影响大于密度较大的膜材制成的充气管,对 ETFE 充气管影响在 20% 左右,对飞艇囊体材料充气管影响在 50% 左右。

在进行柔性飞艇模态分析时,数值模型可选取薄壳单元代替薄膜单元,数值结果差异小于 2% 。验证飞艇的结构动力性能具有低阶薄膜局部振动和高阶梁振动特征。由于飞艇材料密度较小,在考虑空气附加质量后的湿模态一阶频率仅是干模态的 25% 左右。柔性飞艇的频率也具有明显尺寸效应。相同材料相同压力条件下,柔性飞艇随着长度变大自振频率逐渐变小。柔性飞艇随着压差增加,自身刚度变大,自振频率变大。拼接缝对主气囊附加质量增加影响小,对飞艇的固有频率影响较小,而薄膜太阳能电池对单位质量改变大,所以对柔性飞艇的频率和振型都有明显影响。

第6章
囊体结构应变监测技术

6.1 引言

平流层飞艇的主体结构是一个充气气囊,在工作状态下,为了保持其气动外形,囊体内外存在一定压差,囊体结构处于张紧状态。在飞艇飞行过程中,影响囊体结构的因素主要包括以下几个方面:

(1)由于平流层飞艇长期工作在昼夜温差大、宇宙射线强烈的平流层,其囊体在内外压差载荷及环境因素共同作用下很容易出现局部的损伤,在应力集中、疲劳等诸多因素的影响下,局部损伤不断扩展和增大,最终导致飞艇囊体的破坏。

(2)由于平流层大气稀薄,飞艇囊体一般巨大,这样才能为其提供足够的浮力,巨大的外形使得囊体在内外压差载荷作用下容易发生破坏;外界大气压随高度的增加而降低,平流层飞艇在上升和降落过程中囊体压差变化显著,飞艇囊体结构极易发生破损。

(3)飞艇结构整体和局部构造复杂性和囊体材料的非线性、加工工艺的局限性以及服役中环境的不确定性等因素造成飞艇结构的应力应变分布非常复杂,单纯靠理论分析和有限元分析很难准确并实时预测结构的应力应变分布情况,这势必给飞艇的安全飞行带来许多不确定性和不可预知的风险。

国内外已经发生过多次囊体破裂的事故,这不仅对结构设施造成巨大经济损失,而且还威胁到生命和财产的安全。为防止此类情况的再次发生,确保平流层飞艇的结构安全,建立飞艇囊体结构健康监测系统是非常必要的。

在基于无线传感网络的囊体应变电测法监测系统中,首先应变、温度等被监测量由布设在囊体结构上的传感器转换为电信号,然后通过数据采集系统,进入数据处理模块,经过处理后通过无线通信的方式发送到任务管理中心,最后由任务管理中心软件系统对数据进行进一步的分析与处理。基于无线传感网络的囊体应变监测方法可用于飞艇的安全服役过程。

　　数字图像方法作为一种非接触式的光学测量方法,一方面继承了非接触测量不影响材料性能的特征,另一方面也兼具了精度较高、测量范围较广的特点。采用数字图像相关方法进行囊体变形测量研究,是未来飞艇结构健康监测的方向。

6.2　基于无线传感网络的囊体应变监测系统

　　基于无线传感网络的柔性囊体结构应变监测系统整体结构如图 6 - 1 所示。首先将巨型柔性囊体结构表面划分为若干个区域,然后在各个区域布设相应的传感器节点,每个区域称为一个节点簇。每个节点簇由一个中继节点和若干个传感器节点组成。在节点簇内,每个传感器节点监测的数据都传输到中继节点,中继节点一般不参与信号采集,其主要任务是转发节点簇内的传感器节点所获得的信号。中继节点传输的数据沿着其他中继传感器节点逐跳进行传输,在传输过程中监测数据可能被多个中继节点处理,经过多跳路由传至汇聚节点,最后通过有线方式到达任务管理中心。

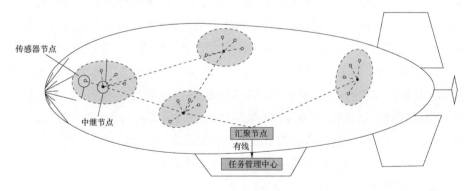

图 6 - 1　囊体应变测量系统总体示意图

6.2.1　无线传感器网络节点

　　由图 6 - 1 可知,在基于无线传感器网络的囊体应变监测系统中,共有三种不同的节点,即传感器节点,中继节点,汇聚节点。下面将对三种节点的结构与功能分别进行介绍与分析。

1. 传感器节点

传感器节点的模块结构如图 6-2 所示。

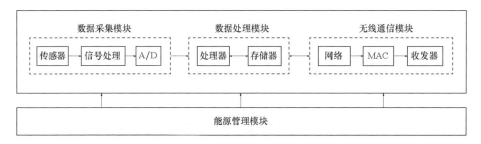

图 6-2 传感器节点模块结构

传感器节点的功能是采集被监测量数据并将之发送出去,每个传感器节点的结构大致相同,主要包含数据采集模块、数据处理模块、无线通信模块和能源管理模块。数据采集模块包括传感器、信号处理电路和 A/D 转换电路。针对不同的被测量,确定对应的传感器类型。数据采集模块主要负责采集监测区域内的被监测量,经过信号处理后再将其转化成数字信号。数据处理模块包括微处理器和存储器,是无线传感器节点的计算中心。数据处理模块负责设备的控制、任务调度、能量评估、数据处理、数据存储等工作,它既要负责对数据采集模块传输过来的数据进行处理,同时还要对无线通信模块进行控制。无线通信模块主要负责传感器节点与其他节点之间的通信,保证节点与节点之间控制信息和采集数据的正常交换。它一方面接收从汇聚节点发来的控制与参数信息,另一方面将传感器采集的数据信息,经过编码调制后发送出去。传感器节点一般有如下几种工作状态:等待休眠状态(节能状态)、检测感应状态(激活工作状态)、数据处理发送状态、更新状态(循环过程中的状态初始化)和失效状态等。能源管理模块主要负责为传感器节点提供正常工作所必需的能量,还可以通过一定的电源管理机制延长无线传感器节点的工作寿命。

2. 中继节点

中继节点体系结构如图 6-3 所示。

中继节点的功能是将接收到的数据或控制信息再生处理,增加信噪比,消除传输过程中引入的干扰。在结构上中继节点和传感器节点有很大的相似之处,但是与传感器节点相比去掉了数据采集模块,中继节点的主要功能是转发

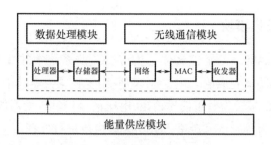

图 6 – 3　中继节点体系结构

数据。此外,它在软件上和传感器节点相比要简单得多。在一般的应用中并不明确区分传感器节点和中继节点,甚至有时为了方便会把每个节点做成同样的节点,每个节点都集成了传感器节点和中继节点的功能。在中继节点中"中继处理"部分是被包含在数据处理模块之中的。

3. 汇聚节点

汇聚节点又称为基站,其体系结构如图 6 – 4 所示。

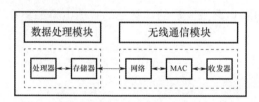

图 6 – 4　汇聚节点体系结构

汇聚节点接收从网络发送的消息,在整个网络中充当网关的作用。汇聚节点把接收到的数据发送给任务管理中心使用。汇聚节点可以通过有线形式直接连到任务管理中心终端上,有任务管理中心对监测数据进行进一步的处理。有些情况下汇聚节点还需要一个辅助的信号处理器,虽然数据可以不经过处理直接发送到任务管理中心,在管理中心再做进一步的处理。但是通过无线传感器网络采集的数据量可能非常大,不经过处理会给后端的网络服务器带来很大的通信量。同时有些信道不能传输大量数据,这时如果不经过处理直接发送有可能会导致数据拥塞现象发生。同时由于数据量过大会导致存储空间的迅速消耗,后续的数据不能被正确接收,因此在实际设计中需要充分考虑。

与传感器节点以及中继节点不同,汇聚节点由于直接与任务管理中心通过有线方式连接,由任务管理中心直接供电,可以不受能量的限制,它有较长的通信距离和生存周期。

6.2.2 数据采集模块

基于无线传感网络的柔性囊体结构应变监测系统中的数据采集是由电阻应变片作为传感器来完成的。主要原理是:固定在柔性囊体上的应变片通过惠斯通电桥将电阻信号转为电压信号输出,电压信号经过放大器放大后,通过 A/D 转换电路转化成为数字信号后进入数据处理模块进行处理。

电阻应变片是一种用途广泛的高精度力学量传感元件,最主要组成部分是敏感栅,敏感栅可以看成一根金属电阻丝。应变片的工作原理是基于金属丝的电阻应变效应,即金属丝电阻随机械变形而改变。通过电阻应变效应可以将构件表面的变形量转变为应变片本身电阻的变化量,其对应关系为

$$\frac{\Delta R}{R} = K_s \varepsilon \tag{6-1}$$

式中:K_s 为电阻应变片的灵敏系数。

通过测量电阻的变化量可以得出对应的应变值,而电阻应变片电阻的变化主要是通过测量电桥电路来完成的。常见的直流电桥如图 6-5 所示。

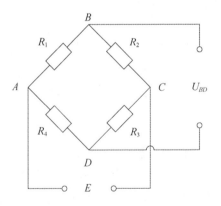

图 6-5 直流电桥

图 6-5 中,R_1、R_2、R_3、R_4 为桥臂电阻;电桥的 A、C 为电源输入端,输入直流电压为 $U_{AC} = E$,而电桥的 B、D 为输出端,输出电压为 U_{BD}。应变片工作时其电阻值变化很小,电桥相应的输出电压也很小,因此测量电桥的输出端一般直接接到放大器的输入端进行放大。由于放大器的输入阻抗比桥路的输出阻抗高很多,往往都在 10MΩ 以上,因此当电桥输出端直接接入放大器后,电桥的输出电流忽略不计,可以认为电桥输出端是开路的,即 $I_{AB} = I_{BC}$。

令 A、C 两端电压为 E,流经 R_1、R_2 的电流为

$$I_{AB} = I_{BC} = \frac{E}{R_1 + R_2} \qquad (6-2)$$

由此可以得出 A, B 端电压为

$$U_{AB} = I_{AB}R_1 = \frac{ER_1}{R_1 + R_2} \qquad (6-3)$$

同理可以得出 A, D 端电压为

$$U_{AD} = \frac{ER_4}{R_3 + R_4} \qquad (6-4)$$

则电桥 B, D 端输出电压为

$$U_{BD} = U_{AB} - U_{AD} = E\left(\frac{R_1}{R_1 + R_2} - \frac{R_4}{R_3 + R_4}\right) = \frac{E(R_1 R_3 - R_2 R_4)}{(R_1 + R_2)(R_3 + R_4)} \quad (6-5)$$

当电桥平衡时，$U_{BD} = 0$，则必须满足

$$R_1 R_3 = R_2 R_4 \qquad (6-6)$$

即相邻两臂电阻的比值相等，或相对两臂电阻的乘积相等。

设各电阻应变片所感受的应变量分别为 $\varepsilon_1, \varepsilon_2, \varepsilon_3$ 和 ε_4，各电阻相应的变化量分别为 $\Delta R_1, \Delta R_2, \Delta R_3$ 和 ΔR_4，则电桥的不平衡输出电压为

$$U_{BD} = E\frac{(R_1 + \Delta R_1)(R_4 + \Delta R_4) - (R_2 + \Delta R_2)(R_3 + \Delta R_3)}{(R_1 + \Delta R_1 + R_2 + \Delta R_2)(R_3 + \Delta R_3 + R_4 + \Delta R_4)} \qquad (6-7)$$

展开式(6-7)，由于初始时电桥处于平衡状态，满足式(6-6)，并考虑到 $\Delta R / R$ 的值很小，其二次项可以略去，可得

$$U_{BD} = E\frac{\dfrac{R_1 R_2}{(R_1 + R_2)^2}\left(\dfrac{\Delta R_1}{R_1} - \dfrac{\Delta R_2}{R_2} - \dfrac{\Delta R_3}{R_3} + \dfrac{\Delta R_4}{R_4}\right)}{1 + \dfrac{R_1}{R_1 + R_2}\left(\dfrac{\Delta R_1}{R_1} + \dfrac{\Delta R_3}{R_3}\right) + \dfrac{R_2}{R_1 + R_2}\left(\dfrac{\Delta R_2}{R_2} + \dfrac{\Delta R_4}{R_4}\right)} \qquad (6-8)$$

工程上，一般按照 $R_1 = R_2 = R_3 = R_4$ 选取桥臂电阻，构成等臂电桥，则式(6-8)变为

$$U_{BD} = \frac{E}{4}\left(\frac{\Delta R_1}{R_1} - \frac{\Delta R_2}{R_2} - \frac{\Delta R_3}{R_3} + \frac{\Delta R_4}{R_4}\right) \Big/ \left[1 + \frac{1}{2}\left(\frac{\Delta R_1}{R_1} + \frac{\Delta R_2}{R_2} + \frac{\Delta R_3}{R_3} + \frac{\Delta R_4}{R_4}\right)\right]$$

$$(6-9)$$

由此得出电桥输出电压与桥臂各个电阻变化率之间的关系。由于 $\Delta R / R \ll 1$，因此分母中的 $1/2 \times (\Delta R_1/R_1 + \Delta R_2/R_2 + \Delta R_3/R_3 + \Delta R_4/R_4)$ 可以略去不计，进而得到输出电压与电阻变化率之间的线性关系，即

$$U_{BD} = \frac{E}{4}\left(\frac{\Delta R_1}{R_1} - \frac{\Delta R_2}{R_2} - \frac{\Delta R_3}{R_3} + \frac{\Delta R_4}{R_4}\right) \qquad (6-10)$$

将式(6-1)代入式(6-10),得

$$U_{BD} = \frac{KE}{4}(\varepsilon_1 - \varepsilon_2 - \varepsilon_3 + \varepsilon_4) \tag{6-11}$$

在应变测量时,不同用途的应变片对其工作特性的要求不同,只有正确地选用和安装使用应变片,才能保证应变的测量精度和可靠性。所以选择应变片时,应根据测量的环境、试件的状况(包括应变状态、材料性质等)、应变片的尺寸等因素,选用相应的应变片。

6.2.3　数据处理模块

数据处理模块是传感器节点的计算核心,主要负责完成所有任务的管理和调度、控制指令的发送、算法的执行以及采集数据的处理等。

作为传感器节点核心的处理单元,需要满足外形小、集成度高、功耗低、运行速度快、外部接口丰富、成本低和安全性高等条件。目前实际应用较多的是Atmel 公司的 AVR 系列和 TI 公司的 MSP430 系列微处理器。本系统中主控芯片为 AVR 系列中的 Atmega1281 微控制器。Atmega1281 设计了 6 种不同的休眠模式,非常适用于无线传感网络节点的低功耗应用中。

Atmega1281 是 8 位高性能的 AVR 单片机,采用 RISC 构架,具有 135 条指令,吞吐率最高可达到 16MIPS;8 路 10 位 ADC 接口,SPI 和 I2C 接口各一个,两个 USART 接口;片内有 128KB Flash、4KB 片子内部 E2PROM 和 8KB SRAM,程序可以通过 ISP 或 JTAG 下载;片内 RC 振荡器,最高工作频率 16MHz,工作电压范围比较宽,为 1.8~5.5V。

数据处理模块工作原理:Atmega1281 处理器是节点的控制核心,它通过外部接口与数据采集模块相接后实现对监测信息的采集,其本身负责对采集数据进行处理,然后将处理后的数据送入无线通信模块。针对不同的无线传感网络节点类型,数据处理模块的功能略有不同。

对于传感器节点而言,数据处理模块主要作用是通过控制数据采集模块上传感器的开关来实现被监测物理量数据的采集,经过处理后将数据通过无线通信模块以多跳方式发送给中继节点。

对于中继节点而言,数据处理模块主要作用是接收所在区域内的传感器节点发送过来的数据,经过处理后通过无线通信模块发送至汇聚节点,并将接收到的控制指令转发给所在区的传感器节点。

对于汇聚节点而言,数据处理模块主要作用是接收所有中继节点发送过来的数据,并通过控制其内部的串口或者 USB 接口与任务管理中心进行通信,将收到的整个传感器网络的数据发送给任务管理中心。同时,汇聚节点还将任务管理中心发送的指令转发给节点,对整个无线传感器网络范围内的节点的工作状态进行管理。

6.2.4　无线通信模块

无线通信模块是与数据处理模块连接在一起,用于收发无线射频信号的单元。其中,射频芯片是无线通信模块的核心,选择时需要尽量满足功率高、功耗低、成本低等方面的要求。目前,大多数无线传感器网络使用 2.4GHz 频段,因为该频段无需申请许可证。

选择 AT86RF230 作为无线射频芯片。AT86RF230 是一种适合 ZigBee/IEEE802.15.4 应用的 2.4GHz 收发器芯片,提供完整的电路连接,其拥有 104dB 链路预算,101dB 的接收灵敏度,可以有效减低应用系统的组网成本。输出功率为 $-17 \sim 3$dBm,工作电压为 $1.8 \sim 3.6$V,并集成了内部稳压器,发射和接收电流消耗分别为 17mA 和 16mA,休眠模式时为 0.7μA,该芯片总共有 32 个引脚,采用 5mm×5mm×0.9mm 大小的 QFN 封装。AT86RF230 内部电路分为模拟电路和数字电路两部分。AT86RF230 一共有 35 个可以通过 SPI 控制时序访问的 8 位寄存器。片内发送数据和接收数据的缓冲区分别为 129B 和 130B,能够满足 IEEE 802.15.4 协议规定的 127B 的帧长度。发送数据时在数据的末尾加 2B 的校验码,接收数据时加 1B 的链路质量指示。

AT86RF230 单个芯片已经集成了射频模块所需的大部分单元,只需加入天线、晶振和一些去耦电容就可以构成完整的射频模块。晶振时钟由内部电路提供时,需外加晶体振荡器和两个负载电容,本节根据选择的晶振频率负载电容取 12pF。模拟电源输入端通过增加电感提高 RF 性能,降低干扰;模拟地和数字地之间连接 0Ω 电阻;负载电容保证低电压时芯片也可以稳定工作。

6.2.5　能量管理模块

无线通信模块有电池和外部电源供电两种方式。当无线通信模块与数据采集板相连采集数据时,使用电池供电;当调试无线通信模块的程序或者与 USB 转虚拟串口相连作为基站时,采用板载供电,即通过 PC 连接的 USB 供电,电路如图 6-6 所示。为了确保两种电源在不同的场合相互没有影响,利用一个单刀双制的开关选择使用其中一种电源,两种电源不能同时使用。

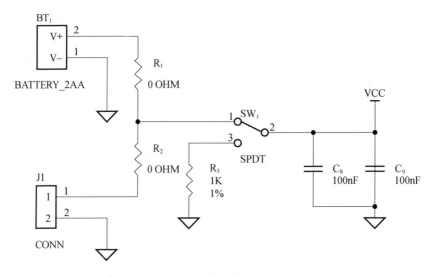

图 6 - 6　能源管理电路

6.2.6　外部扩展接口

由上述无线传感网络节点的体系结构可知,数据处理模块和无线通信模块具有通用性,而针对不同的测量对象只要更换数据采集模块即可。因此,为增加监测系统的通用性,将数据处理模块与无线通信模块集成到一起,然后通过接口与数据采集模块进行连接。因此,为实现无线通信模块与数据采集模块在物理上的分离,可以对数据处理模块进行传感器接口扩展。本节通过一个外部扩展接口将数据处理模块的 51 个信号扩展出来,从而实现了与数据采集模块的连接。

根据传感器信号输出量的不同,传感器分为模拟式传感器、数字式传感器以及智能传感器。模拟式传感器一般是需要经过后续 AD 转换电路转换后,再进行数据的采集与处理。数字式传感器输出的信号一般为脉冲信号输出、并行或串行数字信号输出等,因此可以直接连入数据处理模块或者与标准的工业控制总线连接。智能传感器一般通过 SPI、I2C 和 1 - Wire 等标准接口与处理器相连,因此对于这类传感器,需要用到数据处理模块对应的接口。

作为数据处理模块的核心,Atmega1281 微处理器内部集成了通用的同步和异步串行接收器和转发器的串行通信设备、串行外设接口 SPI、两线接口 I2C 等串行通信方式。在设计中,将处理器的 ADC 转换引脚、所有的串行通信接口引脚以及一些 GPIO(General Purpose Input Output)引脚都连接到外部扩展接口中,用于方便与数据采集板进行连接。

6.2.7　无线传感网络节点软件设计

无线传感网络节点是一种嵌入式系统,不过相对传统的嵌入式系统而言,其对计算和能耗性能的限制更为明显。因此,传统常用的嵌入式操作系统并不适用于无线传感网络。对于传感器节点软件而言,核心是无线传感网络操作系统,用户可利用操作系统有效管理传感器节点的硬件资源以及相关任务的执行,同时不必直接对硬件进行编程,使开发节点应用程序更为方便。目前无线传感网络中应用最广的一种操作系统是 TinyOS,这是加州大学伯克利分校针对无线传感器网络的特点及应用而专门开发的。本节中传感器网络节点的程序就是基于 Tinyos 操作系统采用 nesC 语言编写的。

由于整个无线传感网络节点中,传感器节点包含的模块最为全面,因此下面主要给出了传感器节点应用程序的流程图,如图 6-7 所示。

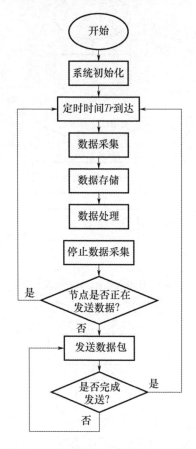

图 6-7　传感器节点应用程序流程图

开启传感器节点电源后,系统开始初始化,然后进入休眠状态等待,直到定时时间 Tr 到达才被激活,节点控制传感器开始采集数据。当所有传感器完成采集工作后将所有的数据打包发送给中继节点。如果节点正在发送数据,则程序进入等待状态,Tr 到达后继续采集并处理数据,直到节点完成发送数据后再继续发送数据包;反之,则发送本次数据包。当完成数据包的发送后,返回一个信号量表示本次数据包发送成功,节点进入休眠状态,准备开始下次数据采集。由于传感器网络中存在多个传感器节点,通过给每个节点设置不同的 Tr,可以保证各个节点发送的数据包相互不冲突。因此,虽然采样频率相同,但不同的节点不会同时发送数据,从而避免产生数据冲突的情况。

数据采集流程图如图 6-8 所示。

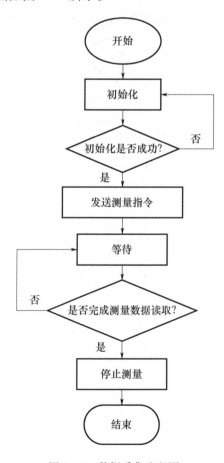

图 6-8　数据采集流程图

6.3　基于无线传感网络的囊体材料应变监测试验

6.3.1　试验系统构成

为了对基于无线传感网络的囊体材料应变监测系统进行验证,本节主要开展了监测系统的试验。由于试验主要为验证基于无线传感网络的应变监测方案的有效性,因此采用单轴拉伸机对囊体材料试件进行单向拉伸加载,并对囊体材料试件的单向应变情况进行测量。囊体材料试件是由超高分子量聚乙烯织物制成,试件尺寸为 300mm × 50mm。整个试验系统的框图如图 6 – 9 所示。

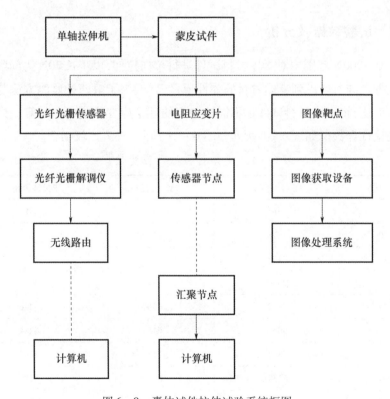

图 6 – 9　囊体试件拉伸试验系统框图

囊体材料试件尺寸为 300mm × 50mm,上面分别粘贴有靶点、光纤光栅传感器和应变片,试件和测试系统如图 6 – 10 所示。

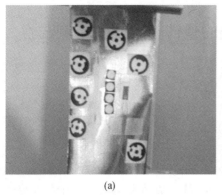 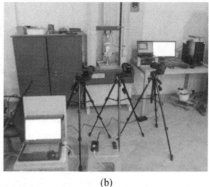

(a)   (b)

图 6 – 10　囊体材料试件和试验测试系统

(a)囊体材料试件;(b)试验测试系统。

6.3.2　试验数据及分析

在 0 ~ 200N 范围内对囊体材料试件进行单向拉伸,以步长 20N 为间隔记录试验数据。同时考虑到囊体材料的弹性模量已知,为了对两种监测方法与理论值进行对比,将囊体材料试件在不同拉力下的理论应变值进行了计算。试验数据和理论计算数据如表 6 – 1 所列和图 6 – 11 所示,三者比较吻合。

表 6 – 1　囊体材料试件应变数据

拉力/N	无线传感/με	光纤光栅/με	非接触测量/με
0	0	0	0
20	1178	1122	1257
40	2178	2619	2514
60	2970	3744	4189
80	3972	4997	5446
100	4684	6150	6284
120	5824	7150	9217
140	6638	8040	8379
160	7622	8925	10054
180	8326	9759	10473
200	8928	10555	11730

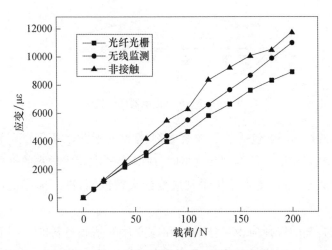

图 6 - 11　试件单向拉伸应变测量值对比

6.3.3　飞艇应变监测试验

对一小型飞艇进行囊体材料应变监测试验,飞艇囊体材料采用厚度为0.13mm 平纹织物。试验采用电阻应变片传感器来监测飞艇囊体的应变状态,利用压力传感器监测飞艇囊体内外压差值。飞艇囊体在内外压差作用下产生应变变化,固定在囊体表面的应变片将采集的应变数据信息经中继节点传递到汇聚节点,最后保存在任务管理中心。

1. 试验准备

在实际试验中,为了防止囊体褶皱对试验结果产生不利影响,选取表面光滑无瑕疵的囊体作为应变传感器的布置区域。

对试验艇囊体的受力进行分析,同一位置处飞艇囊体的环向应力大于轴向应力,则囊体的环向应变大于轴向应变,在本试验中只需对飞艇囊体的环向应变监测即可。采用压力仪时刻记录飞艇囊体内外压差变化,选定飞艇囊体内外压差为 100Pa 时气体刚好充满整个囊体,维持 100Pa 压差不变,在囊体的环向方向粘贴应变传感器(垂直母线方向),认为此时应变片处于临界零应变状态。

在囊体上粘贴应变传感器之前,标记出 6 个应变测量点的位置,并在囊体表面画出每个测量点的纵横中心线,纵线沿飞艇的轴向方向,横线沿飞艇的环向方向,确保应变片的方向与横线方向一致。在飞艇的头部和尾部,即轴向长度为 0 和 8.3m 的节点,由于制作工艺原因导致此处囊体不平整,为确保试验测量结果的准确性,本试验选择轴向长度为 0.1m 和 8.2m 的点作为飞艇两端的传感器布置点。6 个应变传感器在囊体上的布置点如图 6 - 12 所示。

153

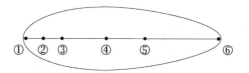

图 6-12　6 个传感器的位置

应变片的粘贴一般包括选片、选黏合剂、粘贴和干燥处理等环节,具体如下。

(1)在选择应变片的类型和规格时,应综合考虑囊体材料的性质和囊体所承受的应力大小,依据受力分析得到应变的大致范围,进而选择量程合适的应变传感器类型。

(2)黏合剂的选择应视囊体材料和应变片的基底材料的不同而定。如果黏合剂固化后弹性模量过大,则会导致囊体表面硬化,进而导致测量结果偏小;如果黏合剂固化后模量过小,囊体的应变不会完全传递到应变片上去,也会影响测量结果的准确性。在对囊体进行应变监测试验中,必须综合考虑应变传递和材料特性的影响来选择合适的黏合剂。

(3)粘贴传感器前应对测点表面进行清理,用无水乙醇等挥发性溶剂清洗待测区域表面,除去油脂、灰尘等杂质,用棉球将囊体表面擦干。用黏合剂粘贴应变片时,先用胶带把应变片传感器引导线固定,然后在囊体表面定向标记处和应变片基底上分别均匀涂胶,调整好应变片的位置和方向,并取一块聚乙烯薄膜盖在应变片上,用手指沿一个方向滚压,挤出多余胶水,胶层应尽量薄,并保持应变片的位置固定,用手指轻压 2min 左右。应变传感器的粘贴如图 6-13 所示。

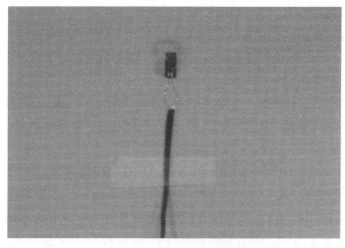

图 6-13　传感器的粘贴示意图

（4）应变片粘贴完毕后不能立即进行应变监测试验，必须对黏合剂干燥处理。一般可采用自然干燥方式，干燥时间为 24～48h；如果室温过低或者相对湿度太大的环境下应采用人工方式进行干燥，如用电热风或红外线灯照射等方式。为提高应变片测量的精度，在黏合剂干燥过程中，飞艇囊体的内外压差应始终维持在 100Pa 左右。

（5）电阻应变片粘贴完毕后，应用万用电表检查应变片是否短路和断路，如有不合格的，应该重新粘贴。在确保所有应变片传感器完好后，将应变片连接至传感器节点和中继节点。

利用压力仪记录飞艇囊体的内外压差，采用空压机对飞艇囊体充气。将各个设备连接完成后，构建的基于无线传感网络的飞艇囊体应变监测试验系统，如图 6-14 所示。

图 6-14　无线传感网络试验系统

2. 试验过程与分析

确保所有仪器正常运行后，打开数据测量软件，开始试验。当压力传感器读数为 100Pa 时，记录此时的应变数据，作为应变测量的一个基准值。用空气压缩机缓慢充气加压使飞艇囊体内外压差为 150Pa，待压力仪示数稳定后，记录此时的数据。继续对囊体充气，每隔 50Pa 记录一次试验数据，直到压力为 600Pa，停止试验。由于无线传感网络系统记录囊体上不同测点的应变数据时存在几秒钟的延迟，故必须当压力仪示数稳定以后才能记录应变数据。

为了验证飞艇囊体应变监测试验结果的正确性,在同一压差下(500Pa),由试验测得 6 个传感器测点的应变数据,如表 6 – 2 所列。该试验数据是以囊体内外压差为 100Pa 时应变片读数为基准得到的,即将各个传感器在不同压力下应变传感器读数减去各自在 100Pa 压力下的应变片传感器的读数。

表 6 – 2   应变试验数据

传感器序号	1	2	3	4	5	6
轴向长度/m	0.1	0.59	1.63	3.5	4.9	8.2
节点号	10	25	49	90	120	196
微应变/$\mu\varepsilon$	400	959	1541	1866	1795	355

图 6 – 15 描述了在 500Pa 压差下,囊体各测量点环向应变变化的试验值与有限元仿真值对比情况。

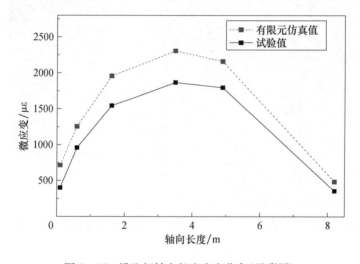

图 6 – 15   沿飞艇轴向长度应变分布(见彩图)

由图 6 – 15 中两条曲线可得,两者结果变化基本趋势一致,试验测量数据小于有限元分析值,这与模拟时采用的材料常数有关。随着轴向长度的增大,囊体的应变先增大后减小。在飞艇截面半径最大处,应变达到极大值,在飞艇的两端,应变分别达到极小值。

为了进一步验证应变监测试验结果的可靠性,将飞艇囊体在增压过程中的应力应变变化的试验值与有限元值进行对比。各个应变片传感器测得的试验数据如表 6 – 3 所列。

表 6 – 3　不同传感器的应变试验数据

囊体内外压差/Pa	6 个传感器的微应变					
	① 0.1m	② 0.59m	③ 1.63m	④ 3.5m	⑤ 4.9m	⑥ 8.2m
100	0	0	0	0	0	0
150	28	112	124	164	171	25
200	81	217	293	374	376	66
250	132	325	453	595	596	110
300	180	416	628	819	807	158
350	226	542	822	1070	1071	209
400	279	684	1004	1315	1283	261
450	338	797	1216	1590	1542	304
500	400	959	1541	1866	1795	355
550	445	1087	1631	2154	1972	399
600	498	1254	1838	2427	2191	452

由试验数据可得,随着压力的不断增大,6 个传感器的应变值也不断增大,在飞艇的头部和尾部,即①号、②号、③号与⑥号传感器测量的应变值相对较小,其应变值随囊体内外压差的变化趋势也基本一致,以①号和③号传感器测量值为例,将试验数据与有限元数据对比如图 6 – 16 所示。

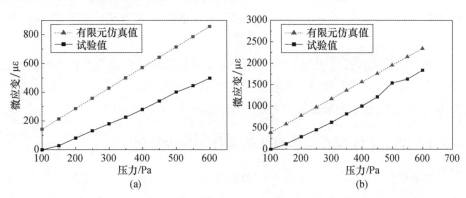

图 6 – 16　传感器试验值与理论值对比

(a)①号传感器;(b)③号传感器。

从图 6 – 16 可以看出,囊体微应变的试验值与有限元仿真值的变化趋势基本一致,随着囊体内外压差的不断增大,囊体表面的应变呈线性增加的趋势。

由图 6-16 的试验曲线可以看出,由试验得到的应变值随压力变化曲线具有一定的波动性,这与试验的实际情况也是相符合的。同时,有限元计算的应变数值明显大于应变片测量的结果,主要原因在于:①在飞艇囊体内外压差为 100Pa 时,才进行应变传感器的布置,这时应变传感器的示数为零,而当内外压差为 100Pa 时,有限元仿真的微应变是 142.8,从而带来一个测量的初始误差;②由于飞艇囊体是通过焊接将裁片沿纵向缝合在一起制作而成,囊体局部还进行了加强处理,这些措施可能起到了增加囊体承压的作用,同时也减小了球体承压过程中囊体的应变。

在定压和增压条件下,应变测量值与有限元值变化趋势基本吻合,验证了基于无线传感网络的囊体应变监测系统能够很好地完成飞艇囊体应变数据的实时采集与处理,从而为飞艇囊体应变监测的在线预警提供数据支撑。

6.4 基于数字图像相关的囊体材料应变监测系统

在数字图像相关方法中,利用图片中的像素点近似表示物质世界实际存在的、准确的"点",显然,同一个变形区域的照片,其像素点越多,近似程度也会越高,匹配计算的精度也会随之提高,因此,提高相机分辨率是一种直接提高测量精度的有效方法。但是在实际应用中,大幅度增大 CCD 相机分辨率是十分"昂贵"且难以实现的,超高分辨率的工业相机会极大地增加试验成本或者限制试验场地,因此人们通常考虑另一种提高图像分辨率的方法——亚像素搜索算法。

针对传统遗传算法应用于子区匹配时出现的局部搜索能力不强、算法精度较低等现象,引入具有较强局部搜索能力的共轭梯度算子(CG),进行混合遗传算法设计,提高数字图像相关亚像素搜索算法的精度及稳定性。

6.4.1 基于 CG 混合遗传算法的亚像素搜索算法

遗传算法(GA)是应用于数字图像相关方法(DIC)的常用方法之一,其与传统 DIC 方法的区别主要是对初值不敏感且不需要导数信息。研究人员将遗传算法引入 DIC 子区位移计算中,并证明了遗传算法应用于 DIC 的优越性。由于标准 GA 算法在应用于 DIC 子区搜索匹配时会出现局部搜索能力较弱、算法精度较低的问题,因此许多学者对遗传算法进行了算子改进及参数优化。但大部分文献集中于遗传算法收敛速度及稳定性的研究,对遗传算法精度的优化研究有待深化。

本节将具有良好搜索能力但精度较低的遗传算法与局部搜索能力较强的共轭梯度算法结合,试图提高遗传算法的精度与稳定性。根据 CG 算子与遗传算法的不同结合方式,提出以下三种有效的 CG - GA 混合算法。

(1) 内嵌 CG 混合遗传算法(EMCGGA):将共轭梯度算子作为内嵌算子,对交叉变异后的子代以一定的概率进行局部优化。

(2) 精英 CG 混合遗传算法(ELCGGA):对遗传算法中的精英子代以一定概率进行共轭梯度优化,避免不必要的计算。

(3) 并列 CG 混合遗传算法(PCGGA):将遗传算法的终值作为共轭梯度算子的初值,最小程度减少共轭梯度算子的计算次数。

下面介绍遗传算法和共轭梯度算法的基本原理、CG - GA 混合算法中遗传算子的实现及其与 CG 算子的具体结合方式。

1. 位移模式

假设图像子区的位移模式为常应变位移模式,该模式允许图像变形可以是转动、剪切或伸缩等变形的各种组合。如图 6 - 17 所示,以 P 为中心的参考子区与以 P' 为中心的变形子区为匹配关系,它们满足的位移关系为

$$\begin{cases} x' = x + u + u_x \cdot \Delta x + u_y \cdot \Delta y \\ y' = y + v + v_x \cdot \Delta x + v_y \cdot \Delta y \end{cases} \quad (6-12)$$

式中:u 为 x 方向的位移;v 为 y 方向的位移;u_x, u_y, v_x, v_y 为散斑图像子区的梯度,$\Delta x, \Delta y$ 为计算点离像素中心点 P 的距离。

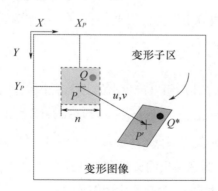

图 6 - 17　常应变位移模式

2. 相关函数

相关函数是评价参考图像和变形图像相关程度的函数,标准化最小平方距

离相关函数抗干扰能力最强,因此选择其为相关函数,如下式

$$C_{f,g}(p) = \sum_{x=-N}^{N} \sum_{y=-N}^{N} \left[\frac{f(x,y) - f_m}{\sum\limits_{x=-N}^{N} \sum\limits_{y=-N}^{N} \left[f(x,y) - f_m \right]^2} - \frac{g(x',y') - g_m}{\sum\limits_{x=-N}^{N} \sum\limits_{y=-N}^{N} \left[g(x',y') - g_m \right]^2} \right]^2$$

(6-13)

选择常应变位移模式及标准化最小平方距离相关函数后,其对应的相关函数 $C_{f,g}$ 确定为含有6个未知参数 (u,v,u_x,u_y,v_x,v_y) 的非线性方程。

3. 遗传算子

CGGA 算法的各算子实现过程如下。

1)编码

现代遗传算法中,为了将 RGA 与其他算法进行结合,通常推荐实数编码。相关函数 $C(p)$ 采用线性位移模式,其自变量为 (u,v,u_x,u_y,v_x,v_y),则实数编码的形式为

$$L_i = \begin{bmatrix} u_i & v_i & u_{xi} & u_{yi} & v_{xi} & v_{yi} \end{bmatrix}$$

(6-14)

2)种群初始化

基于上述编码,对种群进行初始化,初始化种群可表示为

$$L = L_{lb} + (L_{ub} - L_{lb}) \cdot \mathrm{rand}(M,n)$$

(6-15)

式中:L_{ub}、L_{lb} 分别为位移的上下边界;M 为种群大小;n 为变量个数。

3)适应度计算

归一化最小平方距离相关函数可以有效地评价变形前后子区之间的相关程度,且 $C(p)$ 越小,相关度越大,因此,将 $-C(p)$ 作为适应度函数进行遗传操作。

4)交叉

线性交叉是指两个体凸组合产生出的两个新个体,其关系式为

$$\begin{cases} L_{\mathrm{selfather}}^{\mathrm{new}} = \alpha \cdot L_{\mathrm{selfather}}^{\mathrm{old}} + (1-\alpha) \cdot L_{\mathrm{selmother}}^{\mathrm{old}} \\ L_{\mathrm{selmother}}^{\mathrm{new}} = \alpha \cdot L_{\mathrm{selmother}}^{\mathrm{old}} + (1-\alpha) \cdot L_{\mathrm{selfather}}^{\mathrm{old}} \end{cases}$$

(6-16)

式中:$L_{\mathrm{selfather}}^{\mathrm{old}}$ 和 $L_{\mathrm{selmother}}^{\mathrm{old}}$ 为选择出的父代和母代染色体;$L_{\mathrm{selfather}}^{\mathrm{new}}$ 和 $L_{\mathrm{selmother}}^{\mathrm{new}}$ 为线性交叉产生的两个子代染色体;α 为交叉比例因子。

5)变异

为了得到较高的精确度且使得算法具有微调作用,采用非均匀变异,其数学表述为

$$\begin{cases} L_i^{\text{new}} = L_i^{\text{old}} + (L_{ub} - L_i^{\text{old}}) \cdot \text{rand} \cdot \left(1 - \dfrac{t}{T}\right)^b, p_i > 0.5 \\ L_i^{\text{new}} = L_i^{\text{old}} + (L_i^{\text{old}} - L_{lb}) \cdot \text{rand} \cdot \left(1 - \dfrac{t}{T}\right)^b, p_i < 0.5 \end{cases} \tag{6-17}$$

式中：p_i 为 $[0,1]$ 区间上的一个随机数；t 为当前遗传代数；T 为最大遗传代数；b 为非均匀程度的参数。当遗传代数 t 增加时，L_i^{new} 趋向于 L_i^{old}，该特性导致变异算子能够在早期均匀地搜索解空间，而到了晚期则在很小的区域进行搜索。

6）精英保留策略

对每一代染色体进行适应度排序，排名前 m 的所有个体设为精英个体，保留下来，并代替下一代排名倒数前 m 的所有个体。

4. 三种 CG – GA 算法

1）EMCGGA 算法

EMCGGA 算法流程如图 6 – 18（a）所示，将 CG 算子作为 GA 的内嵌算子，对交叉变异后的子代以一定的概率进行 CG 优化。这样的结合方式优点在于可以挖掘所有有潜力的子代，但也可能增加不必要的计算量。仿照交叉变异算子，并增加其可适应度，对 CG 算子定义一个算子概率 P_{cg}，即

$$P_{cg} = P_0 \times e^{-a(1-t/T)} \tag{6-18}$$

式中：P_{cg} 为初始概率；a 为影响因子；t 为当前代数；T 为遗传总代数。由式（6 – 18）可知，P_n 随着代数递增，即越接近终止代数，子代进行 CG 局部优化的概率不断增加，提高了 CG 的后期搜索能力。对满足 P_{cg} 的子代按照 FR – CG 法进行 CG 局部优化。

2）ELCGGA 算法

ELCGGA 算法流程如图 6 – 18（b）所示，为减少不必要的计算，仅对每一代中的精英个体进行一定概率下的 CG 优化，其概率定义同上。该算法较好地兼顾了计算效率与优化效果，使得全局最优点附近的精英染色体可以更快速地收敛至最优点。

3）PCGGA 算法

PCGGA 算法流程如图 6 – 18（c）所示，可以最小程度地减少 CG 优化的次数（仅一次），将 GA 与 CG 看为并列算子，并将 GA 优化的终值作为 CG 的初值进行优化。该算法的优点是计算效率高，缺点是如果 GA 的所有子代都未迭代到全局最优点附近，CG 的优化效果将会大打折扣，因为相关函数一般都是多峰函数，不合适的初值容易使 CG 陷入局部最优。

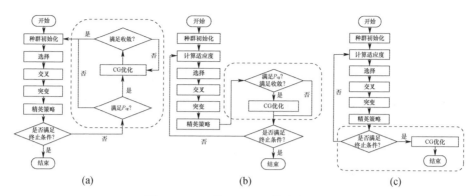

图 6-18　三种 CG-GA 算法流程图

(a)内嵌 CG 混合遗传算法;(b)精英 CG 混合遗传算法;(c)并列 CG 混合遗传算法。

6.4.2　算法的试验验证

1. 试验参数

为检验以上三种算法的精度及稳定性,基于模拟散斑平移试验进行验证。设定模拟散斑图的相关参数:散斑数目 S 为 2000,散斑大小 R 为 4pixel,图像分辨率为 512pixel×512pixel,变形散斑图预设位移为(4.5,6.5)。生成的变形前后模拟散斑图如图 6-19 所示。

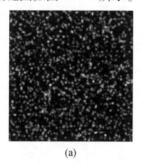
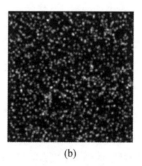

(a)　　　　　　　　　　　　　　(b)

图 6-19　模拟散斑图

(a)参考图像;(b)变形图像。

基于单点搜索匹配,通过同参数的对比试验来检验三种 CG-GA 算法的精度及稳定性。仿真试验中,CG-GA 的参数为:种群大小 100;终止代数 50;交叉率 0.9;初始变异率 0.1,CG 算子初始概率 0.01。

为了更准确地对比三个算法的性能,针对预设的散斑图使用三种 CG-GA 算法与标准 RGA 算法分别进行 20 次仿真试验,计算结果的平均误值、相对误差及标准差为

$$E_{sys} = \frac{1}{N} \sum_{i=1}^{N} | d_i - d_{true} | \qquad (6-19)$$

$$\overline{E}_{sys} = E_{sym} / d_{true} \qquad (6-20)$$

$$\sigma = \sqrt{\frac{1}{N-1} \sum_{i=1}^{N} (d_i - d_{true})^2} \qquad (6-21)$$

2. 试验结果与标准 RGA 算法的对比

试验结果如图 6－20 所示,第 20 次试验的平均误差、相对误差及标准差如表 6－4 和表 6－5 所列。从图 6－20 可以发现,标准 RGA 的误差较大且波动非常剧烈;EMCGGA 算法的误差较 RGA 较小波动也相对减小;而 ELCGGA 与 PCGGA 算法相对前两个算法误差非常小且几乎无波动。从表 6－5 的数据统计结果来看,RGA 求解的平均误差为 0.93293pixel;EMCGGA 算法求解的平均误差为 0.32635pixel,相对 RGA 减少了 65.02% 的平均误差;ELCGGA 算法求解的平均误差为 0.00232pixel,相对 RGA 减少了 99.75% 的平均误差;PCGGA 算法求解的平均误差为 0.00251pixel,相对 RGA 减少了 99.73% 的平均误差;ELCGGA 与 PCGGA 算法的标准差远小于 RGA 与 EMCGGA 算法,也证明了 ELCGGA 与 PCGGA 算法具有较好的稳定性。

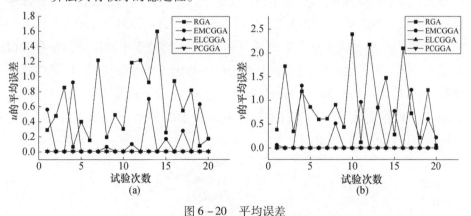

图 6－20　平均误差

(a)u 方向;(b)v 方向。

表 6－4　各算法 u 方向误差统计

方法	u 平均误差	u 相对误差	误差减少(较 RGA)	u 标准差
RGA	0.61043	0.13565		0.45277
EMCGGA	0.18604	0.04134	0.69523	0.28377
ELCGGA	0.00953	0.00212	0.98439	0.00208
PCGGA	0.00975	0.00212	0.98403	0.0021

表 6 – 5　各算法 v 方向误差统计

方法	v 平均误差	v 相对误差	误差减少（较 RGA）	v 标准差
RGA	0.93293	0.14353		0.71388
EMCGGA	0.32635	0.05021	0.65012	0.45815
ELCGGA	0.00232	0.00036	0.99751	0.00181
PCGGA	0.00251	0.00039	0.99731	0.00189

经过试验验证，EMCGGA 算法虽然损失计算效率以挖掘所有有潜力的个体进行 CG 优化，并减小了 RGA 的平均误差与波动，但减小幅度有限;ELCGGA 算法与 PCGGA 算法在兼顾计算效率的基础上分别进行精英优化与最终子代优化，使得求解精度及稳定性大幅度提高，这两种算法具有更高的精度和更良好的稳定性。

6.4.3　算法中的参数对计算结果的影响

在基于混合遗传算法的亚像素搜索算法中，子区大小与遗传代数对结果影响较大。基于模拟散斑图，分析不同尺度的子区以及不同的遗传代数对亚像素位移搜索结果的影响。其结果如图 6 – 21 所示。u 方向位移误差随着子区大小的增加而减小，在子区大小大于 25pixel 时，降势减缓趋于平稳;v 方向位移的误差随着子区大小的增加先急剧减小，在子区大小大于 25pixel 后回升，最后趋于平稳，所以子区范围取 23 ~ 27pixel 较为合适，又因为子区增大会增大计算量，影响计算速度，所以在不同子区对应的精度差别较小时，应选择较小的子区。因此选择子区大小为 23pixel。

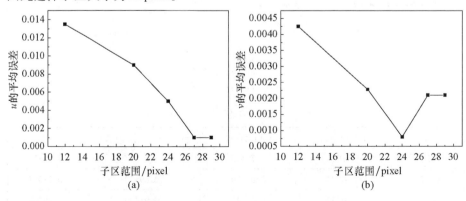

图 6 – 21　子区尺寸对平均误差的影响

(a)u 方向;(b)v 方向。

6.4.4　基于数字图像相关的囊体材料力学性能试验

试验测量的硬件系统由高分辨率的 CMOS 摄像机(分辨率为 2048 × 2048,8bit 灰度)、拉伸机以及负责控制拉伸机的计算机和 DIC 计算机组成,如图 6 – 22 所示。该硬件系统能够有效获取囊体材料试件的变形图片,为软件系统的优化计算提供有效数据。

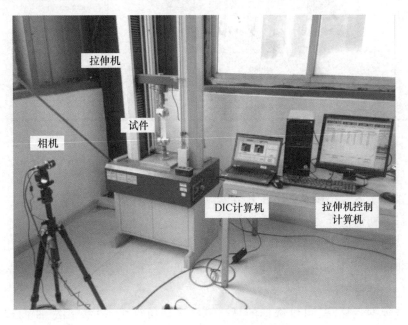

图 6 – 22　图像相关测量系统

1. 软件系统

为了提高测量系统的自动化程度,基于 MATLAB 对图像相关方法进行界面化编程,开发了一套可扩展的图像相关测量系统,对数字图像相关算法进行程序实现和集成。该软件的界面如图 6 – 23 所示,可实现图片载入、初值估计、亚像素搜索以及后处理等过程,既可方便地进行具体算法的选择,又可快速设置各项参数,如子区大小、插值函数以及子区的位移模式等。

运用该软件系统,可有效测量变形图片的位移和应变,基于该软件进行数据处理的一般操作步骤如下。

(1)载入图像。

读取照片,左边放置参考图像,右边放置变形后图像。在参考图像中选择要测量的变形区域。

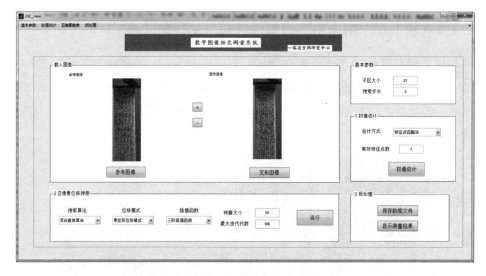

图 6 - 23　图像相关测量软件

（2）基本参数设置。

设置子区大小以及搜索步长等基本参数。

（3）初值估计。

选择初值估计方法,可供选择的方法有特征点匹配法、人机交互法、粗－精法,同时也可根据研究需要扩充;选择特征点匹配法时,需要输入有效特征点数。

（4）亚像素搜索。

选择搜索算法,可供选择的算法有混合遗传算法、拟牛顿法、曲面拟合法等,可根据需要扩充;然后选择子区位移模式,有零应变、常应变、二次应变等位移模式可以选择,一般选常应变位移模式;对于插值函数,一般来说,阶数越高,精度越高,但是计算消耗也会随之增大,一般推荐三阶或五阶;当选择混合遗传算法时,需要输入种群大小和最大迭代代数。参数确定后,单击运行按钮即可进行亚像素搜索计算。

（5）后处理。

保存数据文件,并进行绘图显示。

2. 试验过程

试验的囊体材料为超高分子量聚乙烯织物单侧涂层,该材料在拉伸断裂前平均应变大于3%,已属于大应变测量。基本材料参数为:厚度 0.118mm,表面密度 $86g/m^2$。将材料制成条状试样,长 370mm,宽 50mm,如图 6 - 24 所示,中间 70mm 的区域为测量区域,试样两端先热合后固定。

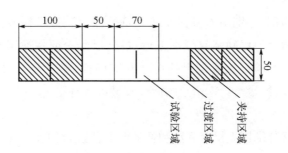

图 6 - 24　试件的几何尺寸

（1）试样制作。

根据图 6 - 24 制作样件，并在试验区和过渡区用不同颜色的记号笔随机描点进行散斑制作，为了保证试验的有效性，制作了 1、2、3 号共三件试件，如图 6 - 25 所示。

图 6 - 25　试验试件

（2）系统搭建及试验校准。

将相机、计算机等硬件连接并测试；确认系统正常后调节三脚架保证相机的水平，同时调整试件的距离保证试件在焦距区（即保证试件图片不发生畸变变形），也可调节镜头光圈进行微调；调节结束后，将刻度标尺放于试件旁，拍摄参照图，并以此计算图片的缩放比例。

（3）试件拉伸及图片存储。

相机校正后，计算机控制拉伸机以 2mm/min 的速度开始进行试件拉伸，与此同时，相机也以 1f/s 的拍摄速度开始获取变形图片（由于拉伸机的速度较慢，1f/s 的拍摄速度可以满足精度要求）；拉伸过程结束后，分别提取 100N、300N、500N、700N、900N、1100N、1300N 对应的变形图片，作为软件计算的有效数据。

3. 试验结果

基于上述的试验过程，将试验的后处理过程分为两步：①初值估计。以变形区第一个点为例,分别用人机交互法和特征匹配法进行初值估计,并将其结果与亚像素搜索后的精确结果分别进行对比,以此论证特征匹配法的有效性。②亚像素搜索。为验证测量结果的有效和准确性,将其与有限元结果进行对比,并将其测量的模量与厂家给定的标准模量进行对比。

1）初值估计

对 1 号试件分别用人机交互法和特征匹配法进行初值估计,如图 6 – 26 所示,取第一个点的初值估计结果,将其与亚像素搜索优化后的精确结果进行对比,其结果如表 6 – 6 所列。

图 6 – 26　1 号试件第一个子区的初值估计

u 方向估计初值如表 6 – 6 所列,进一步计算可得:u 方向人机交互的平均误差为 2.918pixel,其标准差为 2.053;特征匹配法的平均误差为 0.169pixel,是人机交互法的 1/17,标准差为 0.170,说明数据波动较小。

表 6 – 6　u 方向估计初值

序号	试验条件		精确解	人机交互法		特征匹配法	
	拉力 F	应力/MPa	u_0	u_1	$\lvert u_1 - u_0 \rvert$	u_2	$\lvert u_2 - u_0 \rvert$
1	100	8.097166	−0.519	0	0.519	−0.8807	0.3617
2	300	24.2915	−0.3123	2	2.3123	0.0945	0.4068
3	500	40.48583	−0.2157	5	5.2157	−0.1716	0.0441
4	700	56.68016	−0.3108	2	2.3108	−0.2766	0.0342
5	900	72.87449	−0.3847	4	4.3847	−0.1207	0.264

续表

序号	试验条件		精确解	人机交互法		特征匹配法	
	拉力 F	应力/MPa	u_0	u_1	$\lvert u_1 - u_0 \rvert$	u_2	$\lvert u_2 - u_0 \rvert$
6	1100	89.06883	-0.4594	0	0.4594	-0.5348	0.0754
7	1300	105.2632	-0.224	5	5.224	-0.2227	0.0013

v 方向估计初值如表 6-7 所列,进一步算可得: v 方向人机交互的平均误差为 1.653pixel,其标准差为 0.639;特征匹配法的平均误差为 0.265pixel,是人机交互法的 1/6,标准差为 0.202,其数据波动也较小。

表 6-7　v 方向估计初值

序号	试验条件		精确解	人机交互法		特征匹配法	
	拉力 F	应力/MPa	v_0	v_1	$\lvert v_1 - v_0 \rvert$	u_2	$\lvert v_2 - v_0 \rvert$
1	100	8.097166	-8.6737	-7	1.6737	-8.7972	0.1235
2	300	24.2915	-14.5368	-13	1.5368	-14.8825	0.3457
3	500	40.48583	-18.5999	-17	1.5999	-18.3266	0.2733
4	700	56.68016	-21.8417	-21	0.8417	-22.0032	0.1615
5	900	72.87449	-24.946	-22	2.946	-25.1029	0.1569
6	1100	89.06883	-28.335	-27	1.335	-28.4461	0.1111
7	1300	105.2632	-33.637	-32	1.637	-32.9554	0.6816

由以上的试验结果可以看出,特征匹配法初值估计的平均误差和标准差都远小于人机交互法,其精度有十分明显的提高。除了精度的提高,在试验过程中,特征匹配法也因为避免了人机交互法的人工点取过程,降低了试验处理的难度。

2)亚像素搜索

(1)测量区位移分布。

基于 ELCGGA 算法进行亚像素搜索,1 号试件结果如图 6-27 和图 6-28 所示,对于 u 而言向右为正,对于 v 而言向下为正。从试验结果也可以发现,较小拉伸力作用下试件 u 向的位移分布存在位移不连续的小区域,但当增大拉伸力时,不连续区域消失,原因有可能是织物开始受力不均匀,随着拉力的增大,区域受力变得均匀,使得不连续区域消失。

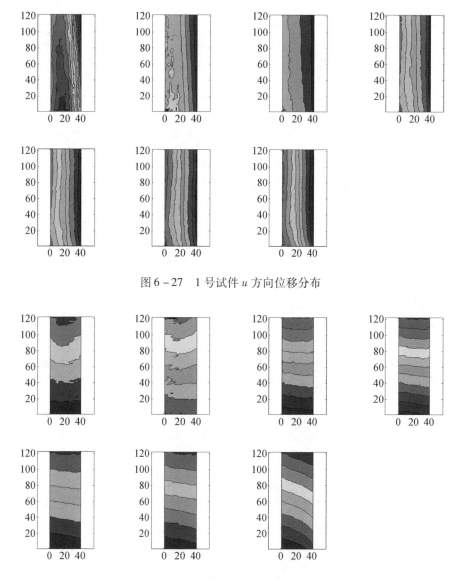

图 6-27　1 号试件 u 方向位移分布

图 6-28　1 号试件 v 方向位移分布

（2）弹性模量计算。

如图 6-29 所示，为了获得材料的拉伸弹性模量，在试件测量区的两端取两个靠近中心的测量点（图中红色矩形框代表所选点），基于这两点的距离变化求出变形区的平均应变，进而绘制出各级载荷下的应力应变曲线，该曲线的斜率即为材料的拉伸弹性模量。

图 6 - 29　模量获取

　　三个试件各级载荷下的平均应变如表 6 - 8 所列。将其应力应变的关系绘制出来,并用一次函数拟合计算其斜率。

表 6 - 8　三个试件在各级载荷下的平均应变

序号	F/N	应力/MPa	delt_v_1	delt_v_2	delt_v_3
1	100	8.097166	0.004908	0.004385	0.004542
2	300	24.2915	0.013115	0.011765	0.011932
3	500	40.48583	0.017874	0.017213	0.017225
4	700	56.68016	0.021697	0.020834	0.021248
5	900	72.87449	0.024787	0.02418	0.024302
6	1100	89.06883	0.028546	0.027491	0.027693
7	1300	105.2632	0.033236	0.031014	0.031334

　　三个试件的应力应变关系如图 6 - 30 所示。对三条线进行拟合,记录其斜率,可得三个试件的弹性模量分别为 3.6064GPa,3.696GPa,3.7122GPa,取其平均值 $E_m = 3.6715$GPa。

　　数字图像相关方法应用于飞艇囊体材料的变形测量具有可行性和优越性,采用特征匹配法初值估计的平均误差和标准差都远小于人机交互法,特征匹配

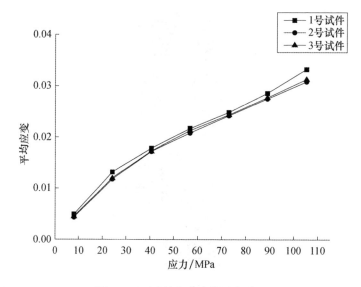

图 6 – 30　试件应力应变对应关系

法也避免了人机交互法的人工点取过程,降低了试验处理的难度。基于亚像素搜索位移获得了测量区的位移分布和拉伸弹性模量,与厂家给定的值相接近,表明基于混合遗传算法的亚像素搜索算法能够有效测量囊体材料变形。

第 7 章

囊体结构气密性检测与渗漏预报方法

7.1 引言

气囊作为飞艇的主体结构,是反映飞艇形状的主要部分,内部填充轻于空气的气体,如氦气、氢气、甲烷、热空气等,使结构能够驻留在平流层。从安全性和浮力效率考虑,目前作为填充的浮升气体多为氦气。浮升气体的渗漏是浮空器囊体结构的重要设计参数之一,直接影响浮空器的驻空时间和成本。对于平流层飞艇而言,在其服役过程中补充浮升气体几乎不可能实现,因此浮升气体的渗漏将直接影响飞艇的飞行与驻空能力。

泄漏是指囊体材料破损或裂纹比较大时,造成浮升气体漏出气囊结构。渗漏是指阻隔层上出现可以让浮升气体分子透过的通路,使浮升气体发生损失。对于气体泄漏,是一定要避免的,否则飞艇会很快失去浮力。飞艇囊体材料一般采用阻氦层等阻隔结构来降低浮升气体的渗漏率,以透氦率作为材料的一项检验指标。但飞艇的表面积巨大,即使单位表面积的氦气渗漏率较低,长时间的服役仍不可避免地渗漏氦气,导致浮力不足或囊体出现负压的情况。

谷歌气球工程师 Mahesh 表示,即使气球表面出现了 2mm 的小洞,这也将大大减少该气球的使用寿命。但是,在一个表面积有 600m^2 的热气球上寻找一个 2mm 的洞,简直就如同大海捞针一样。Mahesh 和他的团队使用了液体和静电测试,用以寻找气球中的漏洞。经过这种测试之后的热气球,使用寿命得到了有效的保障,从而使气球项目得以实现一个连接全球的闭环系统。

气囊中的氦气泄漏和渗漏量对飞艇的最大飞行高度、有效载重以及飞行安全等有很大的影响。但氦气渗漏量的影响因素较多,不仅和气艇的工作高度、气压、温度、湿度、风速等环境因素有关,还与囊体内外压差、加工制造工艺以及气囊材料的透氦率等因素有关,同时飞艇的柔性囊体结构还会受到昼夜温差变化、紫外线辐射、臭氧腐蚀等条件的影响,从而导致氦气泄漏和渗漏。因此,飞艇气囊氦气的泄漏检测及修补、渗漏量预报对飞艇的寿命评估、长航时飞行具有重要的意义。

7.1.1　飞艇囊体泄漏和渗漏的影响因素

渗漏和密封是一个相对的概念,没有完全密封的结构,对于不同的用途有不同的密封程度要求。像飞艇这样的结构,必须确定泄漏、渗漏测试的方法、测试压力及允许的渗漏率,为飞艇的安全运行提供基本保障。泄漏检测的目的是寻找损失气体的孔洞并进行填补;渗漏检测的目的则是确定被测产品在单位时间内渗漏的总量或者渗漏率,用于评估飞艇能够服役的时间。渗漏量总和可以利用规定条件下的"压力降低值"来表示,即用压力降低值来表征和判断密封性。

1. 泄漏方式

泄漏的第一种方式是在囊体加工过程中尖锐物对薄膜的损伤,使阻气层出现孔洞、划痕,形成气体流通的路径。对于能够造成泄漏的孔洞,都需要对其进行修补,避免浮升气体损耗过快。

泄漏的第二种方式是由制造工艺和密封工艺引起的,主要出现在囊体的焊缝和密封处。囊体材料和焊接带进行热熔连接时,形成了气体通路,使氦气由通路散失在空气中。氦气阀门的密封处也是容易发生氦气泄漏的地方,密封胶性能的变化、螺栓张紧力在低温下的变化都是使密封失效的原因。对于由制造工艺和密封工艺造成的泄漏,需要在飞艇执行任务前进行检测,增强密封性。

2. 渗漏方式

渗漏的第一种方式是囊体材料的阻氦层并不能完全阻止气体渗透。从理论上来说,膜渗透是由于膜两侧气体的压力差导致的,因此不但氦气可以向外扩散,外界空气中的氮气、氧气、水蒸气等也可以向飞艇内扩散。但是由于氦气是一种单原子气体,拥有较小的分子直径,在相同条件下,它的扩散速率远大于氮气、氧气等。事实上,对于相同的阻氦薄膜 PVF 材料,在同等条件下氮气的渗透率为氦气的 0.05%,可见,氦气对飞艇囊体材料的渗透是损失浮升气体的一个主要原因。同时,由于飞艇气囊表面积很大,即使很小的渗漏率,也会有很大的损失量。

渗漏的第二种形式是由于飞艇在服役期间,囊体内部压差变化、载荷循环作用、高低温交错作用等使结构本身出现微裂纹损伤,造成气体渗漏。这种渗漏需要提前进行预报,为飞艇的服役时间提供理论依据。

7.1.2　气密性对飞艇驻空性能的影响

飞艇与飞机、直升机的飞行原理不同,主要是依靠艇囊内轻于空气的浮升气体产生的浮力升空,因此艇囊是飞艇非常重要的结构。在飞艇内部,除了充满氦气的主气囊外,还有充填空气的副气囊,飞艇的副气囊和主气囊协同工作,起到调节飞艇的平衡和升降的作用。副气囊与主气囊相隔绝,利用阀门与外界相连通,可以将副气囊内的空气排到大气环境中,也可以通过鼓风机将大气环境中的空气压缩填充到副气囊内,从而调节飞艇内部气压和平衡状态。副气囊内外的压差是相等的,可调节主气囊内部与外界大气环境的压差,保持艇体外形等目的。飞艇囊体结构示意图如图7-1所列。

图7-1　飞艇囊体结构示意图

飞艇在空中执行任务,需要满足三大平衡:浮重平衡、能耗平衡、推阻平衡。浮升气体是保证浮重平衡的必要条件,因此,气密性是浮重平衡的保障条件,只有气密性满足要求,飞艇才能完成既定的飞行时间。

气密性效果如果不好,会间接导致能源系统的损耗过大。因飞艇要保持一定的内压才能满足结构的承载要求,气体损失会导致压差下降,只能频繁开启阀门导入空气,保证艇体一直处于工作压力下。气体损失使囊体压力下降,增加了飞艇的阻力,为推阻平衡带来了障碍。

无论是从浮重平衡方面,还是从能耗平衡方面,以及推阻平衡方面,气密性均是飞艇完成任务的关键。

7.2 飞艇气密性检测方法

气密性检测的方法有许多种,根据检测原理可分为湿法检测和干法检测。其中湿法检测主要分为浸没检测法和涂刷液体检测法,干法检测主要分为气压式检测法、导数法、积分法、流量检测法、红外热成像法、超声波检测法、氦质谱泄漏检测法等。

7.2.1 湿法气密性检测

湿法检测主要分为浸没检测法与涂刷液体检测法。其中浸没检测法是向待测工件结构内充入压缩气体后,将工件放入水中或其他液体中,通过观察气泡产生的位置判断泄漏的地方,由气泡的大小与速度判断结构的泄漏速率。浸没检测法原理图如图7-2所示。虽然浸没检测法可以确定结构泄漏的位置与速率,但是由于飞艇结构庞大,该方法效率较低,并且浸水后要对飞艇进行烘干、防锈等处理,成本较高。

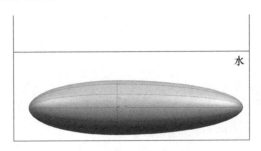

图7-2 浸没检测法原理图

涂刷液体检测法对于绝大多数存在泄漏的囊体结构都适用。对于较大的难以采用浸没检测法的结构可以通过在其表面需要检测的位置涂刷肥皂水等起泡溶液,一段时间后观察表面的气泡现象,可以定性地分析结构是否存在泄漏。涂刷液体检测法同样需要向气囊内充入气体,囊体在一定的压力下才会有气体沿泄漏通道流出,使起泡液产生气泡。肥皂水在囊体表面起泡如图7-3所示。

7.2.2 直压法气密性检测

直压法是向需要检测的囊体结构内充入一定量的压缩气体,如果囊体结构

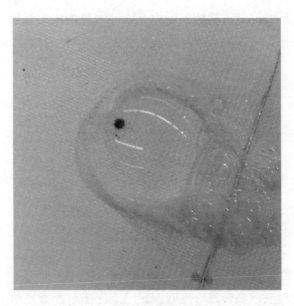

图 7 - 3 肥皂水在囊体表面起泡

存在泄漏通道,那么经过一段时间之后,密闭结构内的压强将会降低,先利用压力传感器测量密闭结构内压强的改变量,可以判断密闭结构的气密性,再根据压强的降低量来计算泄漏量的大小。直压法操作便捷、直观,这是它的优势所在,所以在工程中应用较多,但是直压法依靠压力传感器来确定密闭结构压强的改变量,对压力传感器的精度要求较高,目前压力传感器的精度一般在几千帕斯卡以上,所以直压法多用在精度要求不高的场合用来判断密闭结构的气密性。另外,直压法只能判断囊体是否存在泄漏,无法确定泄漏的位置。直压法测量原理如图 7 - 4 所示。

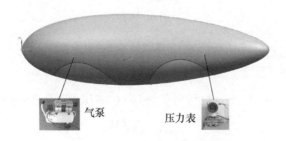

气泵   压力表

图 7 - 4 直压法测量原理图

　　直压法测量泄漏就是利用实际应该达到的压力值和测量得到的实际压力的差值 ΔP 来计算被测囊体的泄漏率或者泄漏量。但是直压法计算泄漏率的公式有其适用条件和近似性,被测容器内充入一定量的压缩气体之后,根据理想气体状态方程,可以分别表示被测囊体内两次测量气体的压强,则有

$$PV = nRT \qquad (7-1)$$

第一次测量时,有

$$P_1 V_1 = nRT_1 \qquad (7-2)$$

第二次测量时,有

$$P_2 V_2 = nRT_2 \qquad (7-3)$$

因为是同一种气体,所以气体常数 R 为一个定值,其内部气体的物理量之间的关系为

$$\frac{P_1 V_1}{T_1} = \frac{P_2 V_2}{T_2} \qquad (7-4)$$

式中:P_1,P_2 为被测囊体两次测量时,其内部各自气体的压强值;V_1,V_2 为被测囊体两次测量时,其内部各自气体的体积;T_1,T_2 为被测囊体两次测量时,其内部各自气体的温度。

假设两次测量之间温度不发生变化,则有

$$P_1 V_1 = P_2 V_2 \qquad (7-5)$$

若发生泄漏,则根据玻意尔 – 马略特定律可以得出,被测容器的内部气体物理量的关系为

$$P_1 V_1 = P_2 V_2 + P_0 V_0 \qquad (7-6)$$

式中:P_0 为外界大气压强;V_0 为被测囊体内气体泄漏到大气环境之后的体积。由以上公式可知

$$\Delta P = P_1 - P_2 \qquad (7-7)$$

$$\Delta P = \frac{V_0}{V_1} P_0 \qquad (7-8)$$

假设小泄漏情况下,且测试时间较短,则可得

$$V_0 = Q \Delta t \qquad (7-9)$$

将式(7-9)代入式(7-8)可以得到泄漏率 Q 和压差 ΔP 之间的关系,即

$$\Delta P = \frac{P_0 Q \Delta t}{V_1} \qquad (7-10)$$

$$Q = \frac{\Delta P V_1}{P_0 \Delta t} \qquad (7-11)$$

式中:Q 为泄漏率;Δt 为测试时间。

直压式气体泄漏检测法是将气源、控制阀、压力传感器等与被测囊体连接在一起,通过测量被测囊体内部气体压力状态参量的变化确定泄漏量。

7.2.3 压差法气密性检测

压差法是通过向两个相同的密闭结构中充入相同压强的气体,其中一个密闭结构为标准件即无泄漏工件,当待测结构发生泄漏时,可以通过容器间的压力传感器测出两个工件之间的压力差,从而判断是否存在泄漏,并通过压力差的大小计算泄漏量。由于压力传感器的精度较高,即使很小的泄漏量也会有压差显示。

由于两个工件相同,所以在测试过程中汽化、气体腐蚀、绝热等条件都可不予考虑。但是,在用压差法检测大体积工件的气密性时,不可以忽略温度对压强的影响。压差法测量原理图如图7-5所示。

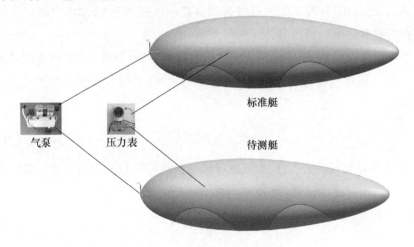

气泵 压力表 标准艇 待测艇

图7-5 压差法测量原理图

在检测气囊泄漏率时,第一次测量时被测容器和标准容器内部气体的压强值相等,即

$$P_0 = P_1 = P_2 \qquad (7-12)$$

第二次测量时,被测容器和标准容器之间的压强差为

$$\Delta P = P_1' - P_2' \qquad (7-13)$$

此时被测容器内气体的压强具有如下关系,即

$$\frac{P_1 V_1}{T_1} = \frac{P_1' V_1}{T_1'} \qquad (7-14)$$

$$P'_1 = \frac{T'_1}{T_1} P_1 \tag{7-15}$$

$$P'_2 = P'_1 - \Delta P \tag{7-16}$$

$$\frac{P_2 V_2}{T_2} = \frac{P'_2 (V'_2 + \Delta V_2)}{T'_2} \tag{7-17}$$

$$\Delta V_2 = \frac{T'_2}{V'_2} \left(\frac{P_2 V_2}{T_2} - \frac{P'_2 V'_2}{T'_2} \right) \tag{7-18}$$

式中:V_1 为标准容器内气体的体积;V_2 为被测容器内气体的体积;ΔV_2 为被测容器内泄漏的气体体积;T_1 为第一次测量时标准容器内气体的温度;T_2 为第一次测量时被测容器内气体的温度;T'_1 为第二次测量时标准容器内气体的温度;T'_2 为第二次测量时被测容器内气体的温度;P_1 为第一次测量时标准容器内气体的压强;P_2 为第一次测量时被测容器内气体的压强;P'_1 为第二次测量时标准容器内气体的压强;P'_2 为第二次测量时被测容器内气体的压强;ΔP 为第二次测量时被测容器和标准容器内气体压强的差值。

考虑气流的影响,两次测量之间气流与被测容器(气囊)的相对速度差值为 Δv_m,气流变化对气囊内气体的压强产生影响,若气流与被测容器的相对速度加快,则有

$$P_f = \frac{1}{2} \rho \Delta v_m^2 C \tag{7-19}$$

式中:ρ 为外界空气的密度;C 为气流与被测容器(气囊)的阻力系数。若气流与被测容器的相对速度降低,则有

$$P_f = -\frac{1}{2} \rho \Delta v_m^2 C \tag{7-20}$$

第二次测量之后,则有

$$\frac{P'_2 V'_2}{T'_2} = \frac{(P'_2 - P_f) V_2}{T'_2} \tag{7-21}$$

$$P'_2 V'_2 = (P'_2 - P_f) V_2 \tag{7-22}$$

泄漏的气体在外界大气环境条件下的体积具有下列关系,即

$$\frac{P'_2 \Delta V_2}{T'_2} = \frac{P_0 \Delta V'_2}{T} \tag{7-23}$$

$$\Delta V'_2 = \frac{P'_2 T}{P_0 T'_2} \Delta V_2 \tag{7-24}$$

将式(7-18)和式(7-22)代入式(7-24),有

$$\Delta V_2' = \frac{PTV_2}{P_0 T_2'}\left(\frac{T_2'}{T_2} - \frac{T_1'}{T_1} + \frac{\Delta P}{P} + \frac{P_f}{P}\right) \qquad (7-25)$$

在两次测量时间段之间的泄漏率为

$$Q = \frac{\Delta V_2'}{\Delta t} = \frac{PTV_2}{P_0 T_0'\Delta t}\left(\frac{T_2'}{T_2} - \frac{T_1'}{T_1} + \frac{\Delta P}{P} + \frac{P_f}{P}\right) \qquad (7-26)$$

根据式(7-26)可得,标准容器和被测容器之间的压力差值为

$$\Delta P = \frac{QP_0 T_2'\Delta t}{TV_2} + P\left(\frac{T_1'}{T_1} - \frac{T_2'}{T_2}\right) - P_f \qquad (7-27)$$

根据式(7-27)可知,被测容器内的压强与外界大气压强差的改变量 $\Delta P'$ 为

$$\Delta P_1 = P_2 - P_0 = P - P_0 \qquad (7-28)$$

$$\Delta P_2 = P_2' - P_0 = \frac{T_1'}{T_1}P_1 - \Delta P - P_0 \qquad (7-29)$$

$$\Delta P' = \Delta P_1 - \Delta P_2 = P\left(1 - \frac{T_1'}{T_1}\right) + \left[\frac{QP_0 T_2'\Delta t}{TV_2} + P\left(\frac{T_1'}{T_1} - \frac{T_2'}{T_2}\right) - P_f\right] \qquad (7-30)$$

式中:ΔP_1 为被测容器在第一次测量时与外界大气的压强差;ΔP_2 为被测容器在第二次测量时与外界大气的压强差;$\Delta P'$ 为被测容器在第一次和第二次测量时与外界大气的压强差的改变量。整理得

$$\Delta P' = P\left(1 - \frac{T_1'}{T_1}\right) + \left[\frac{QP_0 T_2't}{TV_2} + P\left(\frac{T_1'}{T_1} - \frac{T_2'}{T_2}\right) - (-1)^n \frac{1}{2}\rho\Delta v_m^2 C\right] \qquad (7-31)$$

其中,当第二次测量时气流与第一次测量时比较是增大的,则 $n=0$;当相对速度是减小的,则 $n=1$。从式(7-31)可知,气囊内外压强差改变量的影响因素,主要包括两次测量时气囊内气体的温度、标准容器内部气体的温度、外界大气环境的温度、气囊的泄漏率、外界气流变化。

针对外界气流较为稳定的工况可以忽略气流变化的影响效果,则压强差的改变量可表示为

$$\Delta P' = P\left(1 - \frac{T_1'}{T_1}\right) + \left[\frac{QP_0 T_2't}{TV_2} + P\left(\frac{T_1'}{T_1} - \frac{T_2'}{T_2}\right)\right] \qquad (7-32)$$

在式(7-32)的基础上,短时间内气囊内部温度变化可忽略的工况,忽略温度变化的影响效果,则压强差的改变量可表示为

$$\Delta P' = \frac{QP_0\Delta t}{V_2} \qquad (7-33)$$

从式(7-33)可知,压差法只考虑泄漏带来的压差变化与直压法只考虑泄漏带来的压差变化表现形式一样,ΔP 为压强差,但是在测量过程中其值远小于

初始压强,约为初始压强值的 $1/1000 \sim 1/100$,直压传感器很难准确测量如此小的压强差,因此一般不采用直压法测量泄漏很小的气囊,而是采用压差的方法测量气囊的压强变量,从而计算出气囊的气体泄漏率。

7.2.4 导数法气密性检测

在许多泄漏检测应用中,待测结构的体积相对较小,压差可以在短时间内迅速增减。因此,对于小型结构来说只考虑随时间变化的压差,而忽略环境中的压差变化的影响。对于飞艇这样的大容积可膨胀结构来说,环境的影响不可以忽略。大气在一昼夜间的压差变化以及温度变化对于飞艇内剩余的气体质量来说都有很严重的影响。气体质量可以根据理想气体状态方程计算得到,即

$$PV = \frac{m}{M}RT \qquad (7-34)$$

$$m = M \times \frac{(\Delta P_{atm} + P_{atm}) \times V}{R \times T_{gas}} \qquad (7-35)$$

式中:m 为剩余气体质量;M 为气体摩尔质量;ΔP_{atm} 为与大气的压差变化;V 为充气量;R 为气体常数,T_{gas} 为充气试验中气体的温度。

通过所有收集的数据点,可以得到气体质量与时间的关系。在特定时间 t_i 处的质量流量可以通过在该时间之前和之后的数据点集合的线性拟合得到,即

$$m(t_i) = \dot{m}_i \times t + b_i \qquad (7-36)$$

式中:$\dot{m}$ 为气体质量随时间的变化率。随后将泄漏率转换为体积流量,即

$$Q = \frac{\dot{m}}{\rho} \qquad (7-37)$$

式中:Q 为体积泄漏率;ρ 为泄漏气体扩大到环境的密度。流量的平均流速 v 由伯努利方程给出,即

$$p_1 + \frac{1}{2}\rho v_1{}^2 + \rho g h_1 = p_2 + \frac{1}{2}\rho v_2{}^2 + \rho g h_2 \qquad (7-38)$$

假设流体通过泄漏通道是无粘和等熵的,且流动平均流速也被假设为远低于声速,此时可忽略可压缩效应,因此有

$$v = \sqrt{\frac{2 \times \Delta P_{atm}}{\rho}} \qquad (7-39)$$

该方法适用于流速远低于声速的高空飞行期间纯氦气泄漏。用 v 计算,可以确定泄漏的有效面积 A,即

$$A = \frac{Q}{v} \tag{7-40}$$

7.2.5　积分法气密性检测

积分法可以用来评估较小的泄漏率。由导数法可得

$$\dot{m} = \rho A v \tag{7-41}$$

对时间进行积分,且假设泄漏面积是恒定的,得

$$\int_{t_1}^{t_2} \dot{m} \mathrm{d}t = \int_{t_1}^{t_2} \rho A v \mathrm{d}t \tag{7-42}$$

$$m(t_2) - m(t_1) = A\int_{t_1}^{t_2} \rho v \mathrm{d}t \approx A \sum_{i=1}^{n} \rho_i v_i \Delta t_i \tag{7-43}$$

该方法并不是计算离散时间点的质量流量,而是在较长时间段内测量质量差值。质量测量之间的总质量流量可以被整合以找到泄漏区域。

这种方法的一个优点是人们可以选择 t_1 和 t_2 来使得可能存在于系统质量或时间测量的误差最小化。另一个优点是传感器数据的导数不再被计算,这可以进一步减少测量误差对所产生泄漏区域的影响。

7.2.6　流量法气密性检测

将待测气囊结构与流量传感器以及气源相连接,设定初始压强值。若气囊结构发生泄漏,则气源会向结构内补充气体直到气囊内部压强达到初始设定值。通过调节气源充气阀门,使得流量传感器的示数保持稳定。如果气囊结构无泄漏,则流量传感器的示数为零;如果气囊结构发生泄漏,则流量传感器稳定之后的示数就是在一定的时间内向密闭结构内充入的气体量,同时这个量就是气囊结构在这一段时间内的泄漏量。目前流量传感器有许多种,经常用到的主要是容积式,可以测量规定时间内充入气囊的气体体积,从而计算出气囊的泄漏率。流量法检测气密性,需要向气囊结构内充入一定压强的气体,这需要根据气囊的容积来确定充气时间,对于大容积的测量时间较长,这是流量法检测气密性的劣势。流量法检测气密性时检测到的是一段时间气囊结构内充入的气体量,不需要知道气囊的容积,就可以测量出被测结构的泄漏率,这一点在检测泄漏率时显得很方便。流量法的测量原理如图 7-6所示。

气泵   流量计

图 7-6 流量法测量原理图

7.2.7 红外热成像法气密性检测

运用红外热成像法对气囊结构进行气密性检测,必须满足气囊内外存在温差,才能形成可供分析的热成像图。当光源发射出去的光入射到被检测件上,若被检测件存在气体泄漏时,就会吸收特定波长的红外光,那么在温度场图像中就必然会出现奇异点,可以通过图像分析与处理技术提取这些奇异点,以此判断是否存在泄漏,并定位泄漏点的位置。

在气体泄漏时主要存在两种热传递过程:①由于温差,流动气体与泄漏部位热量的直接传递(对流换热);②气体从泄漏口向外膨胀时所发生的热量传递,即焦耳–汤姆逊效应。因为密封气囊的泄漏部位可视为节流口,所以泄漏部位温度的变化是两个热传递过程的叠加。

焦耳–汤姆逊效应即节流效应,是指气体通过多孔塞膨胀后引起的温度变化现象,也可泛指较高压强气体经过多孔塞、毛细管、节流阀等装置降为低压强气体时发生的温度变化现象。图 7-7(a)所示为气体在压缩区的状态,此时气体各参数压力、体积、温度分别为 P_1、V_1、T_1。图 7-7(b)所示为气体在膨胀区的状态,气体各参数分别为 P_2、V_2、T_2。

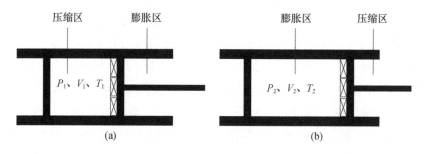

图 7-7 节流效应示意图

(a)气体在压缩区的状态;(b)气体在膨胀区的状态。

由于是绝热过程,所以热量 $Q=0$。假设全部过程的摩擦阻力可忽略不计,那么对左侧气体所做的功为

$$W_1 = -P_1 V_1 \qquad (7-44)$$

而状态为 (P_1, V_1, T_1) 的这部分气体在右侧对环境所做的功为

$$W_2 = P_2 V_2 \qquad (7-45)$$

故气体对环境所做的净功为

$$W_3 = W_2 + W_1 = P_2 V_2 - P_1 V_1 \qquad (7-46)$$

根据热力学第一定律,有

$$\Delta U = U_2 - U_1 = -W = -(P_2 V_2 - P_1 V_1) \qquad (7-47)$$

$$U_2 + p_2 V_2 = U_1 + p_1 V_1 \qquad (7-48)$$

$$H = U + pV \qquad (7-49)$$

$$H_2 = H_1 \qquad (7-50)$$

$$\Delta H = 0 \qquad (7-51)$$

这表明在节流膨胀过程前后气体的焓值不变,式中:U 为气体的内能;W 为所做的功;H 为气体的焓。对于理想气体,其内能和焓由温度决定,即 $H = f(T)$) 或 $U = f(T)$,所以气体的温度在经节流膨胀后也一定不变。但是对于实际气体,不可以忽略分子间作用力和分子本身的体积,此时焓不仅与温度有关,而且还与压力和体积有关,即 $H = f(T, V, P)$,所以其温度在经节流膨胀后一般会发生变化。

用微分来表示经节流膨胀后气体的压力变化 ΔP 和温度变化 ΔT 的比值,即

$$(\Delta P / \Delta T)\mu = \left(\frac{\partial P}{\partial T}\right)_H = \left[T \left(\frac{\partial V}{\partial T}\right)_P - V \right] / C_P \qquad (7-52)$$

式中:μ 为焦耳 – 汤姆逊系数;T 为气体的热力学温度;P 为气体压力;V 为气体的体积,其数值是密度的倒数;C_P 为气体在恒压下的比热容;下标 H 和 P 分别代表等焓和等压过程。一般气体的温度经节流膨胀后都会降低,但有些气体(如氢、氦等)的温度在经节流膨胀后会上升。若采用压缩空气,经节流膨胀后其温度会降低,即

$$\Delta T = \int_{P_1}^{P_2} \mu \mathrm{d}P \qquad (7-53)$$

在上述理论指导下,一定温度的压缩气体经过泄漏部位时,假设没有泄漏口,由于温差的存在而发生对流换热,使其温度上升 ΔT_1。另一方面,由于泄漏口的真实存在,气体经过泄漏口时发生焦耳 – 汤姆逊效应,温度降低。所以总的温度上升 $\Delta T = \Delta T_1 - \Delta T_2$。由于泄漏口节流膨胀的存在,与其他没有泄漏的

部位相比,其上升的温度略低,因此在红外热成像图中会出现一个不连续的点,对应着被测囊体的泄漏部位。

7.2.8 声波法检测气密性

向气囊结构中充入一定的气体后,若密闭结构内部的压强大于外部的压强,且内外压差较大,同时结构发生泄漏且漏孔尺寸较小、雷诺数较高时,则在开口处会产生湍流或者射流,湍流或射流在漏孔附近会产生一定频率的声波,声波振动的频率与漏孔尺寸有关。超声波是高频短波信号,其强度随着传播距离的增加而迅速衰减。超声波具有指向性,利用这个特征,即可判断出正确的泄漏位置。如果泄漏量较大时,可以直接通过人耳或者助听器检测到泄漏的位置;当声波的频率超出人耳的接受范围时,则可以通过声波测量仪来定位泄漏的位置。同时,由于超声波的信号很强,可以根据超声波的信号来计算气囊结构的泄漏率。声波检测法原理如图7-8所示。

图 7-8　声波检测原理图

7.2.9 氦质谱法检测气密性

氦质谱检测气密性是向气囊结构内充入混合有氦元素的气体,通过测量一段时间内泄漏到外界的氦元素含量,来确定密闭结构的泄漏率。氦质谱检测气密性原理如图7-9所示,将需要检测的囊体结构放入另一个完全密封的容器内,气囊结构通过管路与空气源和氦气源相连接,向气囊结构内充入空气和氦

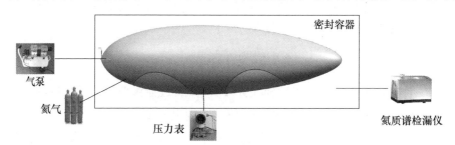

图 7-9　氦质谱检测气密性原理图

气的混合气体,经过稳压之后关闭阀门,利用氦质谱检漏仪检测密封容器的氦元素含量,从而得到气囊结构的泄漏率。通过这种方法得到的密闭结构泄漏率精度较高,可以用在高精度检测的场所。

7.2.10　飞艇囊体气密性检测方法比较

1. 湿法

湿法检测气密性虽然检测方法简单并可以准确定位泄漏位置,但是需要将气囊结构完全浸没入液体中,或者在其表面涂刷肥皂水等起泡剂来观测密闭结构的泄漏状况,对于大体积的飞艇气囊结构,不可能利用浸没入液体内的方法进行气密性检测,并且湿法检测所使用的液体内会添加防腐剂,这不但会增加额外的成本,而且这种液体对人体、对结构都有害;表面涂刷肥皂水等起泡剂方法一般为人工操作很难实现自动化。由于气囊的泄漏率一般都是以天为单位,所以湿法在短时间内无法测量出气囊的泄漏量。

2. 气体压力法

直压法与压差法统称为气体压力法,运用该种方法测量气囊结构的气密性时通常对传感器的精度要求较高,但目前传感器的精度一般达不到要求。压差法要求提供一个完全相同的标准件进行对比,对于飞艇来说,并不是量产的物体,很难提供一个没有泄露的标准件进行对比,所以该方法对于大型的飞艇来说,成本较高、试验较为复杂。

3. 导数法与积分法

导数法与积分法是在传统的测量方法上引入了随时间变化的大气压强差以及温度差,通过测量不同时间段的囊体内压力值、泄漏气体的温度,计算出当前时段囊体内剩余的气体质量。该方法可以减小环境对结构引入的误差,对于大型结构长时间试验测量有着明显的优势。

4. 流量检测法

流量检测法可以用于大型气囊结构的气密性检测。通过气源向结构内充气控制结构内部压强不变以检测结构的漏气率。该方法的精度依赖于传感器的灵敏度。目前,流量法一般应用于大体积、大泄漏量的检测。但是,这种检测方法不能得到结构的具体泄漏位置。

5. 外热成像法

外热成像法具有快速定位、灵敏度高等优点,适用于检测飞艇这样的大型结构。同时,该检测方法检测周期短,可以大幅度节约时间成本。此外,该检测方法为非接触式检测,不会对结构产生额外的检测损伤。

6. 超声波检测法

超声波检测法适用于结构较大的飞艇、微小漏气的工况。由于结构巨大,泄漏点的位置离散程度较高、分布随机性很高,同时泄漏产生的声信号很小,因此很难准确地进行测量。

7. 氦质谱法

氦质谱法也可称为化学元素标记法,它需要将结构放置在另一个密闭结构中,通过测量外围空间特定的化学元素含量来确定泄漏率。这种方法检测精度高,但成本也非常高。对于大型飞艇结构来说,该方法并不适用。此外,这种方法只能定性分析是否存在泄漏,并不能定位泄漏的位置。

7.3 美国"高空哨兵80"飞艇囊体气密性检测

高空哨兵项目中囊内气体的测量采用的是4个气体传感器,布置在囊体上下和赤道左右,取均值作为囊内气体的密度、温度、压力。其试验对象是一个 $33m^3$ 的小气囊,而针对一个上万立方的大型囊体,要考虑竖直方向的密度梯度以及边界和内部是否不同的问题。最好得到囊体内部的密度场等,精确测量质量变化,减小误差,提高泄漏率的计算精度。

测试方法为:在囊体内部布置较多的传感器,如果体积值按照理论值计算的话,没有考虑囊体材料的应变实际体积,以及随压力变化的体积,这样会产生较大的误差。如果能实时动态地测量体积,将提高泄漏率的计算精度。由于泄漏率的计算是采用温度场、压力场、密度场的方法来计算,数据量很大,不是简单地取均值代入方程计算。如果可以对膜结构找形,得到准确的实时体积,可以通过编程自动实时处理数据,计算实时的泄漏率。

在高空哨兵项目中使用环境模拟,通过导数法计算出的总体泄漏率,满足飞艇续航时间要求。但实际平流层飞行过程中,时间远远低于预测时间。分析原因是试验过程中使用的是空气在室温条件下测量的数据,而空气相对于氦气对囊体材料的泄漏性能不同;另一个原因可能是实际平流层的环境(大的温度波动、宇宙射线对材料的破坏)对泄漏率的影响。在实际检测过程中,会发现很多小的泄漏孔会随着压力变大而打开,而这些小的泄漏孔有可能在 $-50°C$ 下,由于囊体材料发生收缩而泄漏孔变大。因此需要考虑平流层环境下的泄漏情况。

7.3.1　泄漏量化的数学模型

1. 导数泄漏方法

所研究的参数是囊体所包围的气体总量。对于导数泄漏法的泄漏率采用式(7－35),泄漏的有效面积采用式(7－40)。

在整个测试期间,假设泄漏面积保持恒定。该泄漏区域是对充气囊体气体渗透性的定量评估。计算出的泄漏面积作为评价囊体性能的指标。对于 HiSentinel 或其他 LTA 运载工具,可以将计算出的泄漏面积输入飞行性能模拟中用来预测飞行时间。

2. 积分泄漏方法

采用积分方法来评估很小面积的泄漏率,如式(7－43)。积分泄漏方法取代了离散时间点计算质量流速,可以在更长的时间段内测量质量差。将测量的总流量进行积分就可以找到泄漏的区域。

积分泄漏方法的优势在于,可以选择 t_1 和 t_2 来最大程度地减少可能会出现在系统质量或时间上的测量误差。另一个优点是不再计算传感器驱动数据的导数,可以进一步减少测量误差对泄漏面积结果的影响。

7.3.2　误差分析和传感器选择

1. 控制方程

总气体质量的测量误差取决于每个参数的测量误差。总的均方根误差可表示为

$$\varepsilon_m = m \times \sqrt{\left(\frac{\varepsilon_p}{\Delta P_{atm} + P_{atm}}\right)^2 + \left(\frac{\varepsilon_{\Delta P}}{\Delta P_{atm} + P_{atm}}\right)^2 + \left(\frac{\varepsilon_V}{V}\right)^2 + \left(\frac{\varepsilon_T}{T_{gas}}\right)^2} \quad (7-54)$$

总质量测量误差越小,建立总体泄漏率的可靠度量的测试周期就越短。测试周期必须足够长,以使质量损失大于总质量测量误差。实际上,通过频繁采样所有参数,并使用汇总数据来计算系统质量和系统质量的变化,可以一定程度地减小传感器测量误差的影响。

2. 温度

在进行更正式的错误分析之前,应重新检查以前的泄漏率评估中所收集的数据,比较监测到的压力和温度的变化。较早的数据表明,最有待改进的传感器是温度传感器。它们具有最低的信噪比。

目前温度测量需要一种在大量封闭气体中监测气体温度分布的方法。可

以考虑热成像系统、超声方法、电阻热设备（RTD）、热电偶、热敏电阻以及流体密度的直接测量。此外，还有RTD结合电流环路调节技术，不仅易于实施，而且可以实现准确性和可重复性的最佳组合。

理想情况下，应使用测试气囊内部的平均气体温度。但是，由于测试项目体积大，单个传感器无法提供准确的平均温度。由于测量气囊内部温度不容易，使用4个外部温度传感器生成气囊中气体的温度曲线。传感器安装在气囊的4个位置：一个位于充气装置的底部；两个位于赤道的相对两端；一个位于充气装置的顶部。对于大规模泄漏率测试，建议使用一套内部和外部传感器来测量气囊内部和周围的温度分布。

3. 稳态体积

对气囊的体积变化进行建模需要了解其应力和应变特性。假设所研究充气结构在典型的压力循环过程中没有永久变形或蠕变，艇体结构中使用的织物在经向和纬向均具有线性应变率，并且在许多材料样本中均保持一致。如果气囊材料不可预测，则必须使用其他方法，例如传感器测量记录材料应变。对于该充气系统测试，可以用压差函数表示体积。

可根据标称几何形状和材料应变测试来计算体积。在气囊处于各种正压差下时，测量经向和环向上的材料应变。应变率与标称几何形状一起用于计算体积。

4. 动态体积特性

测试期间采集的数据表明，体积不会随压差的变化而瞬时变化，在差压变化和假定的预期形状的体积之间存在延迟。在气体的质量计算中，可以明显看出体积表征中的缺陷。此外，当取系统质量的导数时，体积中的任何误差都会放大。

量化泄漏的积分方法可减少计算体积误差的影响。积分方法不需要瞬时质量流率，瞬时质量流率取决于所有测量量（包括计算出的体积的导数）的变化率。该方法的关键是选择 t_1 和 t_2 以使两者的体积相等。在这些点上，压差是相同的，并且压差的总体趋势相匹配，即在时间 t_1 和时间 t_2 压力通常增加或减少。这样，两次之间的质量变化主要是气体质量损失，而不是计算体积或其导数误差的结果。虽然仍要计算出体积来衡量总的质量损失，但是体积的变化率不再影响所计算的结果面积。

当泄漏率很小时，此方法非常有效，泄漏率与飞艇飞行所需的泄漏率相当。两次测试之间所需的时间大约为一天，因为大气压力和环境温度的波动在每天呈周期性变化。因此,测试持续时间至少为一天,理想情况下为三天或更长时间,这样可以收集足够的数据以对总体泄漏率进行有效的评估。

5. 累积传导误差

理论上,所选传感器的质量计算误差为 0.08%,影响总质量计算误差的因素如表 7 - 1 所列。

表 7 - 1 测量误差

符号	描述	ε_x/x
P_{atm}	气压	0.054%
ΔP_{atm}	不同的压力	0.014%
T_{gas}	温度	0.017%
V	体积,$f(\Delta P_{atm})$	0.06%
m	求解出的质量	0.08%

累积的传感器误差可用于衡量特定 LTA 运载器的泄漏率测试持续时间,并且测试持续时间因运载器而异,还取决于飞行计划中的预期压差值。

6. 软件筛选

通过一个简单的移动中值滤波器,来消除采集数据中的杂音噪声,所有测量点的数据都将替换为所涉及点(包括该点)的数据中位数,在分析之前以这种方式过滤传感器所测量的压力和温度。

7.3.3 测试结果和分析

1. 测试装置

研究工作的目的之一是评估使用参考容器作为稳定基准压力来计算气囊中气体绝对压力的有效性。研究过程中使用了图 7 - 10 中所示的测试装置。

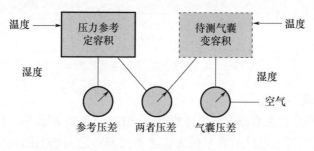

图 7 - 10 测试装置

2. 泄漏面积变化

一个端口与被测气囊连接。在该端口安装了带盖的阀。盖子有三种类型：无泄漏，小泄漏和大泄漏。无泄漏盖只是种盖子。小型泄漏盖的孔直径为 $d_1 = 0.343\text{mm}$，而大型泄漏盖的孔直径为 $d_2 = 0.66\text{mm}$。泄漏面积可表示为

$$A = \frac{C_D \times \pi \times d^2}{4} \tag{7-55}$$

式中：平板上的圆孔 $C_D = 0.624$，小的泄漏面积为 0.0573mm^2，大的泄漏面积为 0.212mm^2。

3. 校准测试 – 体积不变

进行了三组不同泄漏率的初始测试，使用了容积为 0.42m^3 的固定体积的测试物品。采用一个测量温度和两个测量压力的装置。因为整个系统的体积非常紧凑，所以一个温度传感器测量系统的空气温度足够。湿度测量结果表明，在此设置下进行的所有测试过程中都没有冷凝值。

进行初始测试以验证用于不考虑可变体积因素的泄漏面积评估模型，如图 7 – 11 所示。

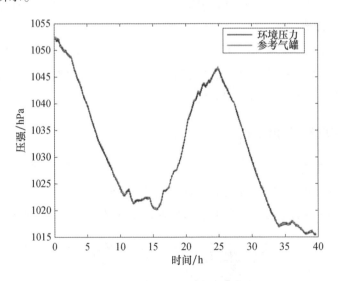

图 7 – 11　绝对压力、大气参考的测试

4. 基准线

首先对不会发生泄漏的固定体积进行设置，来建立基准线。采集了 40h 的测量值，比较了等压点处的质量损失。这些时间点之间的间隔通常为 24h。采样点的平均泄漏面积的 95% 置信区间（CI）为 $[1.18 \times 10^{-4}, 2.97 \times 10^{-4}]\text{mm}^2$。

无泄漏区域与两个引起泄漏率的期望值相比低至少两个数量级,因此在引起泄漏时无需对预期泄漏区域进行调整。

5. 大泄漏以及小泄漏

大泄漏测试计算泄漏面积(见图 7 - 12)使用了 4min 长的滑动窗口。测试的数据采集时间为 30min。但是,只有大约一半数据可用,这是因为气体质量流率相对于测试体积非常高,导致测试过程中气体的温度下降。在大面积泄漏校准测量中,较低的压差或气体质量流率下会减少这种情况的发生。在相对时间较短的情况下,可以快速连续进行两组测试,但两组数据在计算面积上是相同的。

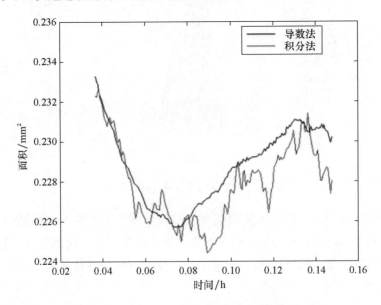

图 7 - 12　大面积泄漏下的泄漏面积的计算

积分方法分别使用开始时间 t_1 和停止时间 t_2 计算泄漏面积。表 7 - 2 总结了固定体积测试下计算得到的泄漏面积。

表 7 - 2　完整测试间隔固定体积测试下的泄漏面积计算

泄漏面积/mm²	积分法计算的泄漏面积	误差
无泄漏	0.00021	N/A
小面积泄漏 - 0.0573	0.057	0%
大面积泄漏 - 0.212	0.23	9.0%

6. 充气测试

使用积分方法对 33.5m³ 气囊充气的泄漏率进行预报。积分的开始和停止时间是按照前面所述方式选择的,用来最大程度地减少体积误差。连续约 140h 进行测试并采集数据。舍弃掉最初 10h 的异常数据,根据积分计算出的泄漏面积大致遵循正态分布,如图 7 – 13 所示,泄漏面积平均值的 95% 置信区间为 $[0.0561, 0.0612]$ mm²。

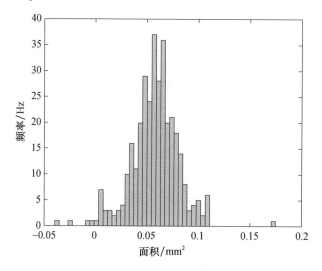

图 7 – 13 泄漏面积及充气基线的计算

测试期间所计算的气体体积与充气基线如图 7 – 14 所示。在结构承受给定压差和响应之间存在一定的时间延迟。因为质量不会随时间振荡,因此这是测量和计算参数错误导致的,最可能的原因是计算出的囊体体积相对于真实体积的误差。

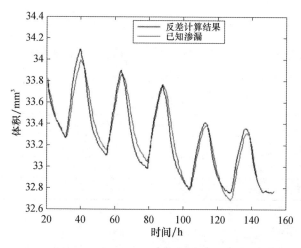

图 7 – 14 体积与充气基线的计算(见彩图)

　　在基线泄漏率被量化的情况下,进行测试以评估仪器对总泄漏面积增加的敏感性。小泄漏测试的数据在结果上看起来与基准情况非常相似。小泄漏面积增加量大致等于基准面积,因此泄漏率大约增加了一倍。图 7 - 15 表明,区域分布近似于正态分布。泄漏面积平均值的 95% 置信区间为 $[0.098,0.116]\,mm^2$。

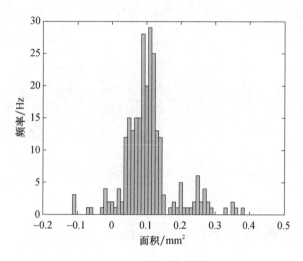

图 7 - 15　小面积泄漏下泄漏面积的计算

　　可以将基线泄漏和小泄漏这两种情况进行比较,以得出所确定的两个泄漏面积之间的差异。小泄漏测试中存在的泄漏面积增加的 95% 置信区间为 $[0.0390,0.0582]\,mm^2$。小端盖中实际的面积增加在 $0.0573\,mm^2$ 范围内。

　　大泄漏面积的增加使得测试时间缩短至两天。收集了两天的样品后,压差下降使得温度传感器与建筑物地板接触,导致过去两天的数据无法使用。此外,对总体压差而言每天下降速度更快,因而具有近似相同体积点的数量大大减少。如图 7 - 16 所示,计算区域的数量大大减少,因此置信区间也更宽。该数据的泄漏面积平均值的 95% 置信区间为 $[0.170,0.291]\,mm^2$。

　　泄漏率太高无法通过积分的方法进行准确测试,而泄漏率太低无法使用导数法进行测试。对于将来的 HiSentinel 平台泄漏率评估测试,将忽略这种大小的泄漏。尽管不是很精确,但泄漏率仍然可以被检测到。

　　HiSentinel 飞艇的泄漏量化测试对预期的飞行时间做出了有意义的预测。实施的积分方法提供了良好的结果,测试的结果促使传感器技术和测试方法的发展,以克服衍生方法的局限性。

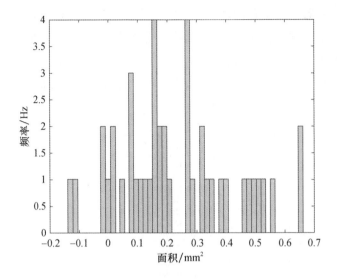

图 7-16　大面积泄漏下泄漏面积的计算

7.4　飞艇囊体结构渗漏预报

　　囊体材料的渗漏行为包括扩散渗透和微裂纹渗漏两种方式。扩散渗透基本无法避免,微裂纹导致的浮升气体渗漏是指在外载荷或环境温度变化的作用下,飞艇囊体材料的涂层内部产生微裂纹,当微裂纹在囊体的厚度方向形成贯穿的渗漏路径时,就发生了气体渗漏。流体分子通过贯穿的渗漏路径时的有效渗漏率比仅由扩散渗透引起的有效渗漏率高三个数量级,因此飞艇囊体材料在生产制备的过程中应尽量避免微小损伤的产生。本节采用细观力学有限元方法,通过微裂纹密度以及平均裂纹开口大小求解氦气渗漏路径的横截面积,进而预报飞艇囊体的初始渗漏速率。同时,分析了昼夜循环温度下飞艇囊体的渗漏速率及内外压差的变化情况,对平流层飞艇的设计具有指导意义。

7.4.1　飞艇囊体材料初始渗漏速率

1. 囊体材料的刚度退化模型

　　根据纤维树脂基复合材料的特点与试验规律,对含有微裂纹的飞艇囊体材料进行理想化假设:①横贯裂纹贯穿纤维方向与厚度方向;②整个裂纹代表性体积元为线弹性材料;③横贯裂纹严格周期性排列;④裂纹断口的上下顶端的裂纹开口大小为0,即裂纹代表性体积元的上下顶端完全连续。

含有一定裂纹密度的复合材料模型如图 7 – 17 所示,且含裂纹的囊体材料可以等效为周期性分布的裂纹代表性体积元。

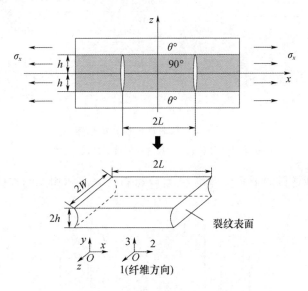

图 7 – 17　裂纹单胞模型示意图

由于裂纹断口的存在,裂纹代表性体积元所代表的囊体材料弹性刚度下降(主要是 2 方向弹性模量的降低),定义囊体材料中的裂纹密度为 $\rho(1/\mathrm{mm})$,即每毫米的横贯裂纹数量,裂纹代表性体积元模型的 2 方向长度为 $2L$,有

$$\rho = \frac{1}{2L} \tag{7 – 56}$$

对不同裂纹密度的囊体材料赋予材料参数,并进行基于细观力学有限元的复合材料等效参数计算,可以得到随裂纹密度变化的飞艇囊体材料的等效材料参数,表示为 $E_1(\rho)$、$E_2(\rho)$、$E_3(\rho)$、$v_{23}(\rho)$、$v_{13}(\rho)$、$v_{12}(\rho)$、$G_{23}(\rho)$、$G_{31}(\rho)$、$G_{12}(\rho)$。同时得到各裂纹代表性体积元的裂纹开口大小,并计算单位应变下的平均裂纹开口大小,用 $u(\rho)$ 表示。

2. 裂纹密度与应变关系推导

考虑尺寸为 $2h \times 2W \times 2L$ 的代表性体积元,如图 7 – 18(a)所示。分别对裂纹密度为 0 和 ρ 的两个代表性体积元施加相同的载荷 P_1,且 $P_1 = A \times \sigma_2(\rho) = 4hW \times \sigma_2(\rho)$,则在载荷下相应地产生位移 v_1、v_2,如图 7 – 18(b)所示。

由于裂纹密度为 ρ 的代表性体积元发生了材料刚度退化,在载荷相同的情况下有 $v_1 > v_2$。假设载荷 P_1 均匀作用在代表性体积元的 2 方向表面上,且根据

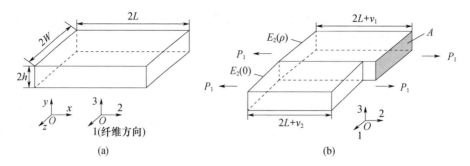

图 7 – 18 代表性体积元示意图

(a)裂纹代表性体积元几何尺寸;(b)受载的代表性体积元。

正交各向异性材料的平面应力状态,复合材料代表性体积元的本构关系可以表示为

$$
\begin{bmatrix} \varepsilon_1 \\ \varepsilon_2 \\ \gamma_{12} \end{bmatrix} = \begin{bmatrix} \dfrac{1}{E_1} & -\dfrac{v_{12}}{E_1} & 0 \\ -\dfrac{v_{12}}{E_1} & \dfrac{1}{E_2} & 0 \\ 0 & 0 & \dfrac{1}{G_{12}} \end{bmatrix} \begin{bmatrix} \sigma_1 \\ \sigma_2 \\ \tau_{12} \end{bmatrix} \tag{7-57}
$$

弹性参数与裂纹密度一一对应,是瞬时状态下的材料刚度退化,根据线弹性断裂力学理论中的恒载荷情形,2 方向应力分量与裂纹密度的关系可以表示为

$$
\sigma_2(\rho) = \sqrt{\dfrac{2\rho \cdot G_{mc}}{\dfrac{1}{E_2(\rho)} - \dfrac{1}{E_2(0)}}} \tag{7-58}
$$

式中:G_{mc} 为囊体材料的临界断裂能量释放率。裂纹密度 ρ、各裂纹密度下的 2 方向弹性模量 $E_2(\rho)$ 为已知,囊体材料临界断裂能量释放率 G_{mc} 为材料相关的常数,则可以求出裂纹密度从 0 到 ρ 时所需的加载应力大小 $\sigma_2(\rho)$,$\sigma_2(\rho)$ 也可以看做囊体微裂纹的萌生应力。由于在宏观的飞艇结构有限元分析中,没有考虑囊体材料在产生基体微裂纹后的刚度退化,按照相同应变情况进行换算,得到的宏观飞艇有限元分析获得的应力场结果 $\sigma_2(\rho)'$ 与微裂纹密度 ρ 之间的关系为

$$
\sigma_2(\rho)' = \sqrt{\dfrac{2G_{mc}}{L_0\left[\dfrac{1}{E_2(1/L_0)} - \dfrac{1}{E_2(0)}\right]}} + \sqrt{\dfrac{2\rho \cdot G_{mc}}{\dfrac{1}{E_2(1/L_0)} - \dfrac{1}{E_2(0)}}} \tag{7-59}
$$

式中:L_0 为宏观飞艇有限元分析中的网格尺寸,即式(7-59)右边第一项表示囊体材料宏观结构中初始微裂纹产生时的应力大小。

7.4.2　循环温度下的渗漏特性预报

飞艇囊体在制造、充气、上升、驻空过程中都会导致囊体材料基体微裂纹的产生,微裂纹相互交错并形成气体渗漏路径时,就发生了飞艇气体渗漏。飞艇在到达工作高度后,在高空大气压强、第一次升温的共同作用下,此时飞艇囊体承受的内外压差是整个服役过程中的最大值,导致飞艇囊体中产生基体微裂纹,并形成气体渗漏路径。在后续昼夜循环温度的作用下,由于温度、飞艇浮空气体压力的变化,飞艇囊体发生持续但不匀速的气体渗漏。飞艇囊体在循环温度下的渗漏特性预报分为两个步骤进行:①囊体初始渗漏率预报;②温度循环下持续渗漏模型。

对飞艇囊体建立宏观有限元模型,并在囊体内部加压,压力大小为假设飞艇不发生浮升气体渗漏时,从地面上升到工作高度并伴随温度变化时囊体承受的最大内外压差。一般来说,飞艇的内压比外大气高一定百分比,可以根据内外压差的控制确定飞艇整个服役过程中的最大压差值 $\Delta P_{\max}$。对飞艇囊体的宏观有限元模型加载压力 $\Delta P_{\max}$ 并求解计算,可以获得飞艇在最大压差条件下的应力场、应变场、位移场结果。

根据囊体各有限单元的应力结果,按照式(7-59)可以计算该有限单元的裂纹密度 ρ_i;该有限单元的平均裂纹开口大小 u_i 与宏观应变分量 ε_{i2} 及相应裂纹密度代表性体积元在单位应变下裂纹开口大小 $u(\rho_i)$ 之间的关系为

$$u_i = \varepsilon_{i2} \cdot u(\rho_i) \tag{7-60}$$

式中:下标 i 表示宏观有限元的单元编号。

假设浮升气体的渗漏路径横截面近似为四边形,则一个有限单元中渗漏路径的横截面积为

$$A_i = n_i \cdot u_{i1} \cdot u_{i2} = L_0^2 \cdot \rho_{i1} \cdot \rho_{i2} \cdot u_{i1} \cdot u_{i2} \tag{7-61}$$

式中:u_{i1}、u_{i2} 分别为宏观有限元坐标系下 1、2 方向的平均裂纹开口大小;n_i 为该有限单元基体微裂纹的交叉点数量,由各方向裂纹密度计算。

飞艇囊体的渗漏路径横截总面积为

$$A = \sum_{i=1}^{num} A_i \tag{7-62}$$

式中:num 为飞艇囊体的有限元数量。

为有效描述飞艇囊体在服役过程中的浮升气体渗漏量变化情况,根据气体渗漏路径横截总面积以及囊体内外压差,可以计算浮升气体的渗透量。由伯努利方程推导出的渗漏流量与渗漏路径横截面积的等式关系为

$$\mathrm{d}m_H = \sqrt{2\rho_H \Delta P} \cdot A \cdot \mathrm{d}t \qquad (7-63)$$

式中:$\mathrm{d}m_H$ 为渗漏的浮升气体质量微元;ρ_H 为浮升气体密度。

飞艇囊体材料的渗漏速率 Q 表示为

$$Q = \frac{\mathrm{d}m_H}{\mathrm{d}t} = \sqrt{2\rho_H \Delta P} \cdot A \qquad (7-64)$$

7.4.3 飞艇囊体材料的微裂纹密度

采用的飞艇囊体材料参数为密度 $730.769\mathrm{kg/m^3}$(面密度 $95\mathrm{g/m^2}$),弹性模量 $E = 6.9\mathrm{GPa}$,泊松比 $\nu = 0.45$,厚度 $t = 0.13\mathrm{mm}$,临界断裂能量释放率 $G_{mc} = 156\mathrm{J/m^2}$。飞艇囊体材料的代表性体积元尺寸为 $2h \times 2W \times 2L = 0.13\mathrm{mm} \times 1\mathrm{mm} \times (1/\rho)\mathrm{mm}$,$\rho$ 为微裂纹密度。

通过细观力学有限元分析,飞艇囊体材料的弹性模量及泊松比随裂纹密度增加而衰减,定义正则化弹性模量 $E(0)/E(\rho)$ 以及正则化泊松比 $\nu(0)/\nu(\rho)$,正则化的弹性模量及泊松比随基体微裂纹密度的变化如图 7-19、图 7-20 所示。飞艇囊体材料的弹性模量和泊松比随基体微裂纹密度的变化趋势相似,在基体微裂纹密度达到 $0.8/\mathrm{mm}$ 时材料参数均下降到原始参数的 0.713 倍。

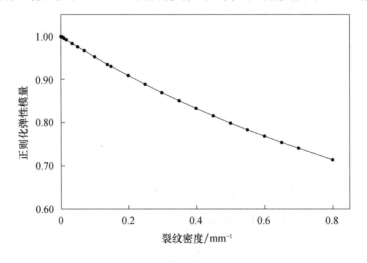

图 7-19　弹性模量随基体微裂纹密度变化

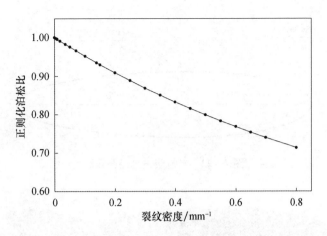

图 7 - 20　泊松比随基体微裂纹密度变化

通过线弹性断裂力学分析,获得飞艇囊体响应应力与微裂纹密度的关系如图 7 - 21 所示,在飞艇囊体材料应力达到 175.484MPa 时,囊体材料中开始产生基体微裂纹,并且随着响应应力增加,基体微裂纹密度也随之增大。

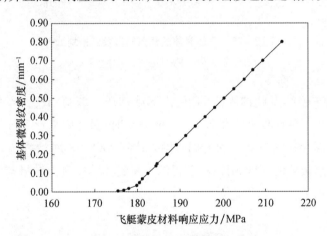

图 7 - 21　飞艇囊体材料的基体微裂纹密度随响应应力的变化

7.4.4　飞艇囊体宏观有限元模型

平流层飞艇的几何外形如图 7 - 22 所示,采用双椭圆形状,其中 $a = 75\text{m}$,$b = 25\text{m}$,囊体厚度 $t = 0.13\text{mm}$。飞艇总长 181.066m,最大直径 50m。在有限元软件中建立的飞艇几何模型及网格划分如图 7 - 23 所示,有限单元网格尺寸约 3m,采用四边形膜单元 M3D4。

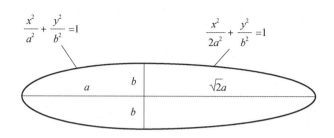

图 7 - 22 平流层飞艇经典外形

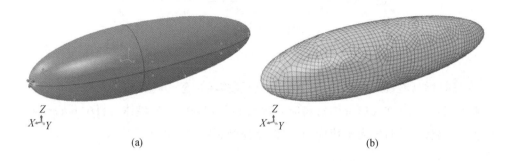

(a)　　　　　　　　　　　　　　　　(b)

图 7 - 23 飞艇囊体的几何模型及网格划分

(a)飞艇囊体几何模型;(b)飞艇囊体网格划分。

在飞艇左侧端点施加固定约束,内部施加压力载荷 $\Delta P_{max} = 1076.563\mathrm{Pa}$。内部施加的压力载荷根据飞艇处于 20km 高空时,保持内部浮升气体平均压强比外界大气高 4%,并在第一次升温时温差达到 266.78K 时计算。

提交飞艇囊体的有限元计算,获得的飞艇囊体响应应力结果与应变结果如图 7 - 24 所示。

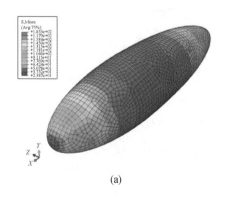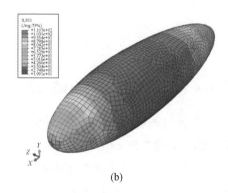

(a)　　　　　　　　　　　　　　　　(b)

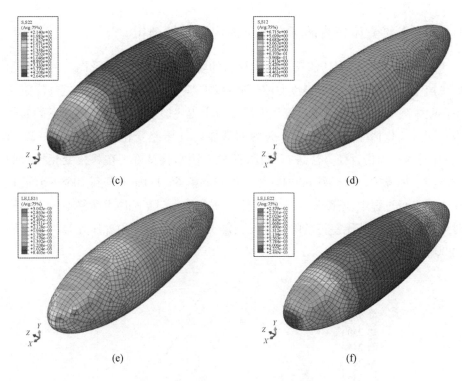

图 7 - 24　飞艇囊体应力与应变场结果

(a)飞艇囊体 Mises 应力场(MPa);(b)飞艇囊体轴向应力场(MPa);

(c)飞艇囊体周向应力场(MPa);(d)飞艇囊体剪切应力场(MPa);

(e)飞艇囊体轴向应变场(对数应变);(f)飞艇囊体周向应变场(对数应变)。

7.4.5　飞艇囊体初始渗漏率预报

按图 7 - 21 中的应力与基体微裂纹密度关系计算,有限单元的平均基体微裂纹密度为 0.0348(1/mm),即一个尺寸为 3m 的飞艇囊体有限单元中将产生 10899.36 个微裂纹渗漏点。单位应变下有限单元平均裂纹开口大小为 0.354mm,加载条件下的有限单元平均裂纹开口大小约为 0.0113mm,即一个有限单元中平均基体微裂纹渗漏路径横截面积为 1.328mm^2。

根据飞艇的应力、应变场结果以及线弹性断裂力学分析,计算得该 180m 长的飞艇总渗漏路径横截面积为 1295.297mm^2。

将上述参数代入式(7 - 64),当浮空气体为氦气时(标准大气压下的氦气密度 $\rho H = 0.1786 kg/m^3$),计算得飞艇囊体的初始渗漏率速率为 0.295kg/s,即氦气渗透率为 0.736L/(m^2 · 天)。

7.4.6　飞艇囊体昼夜循环温度下的渗漏特性预报

根据式(7-64)表达的飞艇囊体材料的氦气渗漏速率,以及图7-25所示的飞艇工作高度昼夜循环温度曲线,则可以求解飞艇驻空过程中的氦气渗漏速率(见图7-26),且可以通过氦气渗漏质量求得飞艇在昼夜循环温度下的囊体内外压差变化情况,该飞艇在5天内的囊体内外压差变化曲线如图7-27所示,并与当量损伤直径方法进行对比,两种方法吻合良好。在昼夜变化导致的循环温度环境中,飞艇囊体的内外压差由初始值65.12Pa上升到1068.45Pa,且在飞艇飞行过程中,不断发生飞艇囊体的氦气渗漏,随着时间推移不同天的同时刻飞艇囊体内外压差持续降低。飞艇每飞行一天,囊体内外压差最大值下降约20Pa。

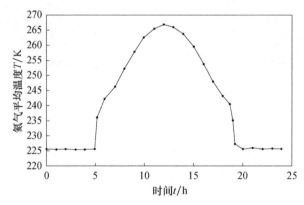

图7-25　20km高度飞艇氦气平均温度昼夜变化曲线

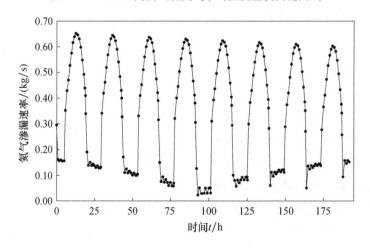

图7-26　飞艇囊体的氦气渗漏速率随时间的变化曲线

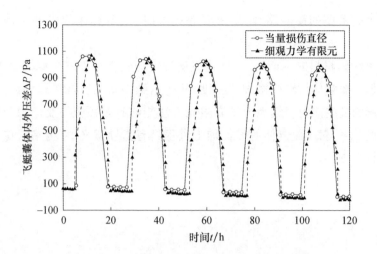

图 7 - 27 飞艇囊体内外压差随时间的变化曲线

该飞艇在 7 天内的囊体内外压差变化曲线如图 7 - 28 所示。在飞艇飞行时间超过 120h 时,在低温条件下飞艇囊体内压力略小于外界大气压,因此飞艇的驻空时间在第 5 天已经达到极限。

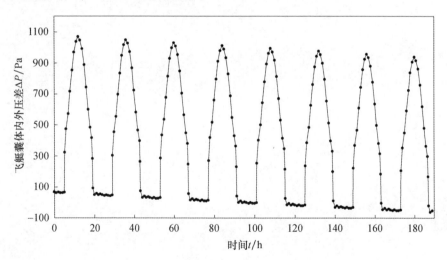

图 7 - 28 飞艇囊体内外压差随时间的变化曲线

采用细观力学有限元方法可对平流层飞艇的初始浮升气体渗漏速率进行预报。飞艇囊体材料在承载过程中,由于基体微裂纹导致的浮升气体渗漏将直接影响飞艇的驻空时长。飞艇气囊的内外压差与囊体材料断裂性能、工作高度、昼夜循环温度有关。囊体材料的断裂能量释放率越小,飞艇飞行过程中越容易产生高密度的渗漏路径；昼夜温差越大时，飞艇囊体的内外压差变化越显著。

优化囊体材料的生产工艺、优化飞艇升空与驻空过程的受载状况等方式，可以降低飞艇囊体材料内微裂纹密度，从而达到提高飞艇抗渗漏设计的目的，提高飞艇的驻空能力。细观力学有限元方法能够有效预报飞艇应力与渗漏特性之间的关系，对飞艇囊体的设计加工过程具有指导意义，可为平流层飞艇设计提供技术支持。

第 8 章

长航时平流层飞艇

8.1 引言

由于临近空间大气稀薄,平流层飞艇一般体积巨大(可长达150m),这样才能提供足够的浮力。平流层昼夜温差较大,宇宙射线辐射强烈,在交变温度载荷和宇宙射线辐射的长期作用下,容易发生老化和破损。平流层飞艇如果能够替代卫星,那需要驻留在空中的时间要足够长,一般定义在3~6个月。平流层飞艇囊体材料在工作过程中,巨大的外形、长期的有害环境、交变的内外压差载荷使得囊体容易发生破坏。

飞艇结构的一个重要技术指标是承压能力,由于飞艇的囊体结构为柔性薄膜材料,气囊内需要具有压差才能保证囊体结构具有刚度,其他依附在囊体上的系统才具有安全性,因此必须保证囊体在服役期间结构不发生失效。飞艇囊体的变形、承载能力成为结构设计的重点关注问题。

8.2 长航时平流层飞艇结构设计

8.2.1 囊体结构设计

长航时平流层飞艇气囊是最重要的结构,除了提供装填浮升气体的空间外,还是其他结构部件的安装基础,包括推进系统、能源系统等。

囊体结构的外形、副气囊的结构布局由气动总体给出,一般在主气囊内充氦气,副气囊内充空气。当然,也有的飞艇根据自身特点选择在副气囊内充氦气,主气囊内充空气。囊体结构外形可设计为双椭球形,长细比为 4,流线形飞艇的阻力系数小,使推进系统的效率更高。

囊体材料一般为轻质高强的涂层织物,采用热合工艺焊接而成。主气囊采用裁片对接形式,外面再黏合密封带,使囊体的气密性更好。头部和尾部作为囊体焊接的工艺孔,所有的囊瓣和焊接条都汇聚在此,需要格外注意这两个部位焊接时的密封性。副气囊也根据所设计的形式进行裁片热合焊接,与主气囊的连接采用 T 形,即副气囊与主气囊连接后,再用一块衬布连接另一边。

8.2.2 头尾锥结构设计

飞艇头锥位于囊体的前端,由头锥盘和撑条组成,主要作用在于:①牵引和系留飞艇,撑条可以将力均匀地传递到囊体上;②飞行时飞艇头部压力如果无法提供囊体刚度,可由头锥来支撑。头锥盘上有锥鼻,用于牵引绳索的连接。撑条采用绑扎形式与囊体连接。

飞艇尾锥位于囊体的末端,由尾锥盘和撑条组成,尾锥盘上可安装尾推,增加飞艇的动力和机动性。

8.2.3 尾翼结构设计

平流层飞艇一般采用充气软式尾翼,位于艇体后部,根据气动布局可设为 X 形或倒 Y 形。如果是 X 形布局,需要 4 片尾翼,而倒 Y 形尾翼则需要 3 片。尾翼每片都相同,与艇体的连接形式也相同。

尾翼的外形可采用图 8-1 的形式,只有安定面,没有活动面。尾翼内部采用囊体材料做隔层,这是为了保证充气后的尾翼能保持气动外形。尾翼的结构相对复杂,为保持内部压力可在尾翼上安装鼓风机。

图 8-1 充气尾翼

尾翼的底部可设置魔术贴与艇体相连,尾翼的两侧面布置有蝴蝶结,用于绑扎张拉绳索,使尾翼不会发生左右倾斜。

8.2.4　推进支架结构设计

推进支架结构是安装电机和螺旋桨的基础,同时支架本身也需要安装在艇体上。采用复合材料桁架作为推进系统的支撑结构。飞艇推进系统支架的设计外形如图 8-2 所示,为了安装推进系统的支撑桁架,在艇体上布置了 2 根贴合囊体的复合材料圆管。这两根圆管交叉布置在飞艇囊体上,作为支架的安装底座。

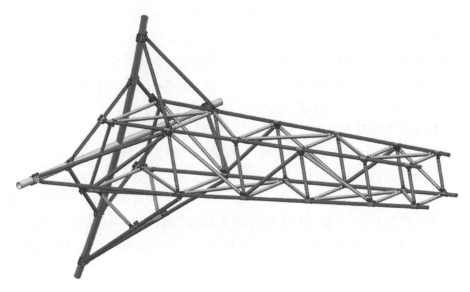

图 8-2　飞艇桁架结构示意图

推进支架有 4 根弦杆作为主要抗弯的构件,由 44 根腹杆连接到一起构成矩形变截面的桁架。当推进系统安装在桁架后,由上、下撑杆将重力载荷传递给囊体,左、右撑杆作为螺旋桨工作时的支撑。

飞艇结构设计完成后,需要对其性能进行评估,包括重量评估和力学性能评估。重量评估需要考虑所有部件的质量,看是否满足总体要求。力学性能评估需要对飞艇建立模型,查看囊体结构各部分受力,是否满足安全要求。

▶▶▶ 8.3　平流层飞艇变形分析

基于 Timoshenko 梁理论,通过分析锥形充气梁的锥度比和内外压差产生的伴随力,建立锥形充气梁的弯曲变形模型,并研究几何特性对结构刚度的影响。然后,基于锥形梁模型,对飞艇囊体结构进行受力分析,并与传统的有限元方法进行对比。

8.3.1　锥形充气梁的模型建立

将 Timoshenko 梁的理论加入到力学模型中进行分析,建立了充气式锥形梁的力学模型,考虑了剪切效应,模型假设如下:

(1) 内外压差足够大,足以支撑膜结构不发生褶皱和断裂现象;

(2) 梁结构在变形前后,横截面的形状保持为圆形不发生改变。

在模型建立过程中,重点关注锥形充气梁区别于普通刚性梁的两大特点:压差和锥度比。通过将压差和锥度比对结构刚度的影响转换为梁的等效内力,将二者可以封装于刚度矩阵的求解表达中,从而将锥形充气梁转为一个包含气体压差在内的整体结构,体现了充气结构的本质特征。

1. 集中力作用下的模型

锥形充气梁结构由两部分组成:各向异性的织物膜结构和内部气体。织物膜结构作为基本支撑结构,在内部充上气体,从而使膜结构产生内外压差,形成了具备承载能力的充气结构。如图 8-3 所示,锥形充气梁的长度为 L,固定端的半径为 R_1,自由端的半径为 R_2,锥形结构的锥度比为 $c = 2(R_1 - R_2)/L$,膜材的厚度为 t(t 满足条件 $t \ll R_1$),内外压差大小为 p,自由端的载荷为集中力 F。

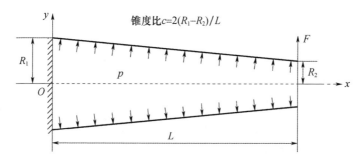

图 8-3　锥形充气梁的结构图

在图 8-3 的坐标系中,任意位置 x 处对应的截面半径的大小为 $r(x) = \left(R_1 - \dfrac{c}{2}x\right)$,根据假设条件 $t \ll R_1$,可以推导出该截面的面积 $S(x)$ 和截面惯性矩 $I(x)$ 的大小,即

$$S(x) = 2\pi t\left(R_1 - \frac{c}{2}x\right) \qquad (8-1)$$

$$I(x) = \pi t\left(R_1 - \frac{c}{2}x\right)^3 \qquad (8-2)$$

在任意位置 x 处建立一个微元,并进行受力分析,如图 8-4 所示。图中的符号定义如下:坐标系原点建立在微元左端的截面中心点,x 坐标和锥形梁结构的坐标系一致,$N(x)$ 表示截面的轴向力,$T(x)$ 表示截面剪切力,$M(x)$ 表示截面弯矩,微元两侧的半径分别为 r_1、r_2,p 表示压差的大小,$v(x)$ 表示梁的挠度,$\alpha(x)$ 表示截面的转角。

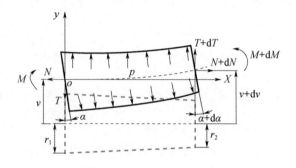

图 8-4　锥形梁的微元受力分析图

该微元结构由膜面和内部气体组成,是一个整体的结构,为了把气体在结构中的力学特性表达出来,本节将压差作用在膜面上的力转换为一个等效力。微元在发生变形之前,结构是轴对称的,力的作用相互抵消,合力为零。微元在变形之后,右侧的截面相对于左侧的截面,会发生一定的偏转,如图 8-5 所示,进而产生了上下侧壁的面积差,在压差的作用下,会产生附加力。为了方便表达,把力处理为 x 方向和 y 方向的两个力 $\mathrm{d}f_x$ 和 $\mathrm{d}f_y$,如图 8-6 所示。

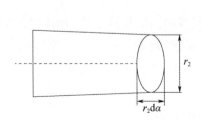

图 8-5　变形后微元的俯视图

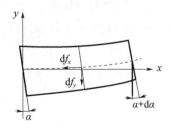

图 8-6　微元中压差的等效力表示

在 x 方向上,压差的等效力主要是由于左右截面的横截面积大小不同造成的,计算公式为

$$df_x = pS_{投影} = p\pi(r_1^2 - r_2^2) = p\pi(r_1 + r_2)(r_1 - r_2)$$

$$\approx p\pi c\left(R_1 - \frac{c}{2}x\right)dx = P_1 dx \qquad (8-3)$$

在推导过程中用到了近似计算,$r_2 + r_1 \approx 2r = 2\left(R_1 - \frac{c}{2}x\right)$,又有 $r_1 - r_2 = \frac{c}{2}dx$,从而可得出式(8-3)的计算结果。为了方便表达和体现压差的作用,把压差在 x 方向的作用表示为力密度 P_1。

在 y 方向上,等效力的大小是由于上下侧壁的面积差导致的,因此,y 方向的附加力大小为

$$df_y = p\pi r_2^2 d\alpha \approx p\pi \left(R_1 - \frac{c}{2}x\right)^2 d\alpha = P_2 d\alpha \qquad (8-4)$$

计算过程中用到了近似计算,$r_2 \approx r = R_1 - \frac{c}{2}x$。为了方便表达和体现压差的作用,把压差在 y 方向的作用表示为力密度 P_2。

根据图8-4,由力平衡和力矩平衡可得该微元的控制方程,即

$$\begin{cases} (N+dN) - N - df_x + df_y \cdot \alpha = 0 \\ (T+dT) - T - df_y - df_x \cdot \alpha = 0 \\ (M+dM) - M + df_x \cdot \dfrac{d\nu}{2} - (N+dN)d\nu + (T+dT)dx = 0 \end{cases} \qquad (8-5)$$

对该方程组的第1和第2式进行积分运算可得

$$N = \pi pc\left(R_1 x - \frac{c}{4}x^2\right) + C_1 \qquad (8-6)$$

$$T = P_2\alpha + C_2 \qquad (8-7)$$

式中:C_1 和 C_2 均为积分常数。

在力学模型的推导中,假设构成充气梁结构的膜材是各向同性的,设膜材的弹性模量为 E,剪切模量为 G,根据 Cowper 理论圆形横截面梁的剪切系数 $K=0.5$。考虑剪切效应,根据 Timoshenko 梁理论可得剪力、弯矩和位移、转角的关系为

$$\begin{cases} T = KGS\left(\dfrac{d\nu}{dx} - \alpha\right) \\ M = EI\dfrac{d\alpha}{dx} \end{cases} \qquad (8-8)$$

联合式(8-7)和式(8-8),可求得挠度和转角的关系式为

$$\frac{\mathrm{d}\nu}{\mathrm{d}x} = \left(\frac{P_2}{KGS} + 1\right)\alpha + \frac{C_2}{KGS} \tag{8-9}$$

将式(8-6)、式(8-7)和式(8-9)代入到式(8-5)的第 3 个方程可得充气锥形悬臂梁任意位置 x 处的微分方程为

$$EI\frac{\mathrm{d}^2\alpha}{\mathrm{d}x^2} + \frac{\mathrm{d}(EI)}{\mathrm{d}x}\frac{\mathrm{d}\alpha}{\mathrm{d}x} - \left[N + \frac{N-KGS}{KGS}P_2\right]\alpha + \frac{N-KGS}{KGS}(\pi pR_1^2\alpha(0) - C_2) = 0 \tag{8-10}$$

为了确定积分常数 C_1 和 C_2,需要增加一些边界条件。对于悬臂梁来讲,边界条件为

$$\begin{cases} \alpha(0) = 0; \quad \nu(0) = 0 \\ \dfrac{\mathrm{d}\alpha}{\mathrm{d}x}(0) = \dfrac{M(0)}{EI(0)} \\ T(0) = F; \quad N(0) = \pi pR_1^2; \quad M(0) = FL \end{cases} \tag{8-11}$$

将式(8-11)代入式(8-6)和式(8-7)可得出积分常数 C_1 和 C_2 的表达式,即

$$C_1 = \pi pR_1^2; \quad C_2 = F \tag{8-12}$$

整理微分方程为标准形式:

$$\frac{\mathrm{d}^2\alpha}{\mathrm{d}x^2} + P(x)\frac{\mathrm{d}\alpha}{\mathrm{d}x} + Q(x)\alpha = f(x) \tag{8-13}$$

$$P(x) = \frac{-3c}{2(R_1 - cx/2)}, Q(x) = -\frac{1}{EI}\left[N + \frac{NP_2}{KGS} - P_2\right], f(x) = \frac{N-KGS}{EIKGS}C_2$$

观察上述两种工况下的微分方程的标准形式可知,它们属于变系数的二阶微分方程,若要得出解析解的显示表达式很难,因此采用数值求解的方法。龙格-库塔方法求解微分方程数值解的高精度算法,并且在工程实际中得到了广泛应用。采用经典的变步长的四阶龙格-库塔方法进行求解。

微分方程求解步长的选择是一个重要的问题,是平衡计算精度和计算量大小的重要变量。对于单个步长,步长值越小产生的截断误差越小,但是相对应的求解步数会随之增加,从而会产生计算量增大的问题。虽然较小的步长单步误差较小,但是更多的步数有可能造成累计误差变大。因此,步长值的选择不宜过小,满足合适的精度即可。

以四阶龙格-库塔方法为例,有

$$\begin{cases} y_{n+1} = y_n + \dfrac{h}{6}(K_1 + 2K_2 + 3K_3 + K_4) \\ K_1 = f(x_n, y_n) \\ K_2 = f\left(x_n + \dfrac{h}{2}, y_n + \dfrac{h}{2}K_1\right) \\ K_3 = f\left(x_n + \dfrac{h}{2}, y_n + \dfrac{h}{2}K_2\right) \\ K_4 = f(x_n + h, y_n + hK_3) \end{cases} \qquad (8-14)$$

以节点 x_n 为起点, 步长取为 h, 先求解出目标值的近似值 $y_{n+1}^{(h)}$, 由于四阶公式的截断误差为 $O(h^5)$, 故有

$$y(x_{n+1}) - y_{n+1}^{(h)} \approx ch^5 \qquad (8-15)$$

然后将步长取为 h 的 $1/2$, 即进行折半处理, 因此从 x_n 到 x_{n+1} 由一步变为两步, 需要计算一个新的近似值 $y_{n+1}^{\left(\frac{h}{2}\right)}$, 每跨一步的截断误差为 $c\left(\dfrac{h}{2}\right)^5$, 因此有

$$y(x_{n+1}) - y_{n+1}^{\left(\frac{h}{2}\right)} = \approx 2c\left(\dfrac{h}{2}\right)^5 \qquad (8-16)$$

比较式 $(8-15)$ 和式 $(8-16)$ 可知, 当步长折半处理后, 截断误差减少为原来的 $1/16$。

为了选择合适的步长值, 可以通过步长折半前后近似值的偏差进行判定, 偏差值为

$$\Delta = \left| y_{n+1}^{\left(\frac{h}{2}\right)} - y_{n+1}^{(h)} \right| \qquad (8-17)$$

具体判定如下: ①对于给定的精度 ε, 当 $\Delta > \varepsilon$ 时, 将步长进行折半处理, 反复处理直至 $\Delta < \varepsilon$ 为止; ②若 $\Delta < \varepsilon$, 将步长加倍处理, 直至 $\Delta > \varepsilon$, 然后再将步长折半一次, 就得到所要的结果。变步长的选择, 虽然增加了单步的计算量, 对于复杂求解问题, 从求解的整个过程来分析是合算的。

2. 纯弯矩作用下的模型

除了集中力, 实际工程中还有弯矩的存在, 根据叠加原理, 集中力和弯矩共同作用下产生的变形, 等于各自作用时产生变形量的线性叠加。因此, 给出纯弯矩作用下的模型便可满足计算需要。

在纯弯矩作用下, 梁的剪应力为零。根据图 $8-4$, 列出弯矩的平衡方程为

$$\begin{cases} (N + \mathrm{d}N) - N - \mathrm{d}f_x + \mathrm{d}f_y \cdot \alpha = 0 \\ (M + \mathrm{d}M) - M + \mathrm{d}f_x \cdot \dfrac{\mathrm{d}\nu}{2} - (N + \mathrm{d}N)\mathrm{d}\nu = 0 \end{cases} \qquad (8-18)$$

对于该方程,忽略二阶小量,$df_x \cdot \dfrac{dv}{2}$ 和 $dN \cdot dv$,可得

$$\frac{dM}{dx} - N\frac{dv}{dx} = 0 \qquad (8-19)$$

根据 Timoshenko 梁的理论,可知剪力、弯矩和位移、转角的关系为

$$\begin{cases} T = KGS\left(\dfrac{dv}{dx} - \alpha\right) \\[2mm] M = EI\dfrac{d\alpha}{dx} \end{cases} \qquad (8-20)$$

由于纯弯矩条件下,剪力 T 为零,所以式(8-20)中第一式简化为

$$\frac{dv}{dx} - \alpha = 0 \qquad (8-21)$$

将式(8-20)的第二式和式(8-21)代入式(8-19)中可得

$$EI\frac{d^2\alpha}{dx^2} + \frac{d(EI)}{dx}\frac{d\alpha}{dx} - N\alpha = 0 \qquad (8-22)$$

因为截面惯性矩 $I(x) = \pi t(R_1 - cx)^3$,因此将式(8-22)写成标准形式,即

$$\frac{d^2\alpha}{dx^2} - \frac{3c}{(R_1 - cx)}\frac{d\alpha}{dx} - \frac{N}{EI}\alpha = 0 \qquad (8-23)$$

为了确定积分常数,需要附加约束条件。纯弯矩的条件下,约束条件为

$$\begin{cases} \alpha(0) = 0 \\[2mm] \dfrac{d\alpha}{dx}(0) = \dfrac{M(0)}{EI(0)} = \dfrac{M_0}{EI(0)} \\[2mm] N(0) = \pi p R_1^2 \end{cases} \qquad (8-24)$$

微分方程是关于转角 α 的,求解后,根据式(8-21)可得挠度的表达式为

$$v = \int_0^x \alpha dx + v\big|_{x=0} \qquad (8-25)$$

3. 理论模型的验证

1)集中力对变形的影响

分析集中力对结构变形的影响。将模型的几何参数实例化,如表 8-1 所列。端部集中力 F 的大小为 0~100N,间隔 20N,如图 8-7 所示,观察结果可知,集中力 F 与挠度成正比。

表8-1　锥形梁的结构参数和材料参数

参数	数值
锥形梁的长度 L	2m
固定端半径 R_1	0.125m
自由端半径 R_2	0.1m
压差大小 p	2000Pa
杨氏模量 E	4GPa
泊松比 μ	0.3
膜材厚度 t	0.2mm

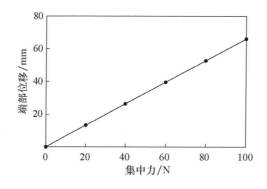

图8-7　集中力对端部挠度的影响

2）弯矩对变形的影响

分析弯矩对锥形充气梁变形的影响,模型参数如表8-1所列,选取纯弯矩 M_0 的变化范围为 $0 \sim 100 \mathrm{N \cdot m}$,间隔为 $10 \mathrm{N \cdot m}$,如图8-8所示。由图可知,弯矩与挠度成正比。因此,当锥形充气梁受到集中力和弯矩的共同作用时,可以各自计算,然后进行线性叠加。

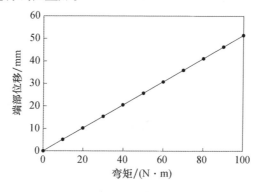

图8-8　弯矩对端部挠度的影响

3）FEM 验证

对于织物膜结构构成的充气梁结构,采用三维膜单元的有限元计算是一种高精度的方法,可以视为验证真值。许多学者都以此来验证关于充气梁结构的新理论。

在 FEM 计算中,采用有限元软件,模型单元取 SHELL181,选三角形单元,网格划分很重要,需要设置合适的大小。模型参数如表 8 – 1 所列,有限元模型如图 8 – 9 所示,工况为:自由端集中力 $F = 50N$,弯矩 $M = 50N \cdot m$,梁的大端固定。对于膜结构的有限元分析,属于大变形分析,分析步骤分为两步:①将约束条件和内外压差施加在结构上,使柔性的膜结构形成具备一定承载能力的充气结构;②施加外载荷,然后进行非线性求解。有限元方法 FEM 的挠度结果如图 8 – 10 所示。

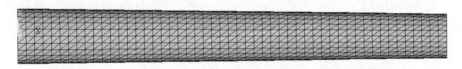

图 8 – 9　锥形充气梁的有限元模型

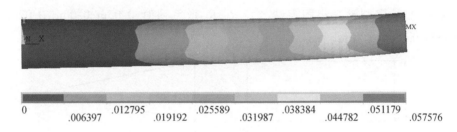

0　　.006397　.012795　.019192　.025589　.031987　.038384　.044782　.051179　.057576

图 8 – 10　FEM 模型的挠度结果

采用锥形梁模型和有限元方法分别对该结构进行计算,结果比较如图 8 – 11 所示,最大的位移误差为 $(58.580 - 57.576)/57.576 = 1.74\%$,此误差很小,满足精度要求。在工程应用中,采用一维的梁单元比二维的壳单元,可以大大减少计算量,因此建立锥形充气梁的单元模型在有限元计算的研究上是非常有意义的。

4. 锥度比对结构变形的影响

对于锥形充气梁,和直梁不同,它的一个重要几何参数是锥度比。当锥度比太大时,根据公式 $R_2 = R_1 - cL/2$ 可知梁的小端半径很小,对应刚度也很小,会导致结构的整体容易发生折断失效。因此,在锥形梁结构的设计时,需要满

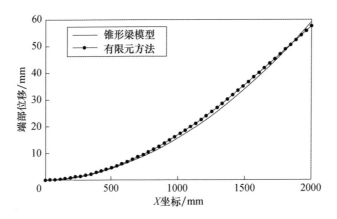

图 8-11　两种方法的位移结果的比较

足一定的条件限制。本小节研究锥度比对结构变形的影响,近似得出了锥度比的有效范围,并分析了在一定条件下的最优值。

1）锥度比的有效范围

为了分析锥度比的影响,选取 $L=1\mathrm{m}$ 长的梁作为分析对象,固定端半径 R_1 不变,锥度比从 0 变化到 $2R_1/L$,两个端点值对应的模型如图 8-12 所示。为了避免特殊性,多观察几组固定端半径 R_1,R_1 取系列值:$0.05\mathrm{m}$、$0.06\mathrm{m}$、$0.07\mathrm{m}$、$0.08\mathrm{m}$、$0.09\mathrm{m}$、$0.10\mathrm{m}$。

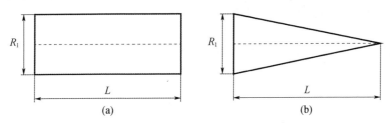

图 8-12　两个极端锥度比的锥形梁示意图

(a)$c=0$;(b)$c=2R_1/L$。

根据锥形充气梁理论,在一定的载荷条件 $F=100\mathrm{N}$,$p=2000\mathrm{Pa}$ 下,对梁自由端的挠度和转角进行了分析。挠度和锥度比的关系如图 8-13 所示,转角和锥度比的关系如图 8-14 所示。观察图中曲线变化可知,变化趋势分为两个阶段:第一个阶段是缓慢增长阶段;第二个阶段是在经过一个失效点之后,位移和转角同步进入快速增长阶段。由此可得知,锥形梁的锥度比必须小于某一个临界值,才能保证结构刚度的值。曲线估计临界值为

$$c_{有效} \leqslant 0.75 \times \frac{2R_1}{L} \qquad (8-26)$$

该临界值和梁的固定端半径 R_1 成正比,和梁的长度 L 成反比。$2R_1/L$ 是当小端半径为零时的锥度比,是锥度比的最大值,所以,有效值是最大值的 0.75。有效值的估计为充气结构的设计提供了依据,降低了结构设计中失效的可能性,在工程实践中有重要的参考价值。

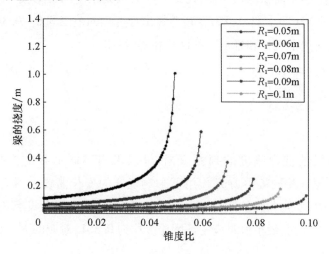

图 8-13　不同锥形梁的挠度和锥度比的关系(R_1 为固定端半径)(见彩图)

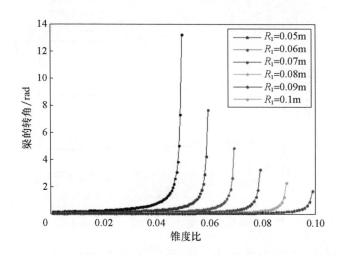

图 8-14　不同锥形梁的转角和锥度比的关系(R_1 为固定端半径)(见彩图)

2) 锥度比的最优值

结构设计中除了关注临界值,普遍会注重最优化设计。在锥形梁的设计中,除了满足在临界值内,也对最优值的设计进行了进一步研究。

结构设计的一般原则是用有限的材料设计出力学性能最优的结构,即实现轻量化设计。对于充气结构的设计,设计者希望用最少面积的材料设计出刚度最大的外形,同时能满足需求的空间大小。

举例来讲,以长度为1m、半径为0.2m大小的直充气梁为参考,设计长度保持为1m,膜材的总面积保持不变,设计目标为最大刚度的锥形梁。由直梁变化到完全的锥形梁(即小端半径为零),计算出锥度比的范围为0~0.3428。

根据几何关系直梁和锥形梁的面积相等,可得

$$\begin{cases} \pi \left(R_1^2 + R_2^2 + R_1 \sqrt{(R_1 - R_2)^2 + L^2} + R_2 \sqrt{(R_1 - R_2)^2 + L^2} \right) = 2\pi R_0^2 + 2\pi R_0 L \\ R_1 - R_2 = \dfrac{c}{2} L \end{cases}$$

$$(8-27)$$

将挠度作为梁的抗弯刚度的判断依据,可以求出不同形状的内外压差 $p = 2000\text{Pa}$ 锥形梁在相同集中力 F 作用下末端挠度的变化曲线。当 F 取值50N、100N、150N时,变化曲线如图8–15所示,发现最小值和载荷没有关系,只和本身的结构相关,挠度最小值对应的锥度比值均为0.301,对应的 $R_2/R_1 = 0.442$。

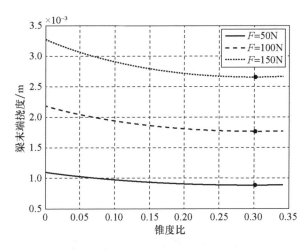

图8–15　等面积条件下,锥度比和末端挠度的关系曲线(见彩图)

为了验证该方法的合理性,和文献[163]中的方法进行了对比,文献中锥度比的定义和本节内容有些差异,其锥度比定义为 $\text{TR} = r_{min}/r_{max}$,优化结果如图8–16所示,由图观察最优值约为0.48。二者存在一些差异,主要原因是两者采用的优化条件存在些许的差异,文献中的端盖和梁的侧身材料不同,端盖采用的是

聚苯乙烯泡沫,不变量是所有材料的总重量。而本节假设充气梁所有的材料都是由膜组成的,不变量是所有材料的总面积,也间接证明了本节的优化值是可靠的。

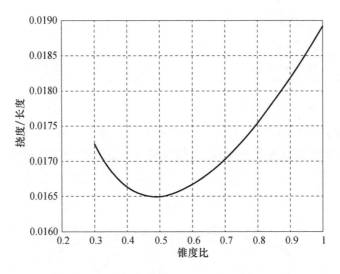

图 8-16 文献[163]优化结果

8.3.2 基于锥形充气梁理论的飞艇囊体结构受力分析

基于浮力平衡原理,飞艇结构可以等效地划分为两个充气悬臂梁,然后各自按照悬臂梁的方式去计算。由于本节涉及的飞艇轮廓是二次曲线,可以通过一系列斜线近似逼近,也就是说,每一个充气悬臂梁结构又可以按照微元法划分成一系列锥形充气梁。

1. 飞艇囊体结构的参数

针对一个特定的飞艇囊体结构模型进行分析,长细比为 4,外形轮廓由二次椭圆构成,母线方程为 $\frac{x^2}{16} + y^2 = 1$,如图 8-17 所示,囊体表面由柔性的织物膜结构组成,囊体内部由气体产生压差,形成具有承载能力的结构。

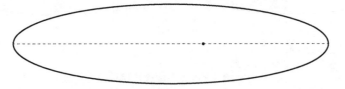

图 8-17 飞艇囊体外形的示意图

压差和囊体织物膜材料的参数如表 8-2 所列。

表 8-2　囊体结构相关参数

参数	数值
杨氏模量 E/GPa	4
泊松比 μ	0.3
膜材厚度 t/mm	0.2

2. 囊体结构的受力分析方法

飞艇囊体结构由两部分组成,分别是囊体膜材和内部气体。从整体结构分析,根据力和力矩的平衡原理,囊体的浮力 $F_{浮}$ 等于自重和载荷之和 $F_{重力}$,如图 8-18 所示。

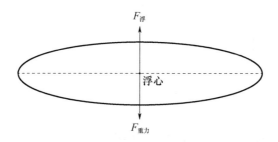

图 8-18　飞艇囊体结构的整体受力分析

考虑到结构局部的变形和应力分布,必须考虑实际载荷的具体位置。因为飞艇的螺旋桨安装在尾部,吊舱悬挂在囊体的中间位置,将受力模型进行力和力矩的等效,以集中力的形式移动到囊体的头部和尾部,如图 8-19(a)所示。为了简化模型,以浮心处为分界线,将囊体结构分为两部分,每部分可以等效为具有二次曲线截面的充气梁,如图 8-19(b)所示。

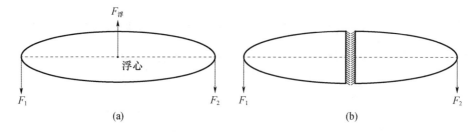

图 8-19　飞艇囊体模型

(a)等效力模型;(b)等效结构模型。

因此,对于图 8 – 18 中的模型进行受力分析,选取浮心的一侧结构进行受力分析即可。如图 8 – 20 所示,集中力 $F = 500\text{N}$ 作用于结构的自由端,长度 $L = 4\text{m}$,$R_1 = 1\text{m}$,内外压差 $p = 2000\text{Pa}$。然而,由于轮廓线是二次曲线,原本的平衡微分方程太复杂而无法求解,直接采用充气梁的理论来修正误差也比较大。因此,本节将锥形充气梁的理论模型和微元法相结合,来分析变截面充气梁的变形。

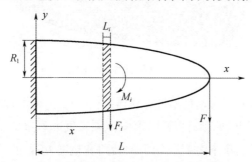

图 8 – 20　囊体结构的微元法分析示意图

微元法的分析过程分为两步:①将结构划分为 n 个微元;②计算每个微元独自的变形位移。单个微元的受力如图 8 – 20 所示,每个微元都可以等效为一个锥形充气梁,x 处的微元受到自由端集中力 F_i 和弯矩 M_i,易得

$$F_i = F, M_i = F(L - x) \tag{8 – 28}$$

发生变形后,第 i 个微元的位移包括三部分:

（1）前面 $(i - 1)$ 个微元产生的累积位移 U_{i-1}。

（2）第 i 个微元自身变形产生的挠度 ν_i,包括自由端的集中力 F_i 产生位移 ν_{i1} 和弯矩 M_i 产生的位移 ν_{i2},即 $\nu_i = \nu_{i1} + \nu_{i2}$。

（3）第 $(i - 1)$ 微元的转角 α_{i-1} 导致第 i 个微元产生的位移 $\alpha_{i-1}L_i$。

因此第 i 个微元的位移表达式为

$$U_i = U_{i-1} + \alpha_{i-1} \cdot l_i + \nu_i \tag{8 – 29}$$

根据此分析过程,可以计算出图 8 – 19 中结构的位移。

由前面部分可得,锥形梁的锥度比需要在一定的有效范围内,因此需要特别处理的是自由端最后一个单元,如果最后一个单元为全锥形,即小端半径为零,锥度比会超过有效范围,因此,规定最后一个单元的小端半径为大端半径的一半。

3. 不同方法的结果比较

为了显示出锥形充气梁的优势,和 FEM 方法、修正的 Timoshenko 梁理论进行了比较。采用锥形梁单元分析时,x 方向划分为 20 个单元,末端单元由于锥度比过大,设置小端半径为大端半径的一半。

在 FEM 分析中,有限元模型如图 8 − 21 所示,单元划分大小需要根据收敛情况调整,分析时先施加压强形成具备承载能力的充气结构,再施加端部集中力载荷。

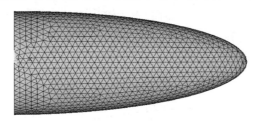

图 8 − 21　囊体结构的有限元模型

采用 Timoshenko 梁理论粗略计算囊体结构的位移,需要计算出结构等效的直梁半径。根据同体积的原则,计算出同体积、同长度的直梁的半径 $R = 0.8165\mathrm{m}$。对于充气直梁在末端集中力 F 作用下的转角和挠度方程为

$$\begin{cases} \alpha(x) = F\dfrac{(P - KG^*S)}{P^2}\dfrac{ch\Omega(l - x) - ch\Omega l}{ch\Omega l} \\[3mm] \nu(x) = F\dfrac{(K^2G^{*2}S^{*2} - P^2)}{KG^*S^*P^2}\dfrac{(sh\Omega(l - x) - sh\Omega l)}{ch\Omega l} + \dfrac{KG^*S^*}{P^2}Fx \end{cases} \quad (8 - 30)$$

其中:

$$P = p\pi R^2$$

$$G^* = Gt$$

$$S^* = S/t$$

$$E^* = Et$$

$$I^* = I/t$$

$$\Omega = P/\sqrt{KE^*I^*G^*S^*}$$

式中:α 为转角;ν 为挠度;P 为压差等效作用力;p 为压差;R 为截面半径;K 为剪切系数;G 为剪切模量;t 为膜的厚度;S 为梁的横截面面积;E 为膜材的弹性模量;I 为截面的惯性矩。

三种方法的计算结果,如图 8 − 22 所示。

观察图 8 − 22 中曲线变化,采用 Timoshenko 梁理论粗略计算的误差还是比较大的,而且估算值比精确计算值要大 30% 左右,但是由于公式为显示表达,计算方便迅速,可以作为初步保守估算的方法。

比较图 8 − 22 中的锥形充气梁理论和 FEM 的方法,吻合程度很高,末端由于锥度比比较大,产生最大误差为 5.3%,依旧能满足工程需求。FEM 方法采用的是壳单元,属于面单元类型的,本节的锥形梁单元是属于体单元类型的,提

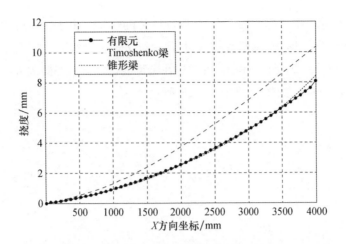

图 8 - 22　三种方法的位移结果比较(见彩图)

高了一个维度,因此在单元数量上会大大减少,从而减少计算量,提高计算速度,如表 8 - 3 所列。

表 8 - 3　FEM 方法和锥形充气梁单元的比较

方法	单元数量	末端位移	最大误差
FEM(Shell 单元)	6816	8.0658mm	
锥形充气梁单元	20	8.6587mm	5.3%

本节所提出建立锥形充气梁的力学模型,通过将锥度比和内压产生的伴随力转化为结构的等效内力,建立了在集中力和纯弯矩载荷条件下的平衡方程,并且通过四阶龙格 - 库塔数值方法求解挠度和转角,进而将两个变量体现在锥形充气梁弯曲刚度中。

基于该梁的力学模型,进一步分析了锥度比对梁变形的影响,得出锥度比必须在一定的有效范围内,才能保证结构的承载能力。同时,在一定用材量的限定下,存在一个锥度比的最优值,使结构的刚度最大化。为了体现该单元的优势,本节将锥形梁单元应用于飞艇结构的分析中,结果说明,该梁单元可以与传统的壳单元达到相同的精度,但是单元的数量远小于 FEM 壳单元的数量,大大减少计算量,为充气结构的分析计算提供了良好的基础。

8.4　平流层飞艇囊体受力分析

飞艇囊体的应力状态直接体现结构安全。设飞艇囊体材料为各向同性,囊

体厚度为 t，远小于飞艇的长度，受到内部压强的作用。由于在飞艇内压的作用下，飞艇囊体发生形变，飞艇囊体是处于一个双向应力状态。在飞艇的中部以横、纵截面取出一单元体 ABCD，可知它在延母线切线方向和圆周方向分别受到拉伸应力 σ_L 与 σ_H 的作用，如图 8 – 23 所示。

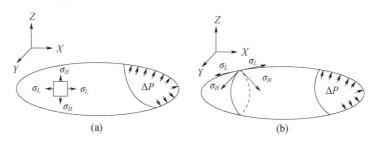

图 8 – 23　三种方飞艇双向受力

（a）双向受力状态；（b）σ_L 与 σ_H 示意图。

8.4.1　环向力 σ_H 的计算

沿飞艇的轴向取一段长度足够小为 Δl 的环状囊体，用直径将囊体一分为二，取上半段为研究对象，如图 8 – 24 所示。

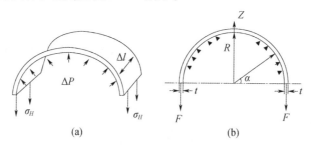

图 8 – 24　囊体环向受力图

（a）整体受力图；（b）截面受力图。

设囊体受到的环向应力为 σ_H，环向应力作用的面积为 $t \cdot \Delta l$，那么 F 为环向的合力，即

$$F = \sigma_H t \Delta l \tag{8 – 31}$$

囊体内壁受到的压差载荷为 ΔP，圆弧的半径为 R，微元段飞艇囊体的边线与飞艇轴心的夹角为 α，则受到压差载荷作用的该段囊体的微面积为

$$dA = R \Delta l d\alpha \tag{8 – 32}$$

对于充气的飞艇囊体结构，其受到的压力方向是沿着囊体的法线方向，所以微

面积上受到的压力为

$$\Delta F_p = \Delta P dA = \Delta P R \Delta l d\alpha \qquad (8-33)$$

压力 ΔFP 沿 Z 方向的分量为

$$\Delta F_{pz} = \Delta P R \Delta l d\alpha \sin\alpha \qquad (8-34)$$

在微面积 dA 上沿 Z 方向的总压力为压力分量 Δ_{FPZ} 对 α 的积分,即

$$F_{pz} = \int_0^\pi \Delta P R \Delta l \sin\alpha d\alpha = 2R\Delta P \Delta l \qquad (8-35)$$

积分的结果也说明,截取的微面积沿着径向投影的面积 $2R \cdot \Delta l$ 与内外压差载荷 ΔP 的乘积,即为压差载荷对囊体的压力。

由于沿 Z 向受力平衡,所以可得

$$F_{pz} = 2F \qquad (8-36)$$

故联立方程式(8-31)、式(8-35)和式(8-36)可得环向应力的表达式,即

$$\sigma_H = \frac{\Delta P R}{t} \qquad (8-37)$$

方程式(8-37)说明了飞艇囊体的环向应力只与该点的飞艇径向截面半径 R,飞艇囊体的厚度 t,以及内外压差载荷 ΔP 有关。飞艇囊体径向截面半径 R 越大,内外压差载荷越大,则飞艇囊体的环向应力也就越大,飞艇囊体的厚度越小,环向应力也就越大。

8.4.2　轴向应力 σ_L 的计算

充气状态的飞艇囊体相当于受定常理想约束的质点系。假设飞艇囊体突然间消失,那么艇内的充气气体会向外膨胀,方向为该点的法线方向,又由于囊体内气体压强处处相等,且充气气体的速度与压强成正比,故充气气体膨胀的瞬间,飞艇曲面上环向和轴向的曲率半径都会增加相同的量 Δr,这种分析的方法类似于结构力学分析中的虚位移原理,如图 8-25 所示。

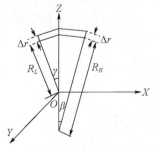

图 8-25　囊体膨胀示意图

图中，R_L，R_H 分别为轴向和环向曲率半径，K_L，K_H 分别为轴向和环向曲率，β，γ 为很小的角度。图 8-25 中，相当于轴向和环向的曲率半径都增加了 Δr，则飞艇囊体在轴向的应变量大小为 $\gamma \cdot \Delta r$，而飞艇囊体原来的几何尺寸为 $\gamma \cdot R_L$，则飞艇囊体的轴向应变大小为

$$\varepsilon_L = \frac{\gamma \Delta r}{\gamma R_L} \qquad (8-38)$$

曲率和曲率半径之间的关系，即

$$R_L = \frac{1}{K_L} \qquad (8-39)$$

将式（8-38）代入式（8-39）可得

$$\varepsilon_L = \Delta r \times K_L \qquad (8-40)$$

同理环向的应变 ε_H 可表示为

$$\varepsilon_H = \frac{\beta \times \Delta r}{\beta \times R_H} = \frac{\beta \times \Delta r}{\beta / K_H} = \Delta r \times K_H \qquad (8-41)$$

假设囊体材料各向同性，式中 E 为囊体材料的弹性模量，飞艇囊体在应变过程中，满足胡克定律，故

$$\frac{\sigma_L}{\varepsilon_L} = \frac{\sigma_H}{\varepsilon_H} = E \qquad (8-42)$$

将式（8-40）、式（8-41）代入式（8-42）可求得

$$\frac{\sigma_L}{\Delta r \times K_L} = \frac{\sigma_H}{\Delta r \times K_H} = E \qquad (8-43)$$

则有

$$\frac{\sigma_L}{K_L} = \frac{\sigma_H}{K_H} \qquad (8-44)$$

联立式（8-37）和式（8-44），即可求得飞艇囊体的轴向应力

$$\sigma_L = \frac{K_L \Delta P}{t K_H^2} \qquad (8-45)$$

式（8-45）说明，飞艇囊体的轴向应力 σ_L 与该点的环向曲率 K_H、轴向曲率 K_L、囊体厚度 t 以及内外压差载荷有关。轴向曲率越大、内外压差载荷越大，那么该点的轴向应力也就越大；环向曲率越大、飞艇囊体厚度越大，则该点的轴向应力也就越小。

8.4.3 Von Mises 应力的计算

根据 Mises 屈服准则，在比较复杂的应力状态下，可以用一个等效的固定值

来表述此时该材料的应力状态。当材料的等效应力值达到定值的时候,材料就开始屈服,即进入塑性形变状态。该等效应力的方法可以将复杂的应力状态等效为单向应力情况下材料的应力应变。使用 Von Mises 应力可以清晰表达分析对象的应力分布情况,使得我们可以迅速发现分析对象最危险的区域。

Von Mises 应力的表达式为

$$\overline{\sigma} = \sqrt{\frac{1}{2}\left[(\sigma_x - \sigma_y)^2 + (\sigma_y - \sigma_z)^2 + (\sigma_x - \sigma_z)^2\right] + 3(\tau_{xy}^2 + \tau_{yz}^2 + \tau_{xz}^2)}$$

$$(8-46)$$

式中:σ_x、σ_y、σ_z 分别为单元体 3 个方向的主应力;τ_{xy}、τ_{yz}、τ_{xz} 分别为单元体的三个切应力。由于分析的飞艇囊体微元段受力,可以近似看作一个平面应力状态,囊体微元段表面的法线方向正应力为 0,若定义 z 向为飞艇囊体微元段的法线方向,则三维应力单元体和 xy 平面的应力分析如图 8 - 26 所示。

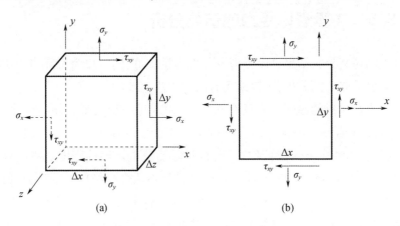

图 8 - 26　单元体平面应力分析图

由前面分析可得,τ_{yz}、τ_{xz} 为 0,囊体中取出的单元体 $ABCD$ 所受到的主应力为

$$\begin{cases} \sigma_x = \sigma_H = \dfrac{\Delta PR}{t} \\[3mm] \sigma_y = \sigma_L = \dfrac{K_L \Delta P}{t K_H^{\,2}} \\[3mm] \sigma_z = 0 \end{cases}$$

$$(8-47)$$

囊体微元段近似地看作双轴拉伸的一个状态,故切应力 τ_{xy} 可以近似地看作为 0。故囊体各点出的 Von Mises 应力可写为

$$\overline{\sigma} = \sqrt{\frac{1}{2}\left[(\sigma_x - \sigma_y)^2 + \sigma_x{}^2 + \sigma_y{}^2\right]}$$
$$= \frac{\Delta P}{tK_H}\sqrt{\frac{K_L{}^2}{K_H{}^2} - \frac{K_L}{K_H} + 1} \tag{8-48}$$

由式(8-48)可以看出,在飞艇囊体内外压差载荷一定,囊体厚度一定的情况下,飞艇囊体各点的 Von Mises 应力只与该点的轴向、环向曲率有关。

以上推导了飞艇囊体在只受内外压差载荷作用下,环向应力和轴向应力的表达式,提出用 Von Mises 应力来描述飞艇囊体的综合受力情况,建立了计算飞艇囊体表面的 Von Mises 应力的计算方程,为飞艇囊体应力计算提供参考。但是该公式对应力计算的准确性还缺乏相关的证实,需要进一步的仿真或者试验结果进行验证。

8.5 飞艇囊体受力的仿真分析

准确的仿真分析结果可以为理论分析提供支撑,同时也为实际应用提供参考。飞艇囊体张力的分析,可以采用有限元方法。

飞艇囊体材料的厚度一般只有 0.1mm,由于远小于飞艇的外形尺寸(长约150m),因此可看作一膜结构。膜结构本身不能承受压力,只有对飞艇囊体充气,使囊体在内外压差的载荷作用下,自身才能获得足够的刚度。飞艇囊体充气膨胀后,产生了较大的变形,小变形理论已经不适合膜结构的变形分析,必须考虑非线性过程。非线性问题采取两个方面进行考虑,一个是几何非线性,另一个则是材料的非线性。飞艇囊体在工作状态下,其囊体表面应力仍在弹性形变范围内,即囊体材料的应力应变仍处在线性阶段,可以不用考虑材料的非线性,只需考虑几何非线性,这样使得分析问题简化。

飞艇囊体结构的有限元分析与其他结构分析存在很大的区别:①囊体材料的高度非线性,使得选取精度不高单元、同时采用稠密的网格划分方式具有更精确的计算结果;②囊体结构的非线性方程组的收敛条件比较特殊,并且还要对囊体材料的松弛和褶皱区域进行判定、处理。

松弛和褶皱单元的判定准则为:①$\sigma_2 > 0$,该单元继续工作;②$\sigma_1 < 0$,该单元停止工作;③$\sigma_1 > 0$ 且 $\sigma_2 < 0$,该单元单向受拉,重新进行迭代。其中,σ_1 和 σ_2 为单元主应力,且 $\sigma_1 > \sigma_2$。在分析过程中,如果出现了结构的变形太大,超过了单元的应力极限,则说明材料的强度和刚度太小,需要更换强度更高的囊体材料,然后重新进行分析和修正。

飞艇囊体作为一种膜材料的力学分析,其过程和一般的刚性结构的力学分析过程是完全一致的,只不过膜材料必须考虑几何非线性的因素。非线性有限元理论可表示为

$$^{t+\Delta t}([K_L]+[K_S])^{(n)}\times{}^{t+\Delta t}\{\Delta U\}^{(n)}={}^{t+\Delta t}\{f\}^{(n+1)}-{}^{t+\Delta t}\{f_R\}^{(n)}\quad(8-49)$$

式中:$[K_L]^{(n)}=\oiiint_V[B_L^{(n)}]^{\mathrm{T}}[D][B_L^{(n)}]\mathrm{d}V$ 为线性刚度矩阵;$[K_S]^{(n)}=$ $\oiiint_V[B_{NL}^{(n)}]^{\mathrm{T}}[\sigma][B_{NL}^{(n)}]\mathrm{d}V$ 为非线性刚度矩阵;$[f_R]^{(n)}=\oiiint_V[B_L^{(n)}]^{\mathrm{T}}[\sigma]^{(n)}$ 为节点不平衡力;$[\sigma]^{(n)}$ 为应力阵;$[B_L^{(n)}]$ 为线性位移关系阵;$[B_{NL}^{(n)}]$ 为非线性位移关系阵。

如果飞艇囊体内出现压应力,可以得出囊体出现了褶皱,因此可以通过飞艇囊体的主应力来判断其是否出现了褶皱。在有限元分析过程中,由于高度的几何非线性会带来最后的计算极容易出现不收敛的情况。针对这一问题,需要采取措施加强飞艇囊体模型分析的收敛性。

(1) 需要选取求解效率高的方法。只有结构本身是稳定的,其计算迭代的结果都是基本一致的,只是求解的误差存在一些区别。选取解非线性方程常用的 Newton - Raphson 算法,采用了切线刚度,使得求解过程对变形历程的跟踪较好,求解精度较高。

(2) 关于载荷步的划分。合理的载荷步将缓解非线性的程度。载荷步划分太多会造成计算误差较大,求解效率低下,步数太少又会造成计算不收敛,据经验,选取载荷步数 15 ~ 30 可以有效地照顾计算精度和收敛性。

对于收敛准则的问题,非线性计算的判定准则通常采用力收敛准则和位移收敛准则。位移收敛准则的判定是通过第 i 次迭代的位移增量与总位移增量的比值,该比值小于 ε_α,公式表示为

$$\frac{\|{}^{t+\Delta t}u^{(i+1)}-{}^{t+\Delta t}u^{(i)}\|_2}{\|{}^{t+\Delta t}u^T\|_2}=\frac{\|\Delta u^{(i)}\|_2}{\|{}^{t+\Delta t}\Delta u^T\|_2}\le\varepsilon_\alpha\quad(8-50)$$

式中:ε_α 为给定的位移精度判定标准。对应的力收敛准则用公式表示为

$$\frac{\|{}^{t+\Delta t}f^{(i+1)}-{}^{t+\Delta t}f^{(i)}\|_2}{\|{}^{t+\Delta t}f^{(i)}\|_2}\le\varepsilon_\alpha\quad(8-51)$$

在实际的计算求解过程,使用力收敛准则就基本上可以保证收敛的精度了,其精度一般控制在 2% ~ 5% 就可以了。在求解过程中,由于数值稳定造成了力收敛准则的失效,这个时候可以采用位移收敛准则,将容差控制在 1% 的范

围之内,直到计算收敛。

8.5.1　飞艇模型的建立

飞艇主囊体几何模型的建立,所选用飞艇的外形曲线方程为

$$y = \frac{1}{8}\sqrt{a(l-x)(bx - l\sqrt{c} + \sqrt{cl^2 - dlx})} \qquad (8-52)$$

该曲线方程是经过多学科优化设计,使得在此外形下,飞艇的空气动力学性能,结构性能以及重量最优。其中飞艇的长度 l 为 180m,最大截面半径为 25m,长细比为 3.6,a、b、c、d 为飞艇的外形参数。

8.5.2　单元的选择、赋值和有限元网格的划分

有限元单元的选取直接关系到最后计算的收敛性,在对飞艇囊体进行分析时,单元选取 Shell41 号单元。Shell41 是由 4 个节点,4 个厚度,1 个材料方向角和材料属性所定义的膜单元。它只包含平面膜应力分量,可以通过其参数 K_1 来调节单元受到的拉应力。

在非线性计算过程中,要对膜单元进行判断和处理,膜单元在实际工程中是不能受到压力的,只能受到拉力,因此,在有限元中将壳单元 Shell41 的单元属性设置为只可以受到拉力的作用。

由于分析的是最简单受载情况,选用各向同性的膜材料,飞艇囊体的材料属性如表 8-4 所列。囊体的厚度取 0.1mm。

表 8-4　飞艇囊体材料属性

弹性模量/GPa	泊松比	面密度/(g/m^2)
0.255	0.15	150

网格的划分在整个有限元分析过程中占了很重要的地位。网格的合理程度和疏密程度都直接影响后面计算的精度和计算效率,网格的划分工作烦琐,而且工作量很大,需要操作者的经验和技巧。

网格划分的方法主要分为两类:一类是自由网格划分;另一类是映射网格划分。自由网格划分是一种自动化程度很高的网格的划分方式,任何几何形状的模型都可以进行自由网格划分,它的原理是基于模型的几何外形和线条之间的接近程度进行划分,一共分为 10 个级别,级别越高划分的网格效果越粗糙,级别越低划分的网格越精细。该网格划分方法的优势就是省时省力,缺点则是

生成的单元太多,造成计算效率低下。还有一种网格划分方法就是映射网格划分法,它是对模型的一种规整的划分方法,该方法得到的模型计算速度快,计算精度高。

对飞艇模型采用映射网格划分方法,这样可以获得比较规整的网格分布,计算也会更加容易收敛。膜结构由于高度的非线性,采用低精度单元,并且使用稠密网格划分方式,相对于高精度单元,采用稀疏网格划分方式具有更高的精度。图8-27为飞艇模型的有限元网格。

图 8 - 27　飞艇模型的有限元网格

8.5.3　加载与边界条件

飞艇的有限元模型需要施加载荷约束,如果不施加载荷约束,会导致有限元分析不能进行,如果约束施加不恰当的话,会使算得的结果失真,因此需要对模型施加正确的载荷。由于选取的是飞艇囊体横截面一半为研究对象,故施加的约束为:飞艇囊体轴向一端点固定,另一端点只能沿囊体轴向运动,即另一端端点其他自由度都固定,只选择沿着飞艇轴心线方向是自由的。取囊体横截面为对称面。

目前,有文献指出平流层飞艇如果需要正常工作,其内外压差载荷需要控制在其工作的外界大气气压的3%左右;还有一种说法是平流层飞艇正常工作下,其内外压差必须满足压力为 $30 \sim 70 \text{mm}$ 的水柱。在仿真过程中采用平流层飞艇正常工作下的压差载荷大约为 800Pa,故赋值该模型的内外压差载荷为 800Pa。

8.5.4　数值模拟结果与分析

分析得到的仿真结果如图8-28所示。图8-28为模型的 Von Mises 应力分布云图,可以看出沿轴向,囊体受到的 Von Mises 应力呈环状均匀变化,在飞艇轴向曲率最小的腹部,应力值达到极大值,在飞艇的鼻端应力分别达到极小值,这与实际结果也是相符合的。

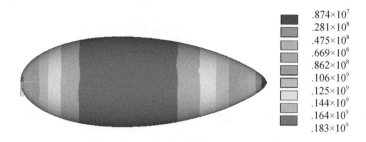

图 8 - 28　飞艇 Von Mises 应力分布云图(Pa)

定义飞艇母线的一条路径,查看囊体沿轴向的受力情况,以沿飞艇轴向为横轴,有限元计算的飞艇囊体表面的 Von Mises 应力结果为纵轴,绘制如图 8 - 29 中实线所示。同时,根据推导公式(8 - 48),计算出沿飞艇轴向各点 Von Mises 应力值的大小,绘制如图 8 - 29 中虚线所示。

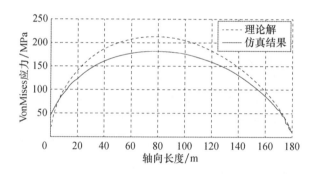

图 8 - 29　飞艇轴向 Von Mises 应力分布对比

从图 8 - 29 可以看出,飞艇囊体的 Von Mises 应力沿飞艇轴向由飞艇头部 47MPa 左右逐渐增大,在飞艇腹部沿轴向 80m 时应力达到极大值 181MPa,然后沿飞艇轴向应力值逐渐减小,在飞艇的末端达到最小值 8.7MPa。

将飞艇的外形曲线方程代入式(8 - 48),计算飞艇囊体在理论推导下各点的 Von Mises 应力值。在轴向坐标 0 处的飞艇的头部,应力值为 18MPa,应力值沿轴向逐渐增大,在飞艇腹部沿轴向 80m 左右时达到极大值 215MPa,然后沿飞艇轴向应力值逐渐减小,在飞艇的末端达到最小值 8MPa。

8.6　平流层飞艇介绍——"高空哨兵"飞艇

美国"高空哨兵"飞艇,是美国陆军空间和导弹防御司令部计划研究的含动力装置的平流层(大于 20km)飞艇。这个项目的目的是研究无人驾驶、无牵引绳索的太阳能动力飞艇的工程可行性和潜在的军事用途。飞艇将能够搭载低成本的小到中等载荷(20～200lb),在高空续航时间可达 30 天以上。不需要大型的机库或特殊设施,专为野外地点设计的。这种平流层飞艇将为作战人员提供一个快速反应部署的中继通信、网络中心通信和持久的情报、监视和侦察能力。飞行过程中测试各种通信和传感器的有效性,展示其军事用途。

8.6.1　HiSentinel 20 飞艇

高空哨兵飞艇囊体由美国航空航天局开发的轻质复合材料 6611PE 制成。HiSentinel 20 艇形结构由符合空气动力学形状的艇体和三个"Y"形布置的充气尾翼构成。其它几个集成子系统安装在囊体的外部。在第一次飞行测试时,电池组为飞艇提供电力,被安装在囊体靠近前缘的底部。该电池组由锂电池组装而成,取代太阳能电池板,提供 120V 的电压。主要的设备吊舱也安装在艇体的底部,在飞艇重心的前面,通过悬挂安装杆调节位置。推进系统采用无刷电动马达,驱动一个双叶片推进式螺旋桨,安装在艇尾,如图 8 - 30 所示。

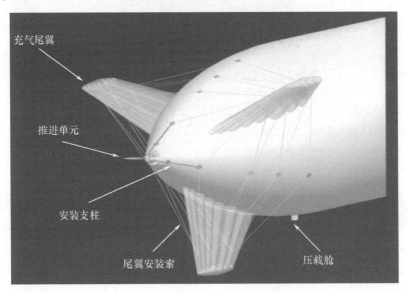

图 8 - 30　HiSentinel 20 飞艇尾部示意图

2005 年 11 月 8 日,HiSentinel 20 飞艇在新墨西哥州东部地区的罗斯威尔进行放飞。飞艇的准备和升空如图 8 - 31 所示。

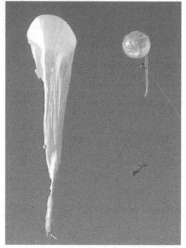

图 8 – 31　HiSentinel 20 飞艇准备和升空

飞艇到达预定高度后,艇首上翘约 12°,准备将飞艇俯仰角调整至 0°时,囊体出现明显的泄漏和失压。试验组决定不调整俯仰角直接进入任务阶段,开始推进系统测试。在推进试验完成后,囊体压差几乎为零,氦的持续损失限制了测试飞行时间。

为最大限度地发挥推进效用,飞艇在接下来的 11min 操作都是在电机转速为 500r/min 状态下进行的。而后螺旋桨突然停止旋转,发动机熄火。推进系统失去遥测信号。随着飞艇损失推进系统,飞艇自由漂浮,直到飞艇到达一个安全位置终止飞行。通过视频和飞行数据得出结论:飞艇的尾翼下垂使螺旋桨击打到囊体。

8.6.2　HiSentinel 50 飞艇

HiSentinel 50 飞艇长 178.7ft,最大直径 39.7ft,设计飞行海拔高度为 67000ft,

持续工作时间大于 24h。电力系统包括一个内部的太阳能电池阵列,白天为电池充电,夜间作业由电池供电,设计参数如图 8 - 32 所示。

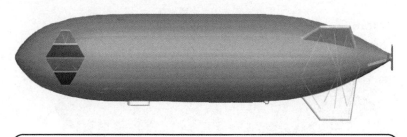

体积=165600 ft³　　　　　　囊幅数目=30
长度=178.7 ft　　　　　　　囊幅长度=189.6 ft
直径=39.7 ft　　　　　　　　飞行高度=66300 ft
载荷=50 lbs　　　　　　　　载荷功率=50 W/50 W
固体质量=692 lbs　　　　　平均巡航速度=20 knot
氦气质量=138 lbs　　　　　太阳能电池输出=1372 W
剩余浮力=15.7 %
总质量=881 lb

图 8 - 32　HiSentinel 50 飞艇设计参数

2008 年 6 月 4 日,HiSentinel 50 从新墨西哥州东部地区进行了飞行试验,搭载了一个 50lb 的载荷。飞艇进入漂浮状态后,囊体压差开始增加,充气尾翼正常展开。随后发现压力开始下降,尽管释放了压舱物,但无法阻止压力持续降低。从视频中看到,艇头和太阳能电池阵列发生了塌陷,便终止了试验。

8.6.3　HiSentinel 80 飞艇

HiSentinel 80 飞艇长 82.3m(207ft),最大直径 13.716m(45ft),设计巡航海拔 19812m(65000ft)。HiSentinel 80 的囊体是由轻质纤维材料制成,它是在 HiSentinel 50 所用材料的基础上衍生得到的,织物采用的是平纹编织和纱罗顶梁的构造,以增强结构的稳定性,由 VECTRAN 和尼龙混编而成,每间隔四束 VECTRAN 纱线排列一束尼龙纱线。HiSentinel 80 的囊体设计保持了与 HiSentinel 50 相同的外形,但圆筒形的中间部分被加长,以增加体积和有效载荷质量。HiSentinel 80 的结构示意图和设计参数如图 8 - 33 所示。

2010 年 11 月 10 日 HiSentinel 80 在亚利桑那州佩奇市机场放飞,如图 8 - 34 所示。

HiSentinel 80 稳定在高空后,进行了微调修正操作,将 12° 的倾斜调整为 2°,使吊舱俯仰倾斜至合适的夹角。由于一个电机控制器出现问题,推进系统没有正常工作。在漂浮过程中，负载保持正常工作状态，并完成了所有功能测试。平流层中的 HiSentinel 80 如图 8-35 所示。

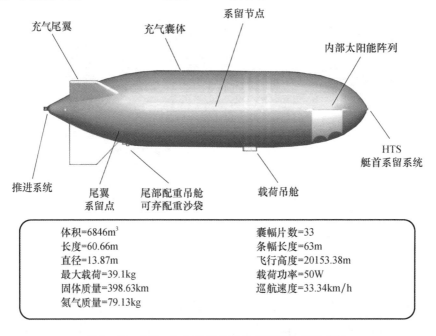

体积=6846m³
长度=60.66m
直径=13.87m
最大载荷=39.1kg
固体质量=398.63km
氦气质量=79.13kg

囊幅片数=33
条幅长度=63m
飞行高度=20153.38m
载荷功率=50W
巡航速度=33.34km/h

图 8-33　HiSentinel 80 飞艇结构示意图和设计参数

图 8-34　HiSentinel 80 飞艇放飞

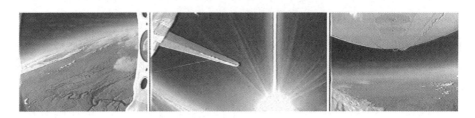

图 8-35　HiSentinel 80 飞艇在平流层

第9章

应急快响平流层飞艇设计

9.1 引言

应急快响平流层飞艇多以气球为主,气球的运动依靠大气层不同高度的不同风向,使气球在规定区域运动。平流层气球主要包括零压气球、大型超压气球以及小型超压气球,一般由球体系统、悬挂系统、基本球载设备及其他可选设备组成。球体系统一般包括气囊、排气阀、气球破坏装置、安全保障设备;悬挂系统包括分离机构、降落伞、压舱料斗及球载设备;基本球载设备包括通信系统、定位系统、空中交通管制雷达信标系统、能源与动力系统;根据观测或试验需要,还可以在气球上加载其他可选设备。

9.2 自然形状气球

9.2.1 自然形状气球的定义

自然形状气球是指仅轴向承受应力,环向应力为零的气球。对于自然形状气球存在4个基本假设:①气球球体关于中心轴旋转对称;②与中心轴正交的截面上,每点的轴向应力大小相同,周向应力为零;③球体内部浮升气体密度均匀;④球膜材料不可伸长,不能承受弯曲或压缩。

图9-1所示为多种具有代表性的自然形状气球球形,图中:a、b 为部分充气球形,c 为充满气体的零压气球,d、e 为充气气压高于大气压时的球形;虚线为相应球形的等压线,等压线上球体内外压强相等。

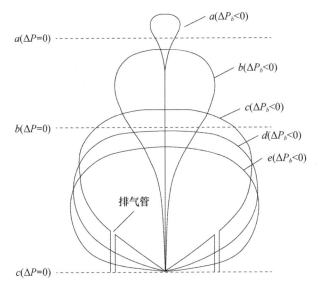

图 9 - 1　多种自然形状气球球形

9.2.2　气球上的双向应力

气球的囊体为薄膜结构,只能承受拉应力,不能承受压力、弯扭。如图 9 - 2 所示,采用柱坐标(x,y,φ)表示自然气球球体,沿轴向任取线元 ds,则球体表面有面元 $dsd\varphi$,面元受轴向应力 σ_m 及周向应力 σ_p。自然气球的囊体为旋转对称结构,因此 x 坐标相同位置上的面元轴向应力与周向应力大小相等。对于自然气球,认为周向应力 σ_p 为零,轴向应力 σ_m 沿 x 轴旋转对称分布。

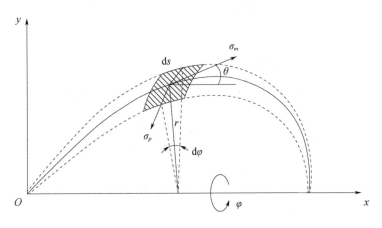

图 9 - 2　气球囊体双向应力示意图

9.2.3 气球上的加强筋与鼓包

当有效载荷较小(约几千克)时,一般薄膜材料的囊体能够承受悬挂物导致的应力。根据气球的应用需求,设计有效载荷可以非常大,能够从数百千克到1t,这种情况下仅靠囊体的强度不能承受载荷带来的应力,因此需要在气囊表面使用轴向加强筋。加强筋一般由纤维复合材料制成,其轴向拉伸强度非常高,从而能够显著降低气球薄膜的轴向应力。无加强筋时,在自然气球的底部和顶部,其设计轴向应力均为无穷大;使用加强筋后,球底和球顶的大部分轴向载荷由加强筋承担,降低了气球这两个部位的应力集中,改善整个气囊球体的应力分布,从而提高气球的安全性。

使用加强筋后,部分充气或充满气体的气球形成多个鼓包,即在两条加强筋之间的囊体向外隆起,在垂直于轴向的截面上气囊薄膜是一段半径为 r_g 的圆弧,如图9-3所示。加强筋对球膜施加一垂直气球囊体向内的力 f,囊体轴向应力为 σ_m,周向应力为 σ_p。

自然气球的气囊为旋转对称结构,假设囊体材料均匀且加工工艺理想,则每个鼓包的突出形式是相同的,如图9-4所示,各鼓包相同高度位置上的曲率半径相同,且沿中心轴旋转对称。

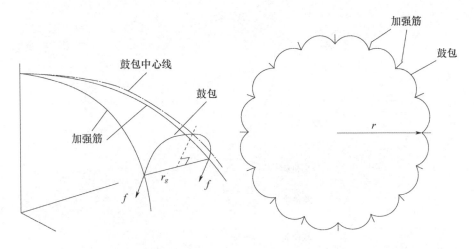

图9-3 加强筋与鼓包示意图   图9-4 有加强筋的气囊薄膜截面图

自然气球的设计与校验阶段,可以认为有加强筋的气球在任意垂直中心轴的截面上周向应力均匀分布。

9.2.4　超压气球与零压气球

零压气球飞行高度30~40km,体积50000~1200000m³;有效载荷100~3000kg;常规飞行时间控制在一天以内,长时间飞行能达到数周,适合大载荷、高海拔的任务,如宇宙线观测、光谱分析和航天试验等。零压气球将气球囊体压力降到最低,因此能够实现使用轻薄的膜材制作超大气球。

飞行中的平流层零压气球系统如图9-5所示,主体气囊一般为聚乙烯薄膜材料。气囊表面有加强筋能够增强气球的经向拉伸强度,同时在囊体表面形成多个纺锤状突起,称为鼓包。气囊一般内充氢气或氦气,称为浮升气体或提升气体,在地面每立方米氦气大约能够提供12N的浮力。气囊顶部有排气阀,用于控制气球浮力。排气阀主要有三个作用:①调整气球上升时的速度;②按照飞行设计需要在中间高度减速或停止;③降低原有飞行高度。气囊底部有排气管与外部大气相通,一般在地面时浮升气体不充满气囊,随着气球飞行高度增加,气球外部气压降低,舱内浮升气体胀满后多余的浮升气体能够通过排气管排入大气,气囊内外压差约等于零。当气球上升到某一高度(即设计飞行高度),浮力与重力相等时则停止上升,停留在设计高度位置。气球底部悬挂回收降落伞及载荷舱。

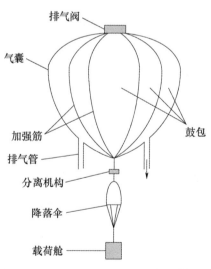

图9-5　零压气球示意图

大型超压气球是指载荷能力和零压气球相当的超压封闭气球,区别是超压气球没有与大气相通的排气管。气球在发放过程中海拔高度上升,气囊内部浮升气体自然膨胀,导致气球内外压差增高,囊体承受的应力增加,当气球内压力过高时,由一般位于气球顶部的排气阀放出部分浮升气体以降低球内压力,保证飞行安全。封闭的气囊与外界保持一定正压差,则可以实现相对稳定高度下的长时间飞行,比零压气球具有更好的稳定性。由于超压气球的囊体承受较大压差,通常采用加强筋以降低囊体薄膜承受的应力。

超压气球的发放和升空过程与零压气球相似:在地面发放时充入部分浮升气体,上升过程中随着外界气压降低,气囊逐渐展开并胀满,但超压气球胀满并到达设计高度后,由人为控制气体排出量,使气球浮力与重力平衡,一般保持浮升气体的压强比气球外大气压高约 20%。

小型超压气球是指携带小型传感器的超压气球,通常有效载荷不超过 20kg,飞行高度在 20km 左右。小型超压气球飞行时间长,数据规模大。

9.3　气球的受力分析

9.3.1　浮力与重力

平流层气球在大气中上升和停留的浮空力由浮升气体产生。其基本原理为阿基米德于公元前 3 世纪提出的浮力原理——物体在流体中由于表面所受流体压力差产生竖直向上的力,即浮力。完全浸润在流体中的物体受力如图 9 - 6 所示。

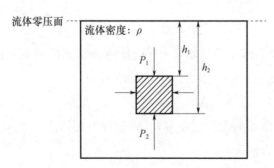

图 9 - 6　完全浸润在流体中的物体受流体的作用力

根据帕斯卡定律,流体中的物体受到流体导致的压力,压力方向垂直于物体表面。水平方向的压力大小相等、方向相反,假设物体不可压缩则物体水平方向受力平衡。物体上表面与下表面受到的流体压力 P_1 和 P_2 为

$$P_1 = \rho g h_1 \qquad\qquad (9-1)$$

$$P_2 = \rho g h_2 \qquad\qquad (9-2)$$

式中:ρ 为流体密度;g 为重力加速度;h_1、h_2 为分别为物体上、下表面到水平面的距离。设物体体积为 V,物体上下表面积为 A,则物体受流体的总作用力 F 为上下表面受流体压力之差,即

$$F = P_2 A - P_1 A = (P_2 - P_1)A = \rho g (h_2 - h_1) A = \rho g V \qquad (9-3)$$

由式(9-3)可以得出,物体所受浮力等于物体排开流体的重力。

气球上升和停留时,除了受到浮升气体产生的浮力,还受整个气球结构的重力,球体所受重力包括浮升气体的重力 G_g、气囊薄膜的重力 G_f 以及球体底部悬挂物的重力 G。气球所受浮力大于其重力时,气球向上浮动;当浮力与重力平衡时,气球停止上升,飞行高度维持在设计高度。

9.3.2　压差载荷

气球气囊充满浮空气体时,球体受到浮升气体的重力以及浮升气体排开当前高度空气产生的浮力。设气囊内部浮升气体密度为 ρ_g,所在飞行高度空气密度为 ρ_a,则浮升气体重力与浮力之差 ΔF 可表示为

$$\Delta F = (\rho_a - \rho_g)gV \qquad\qquad (9-4)$$

式中:g 为重力加速度;V 为浮升气体的体积。

根据图 9-6 所示,气囊囊体上的某面元与气球外大气的压差 ΔP 可以表示为

$$\Delta P = \Delta P_0 + (\rho_a - \rho_g)gx \qquad\qquad (9-5)$$

式中:ΔP_0 为气球底部浮升气体与大气的压差;x 为球底到面元的竖直距离。若 $\Delta P_0 = 0$ 所在高度为 $x = h_0$,则式(9-5)可改写为

$$\Delta P = (\rho_a - \rho_g)g(x - h_0) \qquad\qquad (9-6)$$

设气球底端位置的大气压强为 P_a,该处浮升气体压强 $P_g = \Delta P_0 + P_a$。理想气体状态方程可表示为

$$PV = mRT \qquad\qquad (9-7)$$

式中:P 为气体压强;V 为气体总体积;m 为气体质量;R 为比例系数,是一个常量;T 为气体温度。

设空气和浮升气体的相对分子质量分别为 m_a、m_g,可以分别计算大气和浮升气体的气体密度为

$$\rho_a = \frac{P_a m_a}{R} \tag{9-8}$$

$$\rho_g = \frac{P_g m_g}{RT} = \frac{(P_a + \Delta P_0) m_g}{RT} \tag{9-9}$$

将式(9-8)、式(9-9)代入式(9-5),气囊囊体上面元受到的压差 ΔP 表示为

$$\Delta P = \Delta P_0 + \left[\frac{P_a(m_a - m_g)}{RT} - \frac{\Delta P_0 m_g}{RT} \right] gx \tag{9-10}$$

或表示为

$$\Delta P = \left[\frac{P_a(m_a - m_g)}{RT} - \frac{\Delta P_0 m_g}{RT} \right] g(x - h_0) \tag{9-11}$$

则面元上的压差载荷 ΔF_P 为

$$\Delta F_P = \Delta P y \mathrm{d}\varphi \mathrm{d}s \tag{9-12}$$

9.3.3   经向与环向应力

气球囊体受囊体重力、压差载荷和悬挂物重力;在自然气球囊体上取一面元,面元受到的外力为囊体重力、压差产生的压力、球膜沿经向与环向的张力。气球球形与载荷都是旋转对称的,因此可以使用柱坐标系描述气球囊体的受力情况,且易知在垂直于中心轴的截面上,气球薄膜的张力处处大小相等。

采用柱坐标系 (x, y, φ) 表示的气球球体如图 9-7 所示,设气球囊体密度为 ρ,囊体厚度为 τ,重力加速度为 g,则囊体上一个面元受外载力如图9-8所示。面元受压差载荷,方向垂直面元向外;囊体自身的重力方向沿 x 轴负方向竖直向下。面元沿轴向与周向上的张力分别为 $T_m = \sigma_m \cdot \tau$、$T_p = \sigma_p \cdot \tau$。囊体面元在张力、囊体重力、压差载荷共同作用下受力平衡,可以由此建立静力平衡方程。

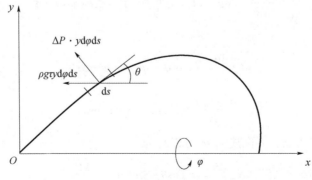

图 9-7   囊体外载力示意图

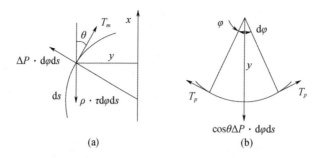

图 9-8 作用在面元上的压力、重力与张力

(a)过中心轴截面受力图;(b)垂直中心轴截面受力图。

9.3.4 静力平衡方程

将面元上的所有力矢向 x 轴、y 轴方向投影,则根据力的平衡得到静力平衡方程组,即

$$\left(T_m + \frac{\mathrm{d}T_m}{2}\right)\left(y + \frac{\mathrm{d}y}{2}\right)\mathrm{d}\varphi\cos(\theta + \mathrm{d}\theta) - \left(T_m - \frac{\mathrm{d}T_m}{2}\right)\left(y - \frac{\mathrm{d}y}{2}\right)\mathrm{d}\varphi\cos\left(\theta - \frac{\mathrm{d}\theta}{2}\right) -$$

$$y\mathrm{d}\varphi\rho g\mathrm{d}s - y\mathrm{d}\varphi\Delta P\mathrm{d}s\sin\theta = 0 \qquad (9-13)$$

$$\left(T_m + \frac{\mathrm{d}T_m}{2}\right)\left(y + \frac{\mathrm{d}y}{2}\right)\mathrm{d}\varphi\sin\left(\theta + \frac{\mathrm{d}\theta}{2}\right) - \left(T_m - \frac{\mathrm{d}T_m}{2}\right)\left(y - \frac{\mathrm{d}y}{2}\right)\mathrm{d}\varphi\sin\left(\theta - \frac{\mathrm{d}\theta}{2}\right) -$$

$$2T_p\mathrm{d}s\sin\frac{\mathrm{d}\varphi}{2} + y\mathrm{d}\varphi\Delta P\mathrm{d}s\cos\theta = 0 \qquad (9-14)$$

省略高阶项并整理得

$$\frac{\mathrm{d}(yT_m)}{\mathrm{d}s}\cos\theta - yT_m\sin\theta\frac{\mathrm{d}\theta}{\mathrm{d}s} - y\rho\tau g - \Delta Py\sin\theta = 0 \qquad (9-15)$$

$$\frac{\mathrm{d}(rT_m)}{\mathrm{d}s}\sin\theta + yT_m\cos\theta\frac{\mathrm{d}\theta}{\mathrm{d}s} - T_p + \Delta Py\cos\theta = 0 \qquad (9-16)$$

再整理得

$$yT_m\frac{\mathrm{d}\theta}{\mathrm{d}s} = T_p\cos\theta - y\rho\tau g\sin\theta - \Delta Py \qquad (9-17)$$

$$\frac{\mathrm{d}(yT_m)}{\mathrm{d}s} = T_p\sin\theta + y\rho\tau g\cos\theta \qquad (9-18)$$

以轴向应力 σ_m、周向应力 σ_p 可以写为

$$y\sigma_m\frac{\mathrm{d}\theta}{\mathrm{d}s} = \sigma_p\cos\theta - y\rho g\sin\theta - \frac{\Delta P}{\tau}y \qquad (9-19)$$

$$\frac{\mathrm{d}(y\sigma_m)}{\mathrm{d}s} = \sigma_p\sin\theta + y\rho g\cos\theta \qquad (9-20)$$

设气球球形的母线 y 是关于 x 的函数 $y=y(x)$，式（9-19）、式（9-20）可以进一步改写为

$$\frac{\mathrm{d}(\sigma_m y)}{\mathrm{d}x} = \rho g y + \sigma_p y' \qquad (9-21)$$

$$\sigma_m y = \frac{1}{y''}\left\{ -y\left[\rho g y'(1+y'^2) + \frac{\Delta P}{\tau}(1+y'^2)^{\frac{3}{2}}\right] + \sigma_p(1+y'^2)\right\} \quad (9-22)$$

利用如上方程组与边界条件，可求解气球气囊的应力分布，即

$$y\big|_{x=0} = y_0 \qquad (9-23)$$

$$y'\big|_{x=0} = y_0' \qquad (9-24)$$

$$\sigma_m\big|_{x=0} = \sigma_{m0} = \frac{G\sqrt{1+y_0'^2}}{2\pi y_0\tau} \qquad (9-25)$$

9.3.5 母线方程的推导

气球的母线方程未知时，首先需要给定周向应力 σ_p 的分布，再利用气球静力平衡方程组和边界条件求解母线方程。

最常见的周向应力约束条件为 $\sigma_p=0$，这时静力平衡方程可以化简为

$$\frac{\mathrm{d}(\sigma_m y)}{\mathrm{d}x} = \rho g y \qquad (9-26)$$

$$\sigma_m y = \frac{-y}{y''}\left[\rho g y'(1+y'^2) + \frac{\Delta P}{\tau}(1+y'^2)^{\frac{3}{2}}\right] \qquad (9-27)$$

代入边界条件联立求解，可以通过数值计算得到母线方程 $y=y(x)$ 的近似结果。对式（9-26）积分得

$$\sigma_m = \frac{1}{y}\left(\sigma_{m0}y_0 + \rho g\int_0^x y\mathrm{d}x\right) \qquad (9-28)$$

气球母线 y 的值沿 x 轴先增大后减小，由式（9-28）可观察到 σ_m 的分布与 y 相反，气球顶部与底部经向应力大而中部较小，尤其是在 $y=0$ 位置出现 $\sigma_m\to\infty$，使得该类设计存在不足。

另一种周向应力约束条件为

$$\sigma_p = \frac{\sigma_m}{n} \qquad (9-29)$$

将式（9-29）代入式（9-21）并积分得

$$\sigma_m = \frac{\rho g}{y^{(1-\frac{1}{n})}}\left[\sigma_{m0}y_0^{(1-\frac{1}{n})} + \int_0^x y^{(1-\frac{1}{n})}\mathrm{d}x\right] \tag{9-30}$$

通过调整 n 的取值,可以通过大量数值计算求解轴向应力 σ_m 沿母线的分布情况,归纳总结获得更优的周向应力约束条件。一般来说周向应力的 σ_p 分布遵循以下几个原则:

(1)气囊底部到球形半径最大处的 $\sigma_p \approx 0$。

(2)气囊球形半径最大处到气球顶部的 σ_p 从零单调增加。

(3)在气囊顶部有 $\sigma_p \approx \sigma_m$。

9.4 囊体结构的配置要素

9.4.1 气球大小与膜片数量

裁剪并展开自然气球的整个形状发现,气球囊体可以由多个等宽的纺锤形面片组成。因此气球囊体的制造过程是从囊体材料上裁剪出纺锤形状的膜片(见图9-9),将多组膜片沿粘接线热连接成整体气囊。设气球最大半径为 r_{max},则该处囊体周长为 $C_{max}=2\pi r_{max}$,纺锤形膜片的最大宽度受囊体材料尺寸 b 限制,因此膜片数量 N 必须大于 $\frac{C_{max}}{b}$。

无织物囊体原材料宽度一般约3m,大型气球的最大半径可以达到50m,因此受囊体材料原始尺寸限制,膜片数量可以超过100片。

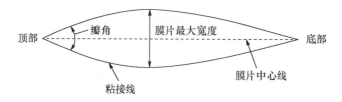

图9-9 膜片形状及尺寸示意图

9.4.2 瓣角

如图9-9所示,气球由多个纺锤形膜片拼接而成,全部膜片在气球顶部完全密封,因此每个膜片顶部末梢两条粘接线之间的夹角,即瓣角,必须满足 $2\pi/N$,其中 N 为膜片的数量。

9.4.3 加强筋形式

对于气球薄膜材料不能完全承受载荷作用下产生的应力时,一般采用加强筋分担部分载荷。加强筋一般选用轴向增强纤维复合材料,加强筋的增强体纤维具有高强度、显著低于囊体材料的延展性。加强筋附在囊体各个膜片之间的粘接线处,在气球囊体底部汇聚并连接整个悬挂系统,如图9-5所示。这种设计能够分担囊体上的载荷,有效改善囊体上的应力分布。

9.4.4 囊体尺寸范例

采用不同的囊体体积,平流层气球可到达的高度也不相同。不同气球体积、直径和设计的飞行高度如表9-1所列。

表9-1 平流层气球规格示例

气球体积 /m³	囊体厚度 /μm	气球质量 /kg	有效载荷 /kg	气球直径 /m	气球高度 /m	鼓包数量	设计飞行高度 /km
1000	3.4	3	3	13.4	19.4	28	36.8
5000	3.4	7	3	22.9	33.1	28	44.4
5000	6	11	3	22.7	33.3	28	42.0
5000	20	40	100	22.6	33.5	28	27.0
15000	20	75	100	33.4	42.2	41	32.5
30000	3.4	23	3	43.5	58.8	52	50.3
30000	6	37	3	42.7	59.1	52	47.1
30000	20	120	200	41.4	60.3	50	33.1
50000	20	70	500	48.7	72.3	59	35.4
60000	3.4	34	3	53.7	74.5	116	53.0
80000	10	130	100	58.5	82.6	72	42.0
80000	20	220	500	56.8	84.9	72	34.2
100000	20	270	500	63.4	88.3	78	35.2
200000	20	420	500	77.4	112.1	96	38.7
500000	20	850	500	107.8	152.2	133	42.4
1000000	20	700	1000	136.5	191.5	70	42.4

9.4.5 囊体结构与气球飞行品质

平流层气球的工作环境与低空气球截然不同,在囊体材料、能源与动力等方面都需要满足更高的要求,首要需要关注的就是囊体材料。平流层飞艇囊体为保证飞行安全,必须采用高强度、阻氦(或阻氢)渗漏性能好、耐候性强、面密度低的材料。此外平流层还具有复杂的环境因素,如昼夜温差、太阳辐射、臭氧等,都提高了对囊体材料的性能要求。

大型零压气球使用的聚乙烯薄膜材料厚度为 $20\mu m$,即可承受几百千克甚至超过 1t 的有效载荷。有效载荷仅几千克的轻载气球,广泛应用厚度仅 3 或 $6\mu m$ 的轻薄型囊体材料,设计飞行高度可超过 40km。

理想的囊体薄膜材料需要具备以下特点:

(1) 高强度。

囊体在气球充气后承受一定的压差载荷,气球服役过程中还要承受风载冲击、悬挂系统的重力。在各种载荷作用下气球囊体承受轴向与周向应力,因此需要囊体材料具有一定强度。气球结构还可配合加强筋或加强索共同承载。

(2) 高韧性。

对于理想囊体材料,还需要材料具有良好的韧性,使囊体承受应力超过弹性极限时仍能够伸长而不容易断裂,从而保证飞行安全。

(3) 高耐候性。

高空气球的工作环境气候多变,需要在高低温、湿度、紫外线、臭氧等多重因素下具备性能稳定性,以维持长期的安全飞行。

(4) 高气密性。

目前的常用浮升气体为氢气、氦气,都需要气球囊体具有良好的气密性,阻止浮升气体渗漏,从而保证气球的长期服役能力。由于氢气分子比氦气分子小,采用氢气做浮升气体时对囊体材料气密性的要求会高于氦气。

(5) 质量轻。

囊体材料的密度直接关系到有效载荷的大小,质量过重会导致净浮力损失,导致气球在一定载荷下难以到达设计高度。

(6) 高耐磨性。

气球囊体在制造、发放与回收过程中经常反复弯折、展开、拖拽,需要具有一定的耐磨性能。

（7）低脆性温度。

囊体薄膜材料需要低脆性温度是为了保证气球穿过对流顶层,处于大气最低温度时囊体仍保持柔韧性。

9.5　囊体材料及制造工艺

9.5.1　气球的热效应及环境温度

大气和地表都反射部分太阳辐射。气球飞行过程中,气囊囊体和浮升气体受到飞行环境的辐射,会吸收部分太阳辐射并发生温度变化。在太阳辐射的作用下,气球囊体与飞行环境、囊体与浮升气体之间发生热传递,当囊体与浮升气体温度差别不大时,这两部分之间的热效应可以忽略不计。此外,来自地表的太阳辐射对气球的影响与气球飞行高度、气候状况有关。

气球发放过程中,在抵达对流层顶前几乎匀速飞行。气球穿过对流层顶后,飞行环境温度不再下降,有时温度还会随飞行高度上升而增加,但浮升气体由于绝热膨胀导致其温度持续下降。这一现象导致飞行环境与浮升气体的温差增加,引发浮力的大量损失,气球飞行速度下降。图 9 - 10 为某零压气球分别在日间与夜间发放的飞行高度随时间变化曲线,气球飞行高度超过 30km 后夜间发放的气球上浮速度低于日间发放,到达设计高度的时间也比日间更长。日间发放气球时由于气球受到太阳光照,浮升气体温度的下降并不显著,如图 9 - 11 所示。而夜间发放气球时没有光照产生的热能,通过对流顶层后温差不能减小,气球在对流顶层的上升速率不会增加,若有冷云作用,上升速率甚至会下降。因此在气球设计过程中必须考虑到飞行过程中环境温度的变化。

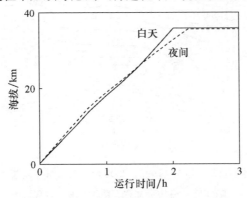

图 9 - 10　零压气球的日间及夜间发放情况

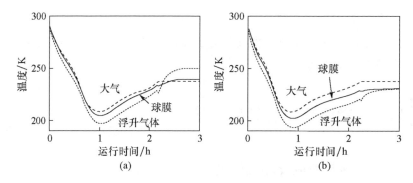

图 9 – 11 零压气球囊体、浮升气体与大气温度随时间变化曲线

(a)日间发放;(b)夜间发放。

对于长时间工作的高空气球,还会经历白天温度升高、夜晚内部温度降低的热物理现象,进而引起零压气球的浮升气体损失或超压气球的气囊内外压差变化。零压气球长时间工作时,昼夜有温差,气囊内浮升气体在夜间收缩,浮力减小,气球高度下降。为了维持原有的设计高度,需要抛掉一些压舱物(水或沙袋)以减轻气球重量。白天气温上升,浮升气体膨胀又需排掉部分气体,因此每经过一昼夜就损失部分浮升气体,导致零压气球难以长期保持设计飞行高度。超压气球在白天太阳辐射增加、球内气体温度上升膨胀时不排出气体,增加的压力由球体结构承受,不会在夜间损失浮升气体,从而实现长时间滞空,且飞行高度比较稳定。

对于高空气球总体设计来说,得到相对准确的环境温度是十分必要的。图 9 – 12 表明了北半球大气温度随海拔及纬度的变化关系,除纬度及海拔影

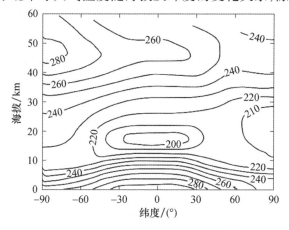

图 9 – 12 北半球 1992—2002 年 1 月大气平均温度
随纬度—海拔分布图(源自英国气象局)

响,经向环流、季节等地理因素都导致温度分布的变化。另一个重要温度变化因素为温度随时间的变化,例如气球到达设计高度后稳定在此高度工作时,随时间变化及昼夜循环,气球所在飞行环境的温度发生变化,从而导致气球囊体、浮升气体的温度变化。如图 9 - 13 为某高空飞艇气囊内氦气平均温度与时间关系,浮升气体温度随昼夜交替具有周期性变化,最大温差可以达到 20℃以上。

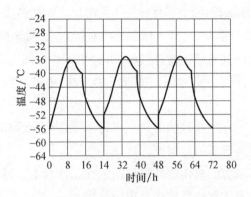

图 9 - 13　某高空飞艇气囊内氦气平均温度与时间关系

9.5.2　囊体材料的选择依据

单一材料无法同时满足平流层的工作需求,因此囊体材料一般采用多层复合结构,而平流层气球一般采用共挤薄膜,这样既能保障囊体材料可在平流层正常服役,还能有效抑制氦气的渗漏。

(1) 耐候层。

气球在平流层工作的耐候功能需求主要是防紫外线辐射,并需要最外层的耐候层具备一定的抗老化能力。目前耐候效果最好的是高分子氟化物材料,添加抗老化剂后可以有效避免紫外线损伤内层囊体材料。聚偏二氟乙烯 PFDF、聚氟乙烯 PVF 膜还具备抗弯折、耐磨、自清洁的优点。聚氟乙烯 PVF 具有强度高、弹性模量大、伸长变形小、质轻、自清洁等优点。还有气球使用热塑性聚氨酯弹性体 TPU 作为耐候层材料,具有良好的热封强度、柔韧性、耐高低温,需要添加抗老化剂。

(2) 阻氦(阻氢)层。

常见的阻氦材料包括聚乙烯、聚亚胺酯、PVC、PVDF、PVF、EVOH、聚酯等薄膜材料。目前最理想的材料为 PVDF,除有效阻氦还具有优秀的环境耐候能力,耐酸碱、耐高低温、光稳定性好。PVF 的阻氦性能比 PVDF 稍逊,阻渗漏性能较好、抗霉菌性能好,渗透率约 $0.2 \sim 1.41 L/(m^2 \cdot d)$。

9.5.3 裁切片设计及加工手段

囊体材料的粘接过程中,将膜片放置在长型工作台上,使用粘接装置沿工作台移动,对膜片进行粘接。膜片之间的连接可以采用热密封工艺,使用的粘接机有上下两个环形金属滚轮,两个膜片叠放并在滚轮之间加热成型。常用的囊体连接方式有对接、搭接与错接,大型气球多采用对接方式,局部拼接采用错接。

密封带有鼓包的气囊结构时,将膜片沿直角工作台加工成曲面鼓包难以操作,美国的 Winzen 首创一种"固定工作台"的方法,能够高效地加工气球囊体。其主要流程如下:

(1) 在工作台上标记鼓包的形状。平行于工作台边缘标一条直线,使直线到工作台边缘的距离等于膜片宽度。

(2) 将两卷未裁剪的囊体薄膜材料摆放在工作台上,按照气球轴向长度展开囊体材料。两卷囊体材料沿工作台边缘粘接。

(3) 将两卷囊体材料叠放在工作台上,中间的密封线与工作台上标记的直线重合。将膜片形状印在囊体材料上。

(4) 另一囊体材料覆盖到描有膜片形状的囊体上,将顶部与下层的囊体沿工作台边缘粘接。同时沿膜片形状裁剪囊体材料。

(5) 将新粘接的粘接线对齐到标记直线上,回到第(3)步。

这种囊体制造方式重复第(3)步到第(5)步,能够保证粘接线竖直,且膜片形状的裁剪与膜片之间的粘接可以同步进行。此外,实际裁剪的膜片与设计尺寸只有宽度完全一致,膜片形状的不对称将导致气囊外观怪异。实际气球囊体材料最大宽度一般为 3m 左右,若大型气球的长度为 100m 或更大,则裁剪形状与设计尺寸的差别非常小,可以通过囊体材料的弹性变形有效地消除这一误差。

9.6 高空气球典型案例

9.6.1 超长时高空气球 ULDB

NASA 在超长时高空气球方面的发展主要是为科学发现提供一个新的平台。在平流层携带重物长时间、恒高度飞行的能力使得新技术得以完成。ULDB 项目的长期目的在于研发出一种气球,其载重量能够达到 2721kg,并且能在 33.5km

以上高度飞行 100 天。上一代平流层超高压气球的载重上限大约在 90kg。该项目始于 1998 年,已经进行了多次试飞。每一次试飞都给设计团队提供了有价值的工程数据。

通过气球模型的地面试验、2 次试飞和额外的模型测试,检验了南瓜形气球的修订方法。气球模型的地面测试取得了成功,于是制造了体积为 176000m³的气球,并进行了试飞。试飞前的理论预测该气球能够保持稳定,飞行时也能完全展开。改进设计后的 ULDB 第一次试飞是一次短程的过程飞行。该气球完全展开,但在加压时产生了裂缝。在对裂缝的进一步的研究后,制造了第二次试飞的气球。这个 176000m³ 的气球在 2006 年 6 月从瑞典起飞。虽然该气球并没有完全展开,但是它的飞行表现非常完美。

模型试验是 ULDB 设计和试验过程的组成部分。在 176000m³ 气球的试飞之前进行了 10 次模型气球试验。大规模的气球模型、地面试验对 ULDB 的发展有很大的促进作用。这些气球模型被用来作为展开试验的一部分,也能够验证理论模型。这些模型包括 48、100、145 和 200 三角布条瓣的气球模型。最后两个直径 14.3m、200 幅三角形囊瓣的气球模型,其设计目的是复制预想的飞行气球。两个 200 瓣的气球都完全展开,压力也几乎相同。二者在逐步加压的过程中提供了有价值的数据流,在压力下结构也都保持稳定。两个模型都故意在加压过程中损坏,9 号模型预计在 1344Pa 下出现变形,10 号模型设计最大承受压力为 1103Pa。测试前的分析预测在 1379Pa 以上变得不稳定。10 号模型在 1551Pa 时出现变形,发生爆炸,此时的压力比最大设计压力高出 40%。图 9-14 为 10 号模型测试气球。

改进后的 ULDB-540NT 试飞于 2005 年 2 月 4 号在 Ft. Sumner 进行。气球在 2.7h 之内便达到了 30.5km 的高度,气球开始逐步加压,当压力达到 50Pa 时,阀门按计划打开。气球的录像系统是通过一个安装在气球底部的摄像头开展的,它能够看到气球的内部结构。影像显示,除了 2 块小区域之外,其他部分都完全展开了。当气球再一次加压后,这两块区域也展开了。当气球的压差达到 55Pa 时,气球底部 10m 的密封口打开。安装好的摄像头捕捉到了事故的发生,随后试验终止。

555NT 的试飞于 2006 年 6 月 12 日在 Kiruna 进行。这个 176000m³ 的 ULDB 气球集合了所有 540NT 后期研究的成果。在后续的材料测试、材料模拟和分析的基础上,在气球设计方面做了微小的改动。先前的报道详细描述了飞行的表现。设计的气球上限为 240Pa。飞行遇到了一个非常寒冷的环境,这使得上升

图 9 - 14　10 号直径 14.3m 200 瓣模型测试气球

变得非常缓慢。通过飞行控制,气球非常容易进入漂浮过程。压差控制系统将
压力自动控制在 75～80Pa。

在上升过程中,气球中有许多未展开的部分。除了一块之外,这些区域随
着气球的上升逐渐变小、消失。当气球进入漂浮过程,一块大的区域没能展开。
摄像头记录下了这一区域,如图 9 - 15 所示。从影像中分析,第 138 瓣至 149 瓣
并未展开,其余部分都展开了。此次 555NT 的总飞行时间约为 8h50min。

图 9 - 15　555NT 未能完全展开

　　591NT 试飞试验的目的主要是采集相关数据来进行三个方面的研究:一是帮助评估超压气球的材料以及设计;二是确定设计变更能否使得气球得以合理的部署;三是为了今后超压气球的总体设计以及发展。这次试飞试验实现了所有的这些需求。该气球包括了 200 个三角形囊瓣,在完全膨胀和充压时直径达82.6m,高度 51.7m,其设计的最大压差为 125Pa。气球在 2008 年 12 月 28 日当地时间 3:30 分,格林尼治标准时间 2:30 分,在威廉姆斯场和南极麦克默多站附近升空。

　　气球的飞行过程和起飞前的预测十分相似,其上升速率和达到飘浮状态的时间与模拟的相当吻合。气球在 GMT5:07:35 完全展开,高度为 33.69km,这次试飞的主要飞行准则是保证始终在南极大陆上方。气球在 33.8km 的近恒定高度飞行了 54d1h29min,GPS 检测到的每日高度变化在 120~150m,并且没有检测到气体损失。591NT 的飞行轨迹如图 9 - 16 所示。

图 9 - 16　591NT 飞行轨迹(见彩图)

　　616NT 试飞试验于 2011 年 1 月 9 日进行。从发射到进入飘浮阶段用时3h6min。而预测的上升到飘浮的时间为 3h,仅仅相差了 6min。在上升过程中,气球尚未充分膨胀,多余的材料均匀分布在气球表面上,随着气球接近既定高度,这些多余材料也慢慢变少。在大约 30.5km 高度处,10 处位置有多余材料。在 33.2km 高度处,有 6 处位置有多余材料。在 33.5km 高度处,4 处位置有多余材料。气球在 33.8km 高度处完全展开,如图 9 - 17 所示,此时压差仅有27Pa。漂浮过程中高度非常稳定,GPS 测量的高度变化为 0.5%,而且造成变化的主要原因是由于飞行环境的改变而不是因为任何气球性能下降。超压气球在 22d2h 内绕南极大陆飞行了一周。

图 9 – 17　616NT 完全展开

9.6.2　谷歌气球

2011 年,Project Loon 诞生于谷歌公司的"X 试验室"部门,Project Loon 项目于 2013 年在新西兰的 Canterbury 区域开始了气球的试验性测试,并向同纬度区域进行了拓展,如图 9 – 18 所示。当时谷歌气球在天上待 8 天就必须回收,而现在气球在空中的平均停留时间超过了 100 天,大多数气球都能超过这个数字。2015 年,一个气球绕地球转了 19 圈,在天上待了 187 天。

图 9 – 18　谷歌气球

1. 谷歌气球的结构

谷歌气球的整体构造非常简单,除了顶端的气球部分外,就仅有太阳能电池板和无线收发器(蜂窝基站)两个组件。太阳能电池板仅需 4h 就可以完成电池充电,借助太阳能为携带的无线收发器(蜂窝基站)供电(搭配电池是为了保证夜间供电),从而保证谷歌气球间的相互通信,以及与地面基站间的通信。气球的直径 15m、高度 12m,由超薄共挤聚乙烯制成。气球的主气囊内有副气囊,可用于高度调节。主气囊外有绳索,增加了囊体的最大承载能力,同时也将吊舱载荷分散到囊体上。

2. 谷歌气球的技术原理

1) 区域控制原理

谷歌气球技术上最大的难题是没有动力却要控制在固定的区域。高空中虽然没有剧烈的天气变化,但仍会有风场的存在,气球将被风吹到不是非常理想的位置,无法完成组网的功能。谷歌气球不提供推进动力,而是利用平流层原有的自西向东和自东向西的气流,形成一个循环,这样它们就能全部留在固定的空间,依靠高度调节自动改变方向,其原理如图 9 – 19 所示。

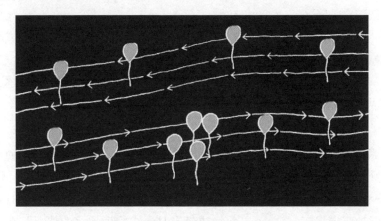

图 9 – 19　谷歌气球区域控制原理

要完成区域控制,气球上的计算机要进行各种复杂数据计算,像天气预报、气球飞行的方向和速度、不同气球之间的位置和距离等。搜索引擎在海量的数据中智能地把有用的信息提取出来,很多热气球在飘来飘出的同时智能地调整自己的位置,谷歌开发的计算机算法在这项技术中起着重要的作用。

基于大量的风流信息以及复杂算法,Loon 团队实现了在复杂的平流层环境下气球的轨迹控制。美国国家海洋和大气局为其提供了大规模的气象数据。

团队已在气球操纵的问题上取得了重大改进。通过数以千次的轨道模拟计算，现在已经非常接近于预定目标。气球在导航系统的引导下飞行了10000km，离最终目标基站的误差仅有500m，而这正是通过预测平流层风向并以此为据进行气球导航实现的。

2）高度控制原理

Loon气球的底部安装了高度调节装置——气泵。气泵向副气囊充入空气或者排出空气来改变气球的浮力，从而实现气球高度的下降或升高。这种浮力调节方式，可以实现气球1.7km范围的高度调节。除了通过气泵向副气囊充入或排出空气实现高度变化以外，Loon气球还设想通过以下三种方式实现自身飞行高度的变化。

（1）将谷歌气球下方的无线收发器（或蜂窝基站）的盒子空间变大，在其中增设一个高压存储系统，从而通过提供适宜的温度、压力和空气环境，调整气球的高度。

（2）气球中的燃料电池可以通过化学反应产生氢气传递到囊体中进而增加气球的浮力。当这些氢气再返回到燃料电池箱中和氧气反应生成水时，气球的高度又随之下降了。

（3）通过在球体表面涂上黑白两种不同颜色，当气球需要升高时就把黑色的一面朝向太阳，气球中的气体吸热膨胀，浮力增加，实现高度的上升；反之，则把白色一面朝向太阳，气球中的气体降温，减小浮力以实现高度的下降。如何实现气球朝向的变化是难点。

3）气球充气及发射技术

谷歌公司表示，他们已经开发了新的气球充气装置。现在，只需5min时间便可做好一个气球的升空准备工作。此外，谷歌开发出了自动发射器（又称"鸟屋"）。鸟屋是一个金属框架，四周用帆布遮住，这样就可以挡住外界的风，从而让气球保持空中姿态，避免了以前气球起飞时天线发生漂移的情况。在风速小于大约24km/h（相当于4级风力）的情况下，地面只需4个人即可在15min之内将气球送上天。对于要覆盖一个信号盲区往往需要投放数百个超压气球的谷歌公司来说，这种装置极大提高了发射的效率和可靠性。

4）试验历程

谷歌气球Project Loon于2012年开始测试，2013年6月正式发布，并在新西兰南岛克莱斯特彻奇市郊区和莱克特卡波市坎特伯雷进行了首次公开飞行测试，气球在空中的最初留空时间普遍只有几天。此次飞行试验结果对Loon

气球技术的改进和完善提供了很大的帮助。谷歌公司通过飞行试验中收集的风力数据改善其预测模型,使预测精度达到之前的两倍。此外,Loon 气球经过不断的改进升级,已经从最初的留空时间只有几天提高到 100 天甚至是 180 天以上。

为了完善和提高 Loon 高空超压气球技术,在完成了气球升级后,团队又在加利福尼亚的中央谷开展了一系列的飞行试验,成功飞越了附近的福勒斯诺市。通过飞行,成功地获取了城市中无线电信号噪声对 Loon 气球网络传输能力影响的数据。由于噪声的存在,造成 Loon 气球信号的误码率提高,有效带宽降低,采用增加信号强度的措施可以降低噪声对信号的干扰。

随后,编号为 IBIS – 167 的气球用了 22 天时间完成了绕地球一周的飞行:气球先在太平洋上绕了几圈,然后乘着西风飞向了智利和阿根廷,然后回到了澳大利亚和新西兰。由于采用了改良后的气泵以及之前的飞行测试数据,气球能够更快地改变自身的工作高度,保持自己的航向。

2014 年 6 月初,在皮奥伊州首府特雷西纳靠近赤道地区,谷歌公司在当地放飞了 5 个高空气球。这次试验,在收发数据方面采用了移动通信长期演进技术,让人们可以通过手机直接连接并访问互联网。通过此项技术,Loon 气球与地面天线建立的传输速率最高可达 22Mb/s,与手持设备建立的传输速率则最高可达 5Mb/s。而且这也是谷歌公司首次克服湿热环境的影响,在赤道附近放飞 Loon 气球。

2018 年 9 月,Loon 气球通过 7 个不同的气球向近 1000km 的范围内发送互联网信号。这是 Loon 气球提供的最远信号接入距离,Loon 利用回程连接技术将互联网信号发送到距离地球上空 20km 的气球,然后利用预测算法来确定气球应该行进的方向以保持彼此的连接。

第 10 章

滑动索膜囊体结构设计

10. 1 引言

　　平流层环境复杂且多变,超压气球由于超热原因需要承受较大的内外压差,并且长期滞空的工作时长要求超压气球结构稳定性高,能经受住昼夜反复的超压过程。针对超压气球囊体结构承压要求高的问题,考虑采用滑动绳索包覆在囊体表面,组成滑动索膜囊体结构,达到提高囊体结构耐受压差的目的。滑动索膜囊体结构是一种可用于浮力体的新式构型,滑动绳索配合囊体材料的使用增加了浮力体的耐压能力,通过结构设计方式降低了囊体材料的要求,实现结构轻量化。

　　滑动索膜结构提高耐压能力的基本原理是:滑动索网和囊体相互协调配合作为结构承压的载体,在超压时可减小局部薄膜的曲率半径、降低表面张力,从而降低囊体应力水平。其示意图如图 10 - 1 所示。

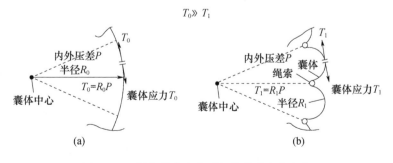

图 10 - 1　局部曲率变化引起的薄膜应力变化

　　滑动索膜结构的思想来源于超压气球的加强带方法。例如,南瓜构型是一种简化的滑动索膜结构,是在浮力体薄膜表面添加经向绳索,这种构型为美国ULDB 所采用。可以说,滑动索膜结构是南瓜构型的推广。经向索被推广到多种形式的索网,不仅仅适用于扁球外形,也可以被流线形飞艇等外形所采用。

　　下面采用试验验证的方法说明绳索对囊体应力的分担情况。在欧拉形气球上布置经向绳索,如图 10 - 2 所示。针对有索和无索两种形式,分别使用光纤光栅传感器记录在不同压差情况下的囊体应变,如图 10 - 3 所示。

图 10 - 2　加经向索的欧拉形气球

　　利用光纤光栅对结构进行应变监测,将光纤光栅粘贴在囊体和绳索附近,通过充气和放气试验,检验索网对囊体结构的影响。在球体上共粘贴 8 根光栅,分为纵向和环向,在一幅囊体裁片的上半部分均匀分布。规定球体顶部为第一点,往下依次为第二、第三、第四点。

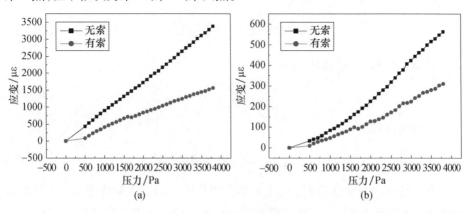

图 10 - 3　囊体应变测量曲线
(a)环向光栅测量结果;(b)纵向光栅测量结果。

以横向布置第 2 点光纤光栅测量结果为例,在相同 $1600\mu\varepsilon$ 的情况下,无索的形式对应的压差为 1800Pa,而有索的形式对应的压差提高到 3800Pa,从而可以得出结论,有索形式下的耐受压差能力得到了显著提高。

10.2 欧拉球形滑动索膜结构

10.2.1 欧拉球形滑动索膜结构的基本受力分析

欧拉体由于其满足母线长度一定的情况下,旋转得到的封闭体体积最大的特性,被广泛应用于超压气球球体形状设计,其母线方程示意图如图 10 - 4 所示。

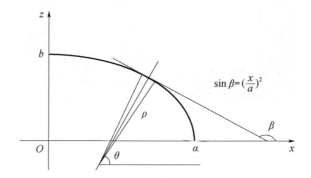

$$\sin\beta = \left(\frac{x}{a}\right)^2$$

图 10 - 4   欧拉球形母线方程示意图

欧拉球形母线方程可描述为

$$\sin\beta = \left(\frac{x}{a}\right)^2 \tag{10-1}$$

母线上任意一点的曲率半径为

$$\rho = \frac{a^2}{2x} \tag{10-2}$$

其旋转体积为

$$V_0 = 2\int_{\pi/2}^{\pi} \pi x^2 \dot{z}\mathrm{d}\beta = 2.746a^3 \tag{10-3}$$

在没有纵向绳索作用时,气球为光滑的球体。加上纵向绳索后,气球囊体向内收缩形成很多鼓包,气球变成类似南瓜的形状。由于高度引起的压差变化非常小,为了简化分析,忽略由于高度不一致产生的压差,近似认为球体内外压差为一均值。囊体一般为层合式的薄膜材料,主要承力层由纤维织物编织而成,在宏观上可看成是各向异性材料。设囊体环向的曲率半径为 ρ_φ,纵向的曲率半径为 ρ_θ,并假定二者之间关系为

$$\rho_\theta = n\rho_\varphi \qquad (10-4)$$

ΔP 为囊体内外压差,环向拉力与纵向拉力之间关系为

$$T_\varphi = \frac{\Delta P \rho_\varphi}{\dfrac{1}{n^2}+1} \qquad (10-5)$$

$$T_\theta = \frac{\Delta P \rho_\varphi}{\dfrac{1}{n}+n} \qquad (10-6)$$

由于鼓包的存在,南瓜形气球环向的曲率半径远小于纵向的曲率半径,即 $n \gg 1$,故有

$$T_\varphi = \Delta P \rho_\varphi \qquad (10-7)$$

这也与很多文献中对于环向拉力的计算方法一致。同时随着 n 值的增大,T_φ 和 T_θ 均减小。这也从理论上说明了南瓜形状的设计导致环向曲率半径较小,使得囊体纵向应力和环向应力均减小,极大地改善了囊体的受力情况。

为延缓囊体材料在紫外线照射下的老化现象,囊体材料最外层经常会镀上一层光滑的铝膜。绳索与囊体之间的摩擦力非常小,绳索在囊体上能够自由滑动,使得绳索上的应力保持均匀一致。设绳索上的拉力值为 T_s,则绳索上任意一点对囊体的作用力 T_ρ 为

$$T_\rho = \frac{T_S}{\rho} \qquad (10-8)$$

式中:ρ 为绳索上任意一点的曲率半径。以上的公式均与相应曲率半径有关,如果想要获得超压气球囊体与绳索上的应力分布情况,必须研究清楚气球与绳索的构型。

欧拉球体充气至设计的外形,理论上此时的内外压差为零。实际过程中由于囊体自重的影响,气球要保持设计的形状必须要达到一定的压差。设初始压差为 P_0。为了解欧拉球形超压气球在纵向绳索作用下由二维裁剪型变为三维裁剪型并承压膨胀的过程,将这一变化过程分为两个阶段。

第一个阶段为欧拉球体充气至设计外形后,当纵向绳索的初始应力很小时,绳索曲线形状与欧拉球体母线形状保持一致。此时的设计与二维裁剪的加强筋设计类似,当缩短绳索的长度 dl 使得绳索上的初始应力为 T_s 时,纵向绳索

收缩迫使绳索下方的囊体收缩形成纵向的褶皱,相邻两根绳索之间的囊体向外突出形成鼓包,绳索的长度小于鼓包中心线的长度,变形成三维裁剪型南瓜形气球。

第二个阶段为绳索位置不变,处于两绳索中间的鼓包承压向外膨胀。在一定的初始应力 T_s 的作用下,绳索与囊体均向内收缩,二者之间的作用力较大。由于绳索的弹性模量远高于囊体的弹性模量,因此假设此时气球在增压膨胀时,绳索的位置保持不变,鼓包随着压力的不断增大向外膨胀。

10.2.2 欧拉球形滑动绳索张紧后受力分析

在纵向绳索与囊体一起变形的过程中,绳索与其接触的囊体已经不是原来欧拉球体母线的形状。由于气球纵向高度的变化很小,故可假定绳索纵向高度不变。为了计算出变形后的构型,根据其变形特点,建立如图 10 - 5 所示的纵剖面图。

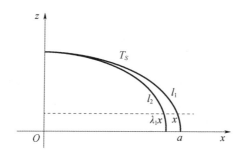

图 10 - 5 变形后的纵剖面图

设变形前绳索长度为 l_1,曲线方程为

$$z = f(x) \tag{10-9}$$

变形后绳索与其下方的囊体长度为 l_2,曲线方程变形为

$$z = f(\lambda_1 x) \tag{10-10}$$

则有

$$l_1 = 2 \int_{\pi/2}^{\pi} \sqrt{\dot{x}^2 + \dot{z}^2}\, \mathrm{d}\beta = 2.622a \tag{10-11}$$

$$l_2 = 2 \int_{\pi/2}^{\pi} \sqrt{\lambda_1^2 \dot{x}^2 + \dot{z}^2}\, \mathrm{d}\beta \tag{10-12}$$

因此若已知 l_1 和 l_2 的差值,即绳索长度的缩短量 $\mathrm{d}l$,即可求出 λ_1。

变形后曲线上任意一点的曲率半径 ρ_b 为

$$\rho_b = \frac{\left(\sqrt{\lambda_1^2 \dot{x}^2 + \dot{z}^2}\right)^3}{\lambda_1 |\ddot{x}\dot{z} - \dot{x}\ddot{z}|} \quad\quad (10-13)$$

式中：$\dot{x}$ 和 $\dot{z}$，$\ddot{x}$ 和 $\ddot{z}$ 分别为欧拉球形母线方程横坐标 x 和 z 的一阶导数和二阶导数。

取纵向绳索上任意一点作与赤道平面平行的截面,可得其剖面形状如图 10-6 所示。

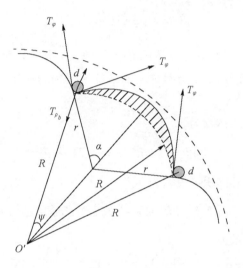

图 10-6　水平面剖视图

O' 表示旋转轴,T_φ 表示鼓包囊体上的环向拉力,$T_{\rho b}$ 表示变形后绳索上任意一点对囊体的作用力,R 表示绳索上任意一点的水平线与旋转轴的交点到该点的距离,r 表示鼓包环向的曲率半径,α 表示鼓包圆弧对应圆心角的一半,ψ 表示两水平线夹角的一半,d 为绳索的截面半径,由于其远小于 r 和 R,故可忽略不计。

图 10-6 中,有以下几何关系：

$$\psi = \frac{2\pi}{N} \quad\quad (10-14)$$

$$R = x_S = \lambda_1 x \quad\quad (10-15)$$

$$r\sin\alpha = R\sin\psi = \lambda_1 x\sin\psi \quad\quad (10-16)$$

式中：N 为裁片数目。

两鼓包的相交线在赤道处有囊体环向的拉力 T_φ 与绳索对囊体的作用力 $T_{\rho b}$ 平衡,故有

$$T_{\rho b} = 2T_\varphi \sin(\alpha - \psi) \quad\quad (10-17)$$

进而有

$$r\sin(\alpha - \psi) = \frac{T_s}{2\rho_b \Delta P} \qquad (10-18)$$

联立式(10-16)和式(10-18)可解得

$$\alpha = \text{arccot} \frac{R\cos\psi - \dfrac{T_S}{2\rho\Delta P\sin\psi}}{R\sin\psi} \qquad (10-19)$$

$$r = \frac{R\sin\psi}{\sin\alpha} \qquad (10-20)$$

下面计算变形后的体积,该体积可由图 10-6 中横截面积在 z 轴方向上积分得到,可分为两部分:一部分是绳索曲线旋转得到的体积;另一部分是鼓包突出部分的体积。

绳索旋转得到的体积为

$$V_S = 2\int_0^z \psi R^2 \mathrm{d}z = 2.746\lambda_1^2 a^3 \qquad (10-21)$$

鼓包突出部分的体积可表示为

$$V_b = 2N\int_0^z \left((R\cos\varPsi - r\cos\alpha)r\sin\alpha + \alpha r^2 \right)\mathrm{d}z \qquad (10-22)$$

故变化后的体积表示为

$$V_1 = V_S + V_b \qquad (10-23)$$

由于 α 与绳索初始应力 T_s 和内外压差 ΔP 均有关,故设参量 $\tau = T_s/\Delta P$,求出变化后的体积 V_1 与 τ 的变化关系。极限情况下绳索承担超压气球所有的纵向应力,此时有

$$T_S < \frac{\Delta P\pi a^2}{N} \qquad (10-24)$$

故有

$$\tau = \frac{T_S}{\Delta P} < \frac{\pi a^2}{N} \qquad (10-25)$$

初始变形时气球所受载荷较小,因此气球的体积变化可以忽略,即 $V_1 = V_0$,因此可以求得此时对应的参数 τ。根据气体平衡状态方程,变形前后内外压差也相等,即 $\Delta P = P_1$,故有

$$T_s = P_1\tau \qquad (10-26)$$

10.2.3 欧拉球形滑动索膜结构承压分析

气球增压膨胀,绳索的位置保持不变,鼓包随着压力的不断增大而向外膨

胀。鼓包处囊体纵向和环向的应力与其曲率半径正相关。经过计算发现,绳索曲线任意一点的曲率半径均大于变形前曲线及鼓包中心线上对应点的曲率半径,因此对囊体纵向的曲率半径以绳索曲线考虑。

绳索曲线上任意一点纵向的曲率半径为 ρ_b,环向的曲率半径为 r_z。当气球增压至 P_2 时,则有纵向拉力和环向拉力分别为

$$T_\theta = \frac{P_2 r_z}{\dfrac{r_z}{\rho_b} + \dfrac{\rho_b}{r_z}} \tag{10-27}$$

$$T_\varphi = P_2 r_z \tag{10-28}$$

由于绳索的位置保持不变,初始应力 T_s 和内外压差 ΔP 同样满足式(10-26)的关系且参数 τ 保持不变,因此绳索上此时的拉力为

$$T_\varphi = P_2 r_z \tag{10-29}$$

为提高超压气球结构材料的利用率,根据等强度设计的原则,设计时保证绳索和囊体同时达到极限载荷。设囊体材料的极限强度为 $T_m(\text{N/cm})$,绳索材料的极限强度为 $T_l(\text{N})$。则应选择合理的 $\mathrm{d}l$ 使得参数 τ 同时满足

$$P_2 \tau = T_l \tag{10-30}$$

$$\max(T_\varphi, T_\theta) = T_m \tag{10-31}$$

下面通过算例来表述整个计算过程。绳索所能承受的最大重量为 $m_s = 1.3\text{t}$,取 $g = 10\text{N/kg}$ 计算,则其极限载荷为 $T_l = 1.3 \times 10^4 \text{N}$。囊体材料的极限强度为 $T_m = 200\text{N/cm}$。

当超压气球承受超压时,若绳索先达到极限强度,则此时超压气球内外压差为

$$P_{2\_\mathrm{s}} = \frac{T_l}{\tau} \tag{10-32}$$

若囊体先达到极限强度,根据式(10-27)和式(10-28)可知

$$T_m = \max[T_\varphi, T_\theta] = \max(T_\varphi) = P_{2\_\mathrm{m}} r_z \tag{10-33}$$

故此时内外压差为

$$P_{2\_\mathrm{m}} = \frac{T_m}{r_z} \tag{10-34}$$

因此超压气球所能承受的最大压差 P_2 为

$$P_2 = \min\left(\frac{T_l}{\tau}, \frac{T_m}{r_z}\right) \tag{10-35}$$

平流层飞艇结构

当 dl 从 $0.01 \sim 0.3m$ 变化时，根据式$(10-27) \sim$式$(10-31)$可得到参数 r_z 与 τ 随 dl 的变化关系，进而根据式$(10-32) \sim$式$(10-35)$可得 P_{2_s}、P_{2_m} 随 dl 的变化关系如图$10-7$所示，其中 P_{2_s} 随着 dl 的增大而不断减小，P_{2_m} 随着 dl 的增大而不断增大。

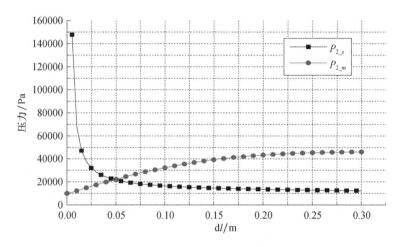

图 $10-7$　P_{2_s}、P_{2_m}随 dl 的变化关系

由式$(10-35)$可知，超压气球的极限压差 P_2 为 P_{2_s}、P_{2_m}中的较小值，P_2随 dl 的变化关系如图$10-8$所示。当 $dl = 0.05m$ 时，P_2取得最大值 $2.16 \times 10^4 Pa$，比 $dl = 0m$，即绳索不缩短时的极限压差有了大幅提升。根据 dl 可得到气球的初始构型及结构应力分布。

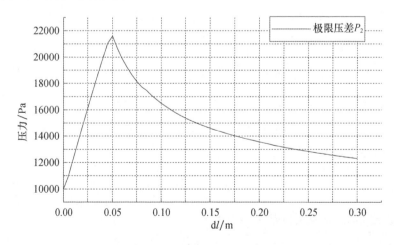

图 $10-8$　极限压差 P_2 随 dl 的变化关系

270

10. 2. 4   欧拉球形滑动索膜结构参数影响分析

针对欧拉球形滑动索膜结构设计过程中超压气球的裁切片数 N、球形大小参数 a、绳索和囊体的极限强度 T_l、T_m 展开讨论,研究其对超压气球承压性能的影响。

1. 裁切片数

其他参数不变,讨论超压气球裁切片数 N 对极限压差 P_2 的影响。由图 10 - 9 可知,随着 N 的增大,P_2 不断增大,且速度很快,说明提高裁切片数目能够有效提高超压气球的承压能力。但裁切片数也不是越大越好,当 N 较大时,会发生绳索缠绕,导致超压气球在升空过程中不能正常展开,同时也会大幅度地增加制造时间和费用。所以实际过程中会根据生产工艺条件及超压气球的大小选择合适的裁切片数。

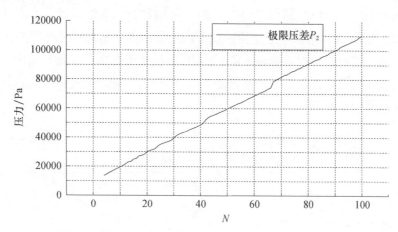

图 10 - 9   裁片数 N 对极限压差 P_2 的影响

2. 球形大小参数

其他参数不变,讨论超压气球大小 a 对极限压差 P_2 的影响。由图 10 - 10 可知,随着 a 的增大,P_2 不断减小,这也与实际工程经验相符。因此对于大型的超压气球,之前选定的囊体材料和绳索材料的极限强度显然不够。因此为使超压气球达到平流层的高度工作,必须选用强度更高的材料,同时必须提高裁切片数来提高气球承压能力。

3. 绳索和囊体的极限强度

其他参数不变,讨论提高绳索和囊体的极限强度 T_l、T_m 对极限压差 P_2 的影

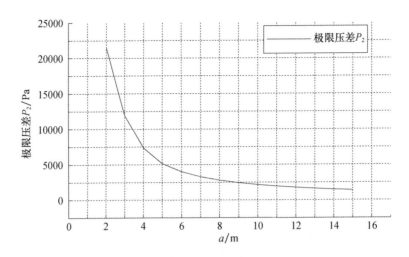

图 10 - 10　气球大小 a 对极限压差 P_2 的影响

响。由图 10 - 11 可知,随着 T_l 和 T_m 的不断增加,P_2 不断增加。二者比较而言,提高 T_m 使得 P_2 增长的速率快一些。因此提高绳索材料和囊体材料的极限强度有助于提高超压气球的极限承压能力,但相比于提高裁片数对极限压差的提升速度比较慢。这也说明在材料能力很难提升的情况下,选择合适球体结构设计方法非常重要。

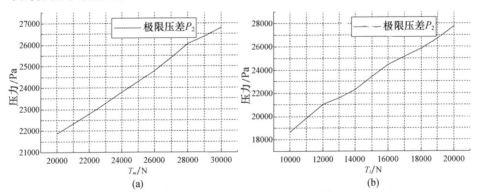

图 10 - 11　极限强度 T_l、T_m 对承压能力的影响

(a) T_l 对 P_2 的影响;(b) T_m 对 P_2 的影响。

10.3　正球形滑动索膜结构

正球形球体外部也可以布置滑动绳索。针对原始外形为正球形超压气球采用滑动绳索作为增强设计,并通过索、膜受载分析计算出最佳的外形参数;考虑囊体受载变形因素,采用修正设计理论,设计一种截面曲线为椭圆曲线的超压气球,这种超压气球在高载荷下囊体张力水平较修正前有较明显的降低,且使得囊体上应力分布更均匀。

10.3.1　膜面应力

由充气气囊膜面受力静平衡分析,可得到气球膜面张力的理论值,假设膜面单元上两垂直方向曲率半径 R_1 与 R_2 有如下关系,即

$$R_1 = n \cdot R_2 \tag{10-36}$$

式中:n 为囊体两垂直方向曲率半径比值。

由膜面单元静平衡方程可知,囊体上这两方向应力值为

$$\sigma_1 = \frac{\Delta P \cdot R_2}{t \cdot \left(\dfrac{1}{n^2} + 1 \right)}, \sigma_2 = \frac{\Delta P \cdot R_2}{t \cdot \left(\dfrac{1}{n} + n \right)} \tag{10-37}$$

式中:t 为囊体厚度;ΔP 为囊内外压力差。

假设气球囊体为各向同性材料,利用 Von mises 应力定量描述平流层飞艇囊体受力情况。经推导气球囊体上 Von mises 应力公式为

$$\sigma_v = \frac{\rho_1 \cdot \Delta P}{t \cdot (1 + n^2)} \cdot \sqrt{n^4 - n^3 + n^2} \tag{10-38}$$

式中:ρ_1 为囊体较小曲率半径值(环向曲率半径值)。

10.3.2　索膜结构膜面形状分析

滑动索膜结构超压气球膜面纵向曲率半径沿环向会发生变化,为均匀化膜面应力分布,并提高超压气球抗压能力,首先分析纵向变化曲率对平衡膜面单元形状的影响。

如图 10-12 所示,取一段受载荷为 ΔP 的囊体膜面微元,该膜面微元纵向弧长 $ds_l = 1$,且纵向曲率半径为 ρ_l,圆心角(纵向单元中线转角)为 β,环向曲率半径为 ρ_m,其值根据设计曲线不同随 x 变化有不同值。膜面单元在 y 轴有力平衡,即

$$T_{m2} \cdot \sin(\alpha) = \Delta P \cdot x \cdot ds_l - T_l \tag{10-39}$$

式中:T_l 为纵向囊体膜面拉力在 y 轴方向的分力;T_m 为单元沿膜面环向的张力;α 为 ρ_m 对应的环向角度。

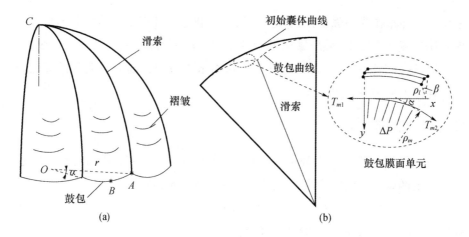

图 10 - 12　膜面单元平衡形状分析

（a）滑动索膜结构超压气球；（b）膜面单元。

由式（10 - 37）得到 T_l 及 T_m 的表达式分别为

$$T_l = \frac{\Delta P \cdot \rho_m \cdot \mathrm{d}s_m}{\left(n + \dfrac{1}{n}\right) \cdot \rho_l}, \quad T_{m2} = \frac{\Delta P \cdot \rho_m}{1 + \left(\dfrac{1}{n}\right)^2} \cdot \mathrm{d}s_l \qquad (10 - 40)$$

式中：$\mathrm{d}s_m$ 为环向微元弧长。

利用单元中线方程 $y = f(x)$ 代替环向曲线方程，化简式（10 - 40）得

$$\frac{\Delta P \cdot (1 + y'^2) \cdot y'}{1 + \left(\dfrac{1}{n}\right)^2} = \Delta P \cdot xy'' - \frac{\Delta P}{1 + n^2}\mathrm{d}s_m \cdot y'' \qquad (10 - 41)$$

（1）当设计膜面纵向曲率半径 $\rho_l = \infty$，也即膜面为可展面，展开形状为矩形，式（10 - 41）变为

$$\Delta P \cdot (1 + y'^2) \cdot y' = \Delta P \cdot xy'' \qquad (10 - 42)$$

积分解得

$$y' = \frac{x}{\sqrt{k^2 - x^2}} \qquad (10 - 43)$$

式中：k 为实常数。当膜面平衡时曲面仍为直纹柱面，环向曲线为圆弧，圆弧大小为设计值。

（2）当纵向曲率半径 $\rho_l \geqslant \rho_m$ 且为有限值时，滑索施加预紧力后形成的鼓包曲面为

$$\frac{\Delta P \cdot (1 + y'^2) y'}{1 + \left(\dfrac{1}{n}\right)^2} = \Delta P \cdot xy'' - \frac{\Delta P}{1 + n^2} \cdot \mathrm{d}s_m \cdot y'' \qquad (10 - 44)$$

为便于解方程,假设膜面长度 d_{sm} 近似等于 x,也即假设膜面微元足够小,化简得

$$\frac{\mathrm{d}x}{x} = \frac{\mathrm{d}y'}{y'(1+y'^2)} \tag{10-45}$$

式(10-45)说明在膜面单元足够小以至单元较大曲率半径是定值,则充气平衡状态下它的垂直方向截面曲线近似圆弧曲线,此时圆弧大小不光取决于设计值,还与纵向曲率半径有关。

当囊体膜面纵向曲率半径 ρ_l 确定时,能得到相应平衡状态下的环向曲率半径 ρ_m,其值的确定应视具体囊体尺寸与环境压力等有关。滑动索膜结构超压气球的单幅囊体上,其经向曲率半径是变化的,引起囊体上同一纬度的应力大小存在差异,其平衡状态下膜面的截面曲线与标准圆弧存在一定差异。

10.3.3　正球形超压气球形状设计

正球形气球由于其几何模型较为简单,且在膜面面积一定时,其体积能得到最大值,所以在科学气球中得到广泛应用。以较为简单的正球形超压气球为分析对象,在球形设计中考虑鼓包的隆起带来的囊体纵向曲率半径变化,进行环向截面曲线的修正设计,以达到囊体上应力均匀分布。

1. 加强索受力分析

加强索能有效分担囊体受力,其轴向力随高度变化也会不同,取长度为单位 1 的加强索单元进行分析,设该加强索单元对应的圆心角为 β。在加强索单元中垂线方向上,加强索对囊体的作用力与囊体环向力在该方向上的合力平衡。如图 10-13 所示,平衡方程可表示为

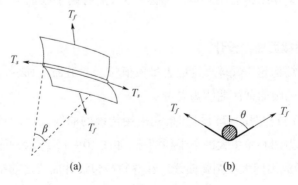

图 10-13　索膜单元

(a)索膜平衡关系;(b)索单元截面。

$$2T_s \cdot \sin\alpha = 2T_f \cdot \cos\theta \qquad (10-46)$$

式中：T_f 为膜面单元切向张力；γ 为该位置点囊体纵向曲率的一半，且有 $\gamma = \beta/2$。由于 γ 足够小，所以 $\sin\gamma \approx \gamma$，即

$$T_s = 2T_f \cdot \cos\theta \cdot \rho \qquad (10-47)$$

$$T_f = 2t\sigma_{环} \cdot \cos\theta \qquad (10-48)$$

式中：ρ 为该位置点的囊体纵向曲率半径；t 为膜面厚度。综合式(10-37)、式(10-47)和式(10-48)可得

$$T_s = \frac{2 \cdot \Delta P \cdot R_z}{1 + \dfrac{1}{n^2}} \cdot \cos\theta \cdot \rho \qquad (10-49)$$

式(10-49)中，n 和 ρ 随纬度的增加而逐渐减小，θ 则随纬度增加而逐渐增大，所以加强筋轴向力随纬度增加逐渐降低，最大值位于赤道面上。若不考虑在较高载荷作用下发生的囊体膨胀，在顶点处(如图10-12中 C 点)，理论值 θ 趋近90°，若按设计 ρ 为有限值，此时在顶点处绳索力趋近于0。根据膜面应力受力分析，顶点处膜面接近球面，此时膜面纵向应力近似等于膜面环向应力值，即

$$\sigma_{纵} = \frac{\Delta P \cdot R_2}{2t} \qquad (10-50)$$

此处加强索轴向应力远小于囊体膜面纵向应力，绳索拥有远高于膜面的弹性模量，所以在高纬度位置，理论上的膜面纵向应变远大于加强索。

若采用加强索与膜面固定连接形式，将不利于膜面与加强索间纵向力的传递。而滑动的索膜结构能很好地改善这一点，更有利于膜面应力传递，使纵向形变更均匀。

2. 赤道面截面曲线设计

索网囊体结构超压气球理论应力最大值位于赤道面上，故可在初步球形设计时以赤道面的膜面截面曲线为参考。

滑动索膜结构超压气球设计时，先采用传统的曲线设计，即囊体赤道截面设计曲线假设为圆心角更大的小半径圆弧，如图10-14所示，不同的绳索径向收紧量 dl 会形成不同大小圆弧曲线。在寻找鼓包设计曲线之前基于一点假设：设计时超压球的横截面曲线周长不变，即绳索数量 N 确定后，单个鼓包截面曲线弧长为 $2\pi R/N$。

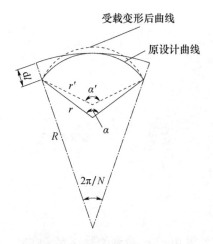

图 10 - 14　滑动索膜结构气球设计

在该坐标系下,仅需知道圆弧圆心纵坐标与半径 r,设原设计曲线的圆心角为 α,依据 $\mathrm{d}l$ 值可确定圆弧通过一点,再有圆弧长度相等假设,此时控制圆弧曲线可表示为

$$
\begin{cases}
r\dfrac{\alpha}{2}=\dfrac{\pi R}{N} \\
(R-\mathrm{d}l)\sin\dfrac{\pi}{N}=r\sin\dfrac{\alpha}{2}
\end{cases}
\tag{10-51}
$$

变形后曲线方程如图 10 - 14 所示,假定柔性囊体在沿圆弧方向应变均匀,假设变形后圆弧半径为 r',对应的圆心角为 α',则鼓包最高点应变、环向应力值为

$$
\varepsilon=\frac{\alpha'r'-(2\pi/N)R}{(2\pi/N)R},\sigma=\frac{r'\Delta P}{t}
\tag{10-52}
$$

根据应力应变关系,有

$$
E=\frac{\sigma}{\varepsilon}=\frac{r'\Delta P}{t}\frac{(2\pi/N)R}{\alpha'r'-(2\pi/N)R}
\tag{10-53}
$$

由此得到 ΔP 与 α' 的关系。其纵向曲线依据滑索增强气球成形分析,考虑绳索汇接在球体两端或端部法兰盘的存在,假设绳索上下两端高度差不变,$\mathrm{d}l$ 值为 0 时,其绳索曲线为圆弧;$\mathrm{d}l$ 值为非零值时,即绳索收紧后囊体纵向截面曲线为椭圆。

如图 10 - 15 所示,绳索的收紧使得绳索纵向曲线变化,但仍要求在上、下两点处切线水平,左、右两点处切线竖直。

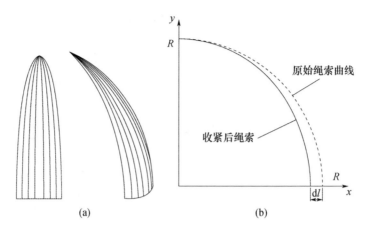

$$\text{图 10-15 \quad 滑动索膜结构绳索曲线}$$

(a)带两根滑索的半幅膜面;(b)滑索曲线。

当 dl 值较小时,由原方程 $x^2 + z^2 = R^2$,收紧后方程 $\dfrac{x^2}{m^2} + z^2 = 1$,其中代入 $(R - dl, 0)$ 点坐标,求得绳索收紧后曲线方程为

$$\frac{x^2}{\left(1 - \dfrac{dl}{R}\right)^2} + z^2 = R^2 \qquad (10-54)$$

同理,滑索增强结构超压气球膜面最大纵向截面曲线也可近似为一椭圆。以赤道面内单幅囊体分析,靠近绳索处,其纵向曲率半径更大,n 更大,其 Vonmises 应力更大,而离绳索越远处,其 Vonmises 应力越小。

值得注意的是,对滑动索膜结构超压气球,绳索的收缩量对气球体积的影响也应该考虑,实际工况中对浮力有较高要求的,dl 值不能太大。

3. 滑索索膜结构气球修正设计

根据传统鼓包截面曲线圆弧设计,针对不同球体尺寸,能得到相应的最佳径向收缩量 dl。为得到囊体应力均匀化的理想模型,根据式(10-38),调整鼓包截面曲线不同部位的曲率半径 r 大小,能间接影响 n 值,进而使囊体上应力分布得到相应调整。

式(10-38)中,若囊体纵向曲率半径为定值,随着 ρ_1 的增大,囊体上 Vonmises 应力增大,在相同的囊体纵向曲率半径下,减小 ρ_1 值能相应降低囊体上 Vonmises 应力值。故提出用椭圆曲线代替原设计中的圆弧曲线,如图 10-16 所示,降低 A 点环向曲率半径,增大 B 点处囊体环向曲率半径,能使原设计囊体上最小应

力处应力水平升高,最大应力处应力水平降低,即降低了囊体同一纬度上应力变化幅值。

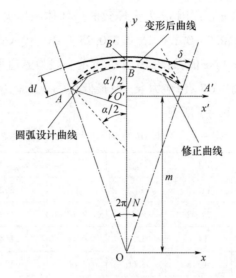

图 10 – 16　滑动索膜结构气球修正设计

已知椭圆曲线过 A、B、A' 三点,为便于计算将 B、A' 点处的法线夹角设为 $\dfrac{\alpha}{2}$,充气超压变形后的截面曲线在 A' 点处的切线与 OA' 的夹角记为 δ,椭圆圆心 O' 位置不同所得曲线不同,即图中 m 的大小控制着曲线形状。此处,为控制椭圆长轴在 x 轴方向,m 应小于 $(R-\mathrm{d}l)\cdot\cos\left(\dfrac{\pi}{N}\right)$,但 m 必须大于 $R/2$。设局部坐标系 $x'O'y$ 下椭圆方程为 $\dfrac{x^2}{a^2}+\dfrac{y^2}{b^2}=1$,曲线经过 A、B 两点,解得

$$
\begin{cases}
b = r\left(1-\cos\left(\dfrac{\alpha}{2}\right)\right) + (R-\mathrm{d}l)\cos\left(\dfrac{\pi}{N}\right) - m \\
a = \dfrac{bx}{\sqrt{b^2-y^2}}
\end{cases}
\tag{10-55}
$$

由 A、B 两点曲率半径解得相应的 m 值。

10.3.4　算例分析

以原始形状为正球形,直径 $D=4\mathrm{m}$,绳索数目 $N=16$ 为例,通过圆弧设计理论分析,分别以赤道截面上囊体曲线上与球心径向距离最大(B 点)、最小(A 点)两点为参考点,通过比较不同球形设计参数得到的参考点理论应力值,以及

相应的最佳球形设计参数 dl。

1. 圆弧曲线设计

考虑避免直径 4m 正球因 dl 太大导致的球体体积损失以及从实践经验出发，分别取 dl 值为 0、0.05、0.1、0.15、0.2、0.25、0.3m，代入式(10-51)中，可分别求得相应曲线的 r 与 α 值，如图 10-17 所示。因为赤道平面为危险截面，考虑此处囊体鼓包最高点(B 点)应力 σ_{min} 及最低点(A 点)应力 σ_{max} 由式(10-38)求得，相关参数如表 10-1 所列。

表 10-1 不同 dl 值时设计曲线几何参数

dl/m	R/m	α/(°)	n_{max}	n_{min}	σ_{max}/MPa	σ_{min}/MPa
0	2	11.25	1	1	292	292
0.05	0.92	24.42	2.23	2.17	159	188
0.1	0.65	34.4	3.23	3.11	154	153
0.15	0.56	40.13	3.66	3.66	134	134
0.2	0.485	46.4	4.58	4.31	125	122
0.25	0.436	51.57	5.25	4.88	114.7	113.4
0.3	0.392	57.3	6.0	5.51	104.3	103.1

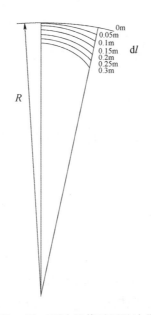

图 10-17 不同 dl 值时原设计曲线

2. 体积损失

体积也随 dl 增大而减小,假定成形鼓包后体积与原正球($\mathrm{d}l=0$ 时)形的体积比为 $\lambda=V_i/V_0$。期望能在体积变化较小情况下能明显降低膜面应力,如图 $10-18$ 所示,在理论上当 $\mathrm{d}l=0.05\mathrm{m}$ 时,其体积相对于原正球形气球减小仅 $4.5‰$ 左右,但最大理论应力却减小一半。

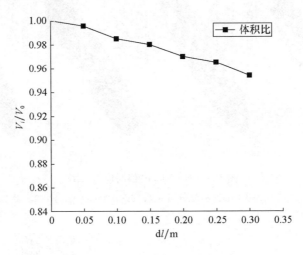

图 $10-18$　不同 dl 值时体积损失

3. 有限元仿真

建立有限元模型时,采用对称条件,取两相邻单幅膜片的一半及绳索曲线。试验中的超压气球为延缓囊体材料在紫外线照射下的老化现象,经常会在囊体材料最外层会镀上一层光滑的铝膜。绳索与囊体之间的摩擦力非常小,前期形状设计的仿真中可以假设索、膜间的接触为理想的无摩擦形式,建立绳索与膜面间的理想光滑模型。在完成形状设计后,再展开真实索、膜间的摩擦系数对索、膜匹配性的影响分析。气球压力载荷 $\Delta P=0.032\mathrm{MPa}$,分析使用囊体与绳索材料参数如表 $10-2$ 所列。

表 $10-2$　超压气球材料参数

部件	杨氏模量/MPa	泊松比	厚度(囊体)/mm	截面直径(索)/mm^2
囊体	4000	0.3	0.13	—
绳索	20000	0.3	—	12.56

记膜面中线上点(图 $10-16B$ 点)为最高点,靠近绳索的点(图 $10-16$ 中 A 点)为最低点。如图 $10-19$ 和图 $10-20$ 所示,理论分析中,随着 dl 的增大,囊

体 Vonmises 应力逐渐减小,在 $0 \leqslant \mathrm{d}l \leqslant 0.1$ 时,应力随 $\mathrm{d}l$ 增大而降低最明显。在单幅囊体中线上点(最高点)的应力仿真值与理论值能很好地吻合,绳索附近囊体(最低点)应力其仿真值随 $\mathrm{d}l$ 的增大呈降低趋势,但效果不明显。尤其当 $\mathrm{d}l \geqslant 0.05$ 时,绳索附近囊体应力值在 200MPa 附近浮动。

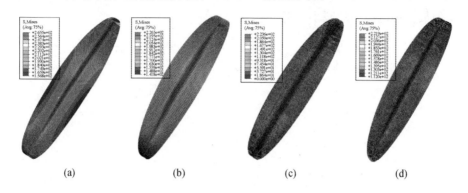

(a)   (b)   (c)   (d)

图 10 – 19   不同 $\mathrm{d}l$ 值时应力云图

(a) $\mathrm{d}l = 0.05\mathrm{m}$;(b) $\mathrm{d}l = 0.1\mathrm{m}$;(c) $\mathrm{d}l = 0.15\mathrm{m}$;(d) $\mathrm{d}l = 0.2\mathrm{m}$。

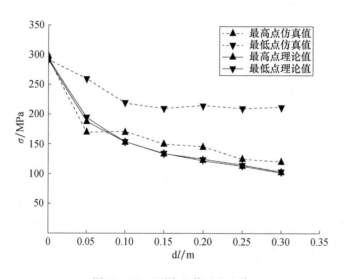

图 10 – 20   不同 $\mathrm{d}l$ 值时应力值

仿真值曲线与理论曲线走势基本一致,其中理论值为膜面无非线性形变时的理想数值,在载荷较小时,其数值大小与仿真值很接近。当考虑由大载荷引起的膜面变形时,由于绳索与膜面的弹性模量差值很大,分析中近似认为囊体截面上绳索位置不变,但膜面在发生明显几何变形后形成更小的半径和更大的圆心角,位于绳索附近的膜面,变形后环向曲率半径更小,但纵向曲率半径不变,即 n 更大,从图 10 - 19 看出,图 10 - 16 中 A 点位置的仿真值会比理论值大。

根据式(10 - 39)的 Vonmises 应力表达式,减小绳索附近囊体的环向曲率半径,能降低绳索附近囊体 Vonmises 应力。这也正是修正设计的内容。

以圆弧曲线设计囊体截面曲线,使单幅囊体同一纬度上环向曲率半径处处相等,但是囊体上最低点处较大的纵向曲率半径使此处的 Vonmises 应力更大,当内压达到抗压极限大小时,绳索附近囊体最先破坏,在绳索勒深 dl 较大时尤为明显。为此提出修正设计方案,按等极限压差的设计要求,采用椭圆曲线代替原囊体截面圆弧曲线,使单幅囊体同一纬度上的应力差值更小。

4. 修正设计分析

针对该型尺寸超压气球,对不同 dl 下,依据式(10 - 55),计算得相应的修正曲线的 m 值如表 10 - 3 所列。建立有限元模型仿真,修正设计后的应力分布云图与应力数值大小分别如图 10 - 21 和图 10 - 22 所示。从图中可以看出,修正后同一纬度的膜面应力最大、最小值介于原设计膜面最大、最小应力值之间,能直接减小应力峰谷差值,即膜面应力沿环向分布更均匀,在 $dl = 0.05\mathrm{m}$ 时,用该修正方法设计的膜面,最大应力明显降低,膜面应力分布效果明显优于修正前。

表 10 - 3　不同 dl 值时修正曲线几何参数值

dl/m	0	0.05	0.1	0.15	0.2	0.25	0.3
m/m	—	1.275	1.428	1.506	1.530	1.572	1.581

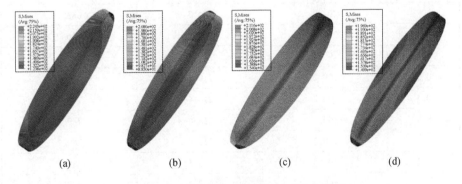

(a)　　　　　(b)　　　　　(c)　　　　　(d)

图 10 - 21　不同 dl 值时修正设计后应力云图
(a) $dl = 0.05\mathrm{m}$;(b) $dl = 0.1\mathrm{m}$;(c) $dl = 0.15\mathrm{m}$;(d) $dl = 0.2\mathrm{m}$。

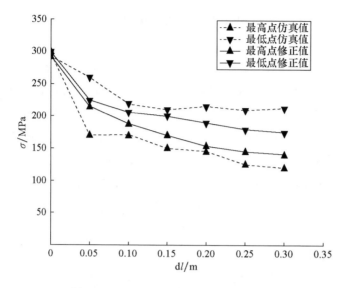

图 10 – 22   不同 dl 值时修正设计应力值

5. 摩擦系数影响分析

选取 $dl = 0.05m$ 的球形超压气球,经过形状修正设计以后的几何模型,分别建立摩擦系数 $\mu = 0.1 \sim \mu = 0.8$ 的索、膜滑动接触模型,模型材料、载荷及其他条件均与前述相同,表 10 – 4 为接触模型中不同摩擦系数下的索、膜上应力值及共节点模型的索、膜应力值,在摩擦系数超过 0.2 以后,该滑动模型数据近似等于共节点模型。这一结论也可为后续分析作参照,当索、膜材料间摩擦系数超过 0.2 时,仿真分析可近似简化成共节点模型。

表 10 – 4   不同摩擦系数下索、膜应力值

摩擦系数	膜面最高点应力/MPa	膜面最低点应力/MPa	绳索最大轴向应力/MPa
0	202.8	224.3	683.1
0.1	200.8	222.6	746.0
0.2	199.2	219.1	785.8
0.3	199.2	218.5	789.1
0.4	199.2	218.4	789.4
0.5	199.3	218.4	789.5
0.6	199.3	218.4	789.7
0.7	199.4	218.4	789.7
0.8	199.3	218.4	789.8
共节点模型	199.4	217.7	790.4

图 10-23 为对应曲线图，图中横坐标为摩擦系数。滑动索膜结构超压气球的索、膜间摩擦系数对膜面应力分布影响很小，但从绳索轴向应力结果考虑：当摩擦系数值小于 0.2 时，绳索的轴向应力随着摩擦系数的增大而增大；当摩擦系数大于 0.2 时，绳索轴向应力值稳定在 789MPa 附近。可见，索、膜材料接触处的光滑度主要在摩擦系数较小时影响绳索的受力。实际制造中应在接触部位选用尽量光滑的涂层材料。

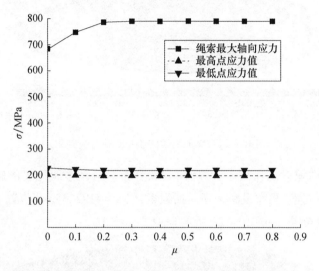

图 10-23　摩擦系数对索、膜受力的影响

10.4　艇形滑动索膜结构

飞艇的环向可以布设滑动绳索。合理优化加强索的数目和位置，可实现飞艇最小自重条件下最大的承压能力。采用基于 NSGA-Ⅱ遗传算法的优化方法，通过和经验设计、DOE 方法对比，得出最优的索分布的方案，同时分析最优分布的规律。

10.4.1　绳索位置分布

加强绳索的目的是增强承载能力，但是绳索的增加需要满足一定的约束，按照总体的设计要求，综合面密度不能超过原有的囊体面密度，同时，使艇身囊体的载荷分布更加均匀。

在没有加强索时，对飞艇进行载荷分析，约束条件是：左端约束 x、y、z 和

Rx、Ry、Rz,右端只约束 y、z 位移和 Rx 旋转,保证艇身可以在长度方向自由伸缩。载荷是内外压差 $p = 10000\text{Pa}$。

经过有限元分析,Mises 应力分析结果如图 10-24 所示,观察膜结构 Mises 应力分布可知,艇身结构在半径最大的位置即 $x = 4192.35\text{mm}$ 处,应力值最大。因此,此处设置加强索,会取得很好的分担应力的效果。

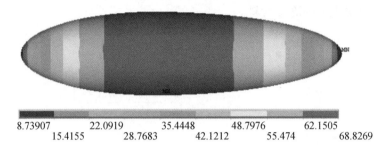

图 10-24　无加强索的艇身载荷分析结果

由于纵向绳索的作用不大,环向索的分布对滑动索膜飞艇的影响更大,因此,不考虑纵向索,只布设 9 条环向加强索,以 $x = 4192.35\text{mm}$ 位置为基准,间隔 1m 进行绳索布置,如图 10-25 所示。

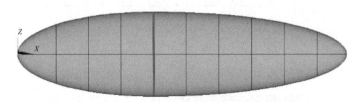

图 10-25　9 条加强索的分布示意图

施加相同的载荷并进行载荷分析,如图 10-26 所示。

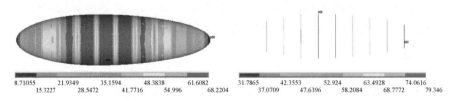

图 10-26　9 条加强索的艇身和绳索的应力分布图

观察膜的应力和加强索的应力分布情况,发现两端的绳索的应力值较小,最小值为 31.79MPa,最大值为 79.35MPa,两端的加强索分担载荷的作用较小,增重和分担载荷两种因素综合考虑,去掉左端 1 条和最右端 2 条较为合理。

6 条加强索分布的示意图如图 10 – 27 所示,仍是以 $x = 4192.35\text{mm}$ 位置为基准,间隔 1m 进行绳索布置,压力分布如图 10 – 28 所示。

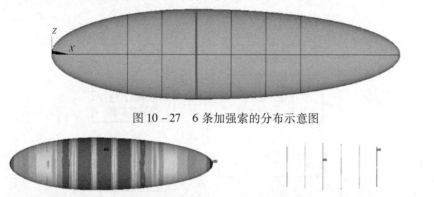

图 10 – 27　6 条加强索的分布示意图

8.63171	21.7767	34.9217	48.0666	61.2116	62.2053	65.8821	69.559	73.2358	76.9127
15.2042	28.3492	41.4941	54.6391	67.7841	64.0437	67.7205	71.3974	75.0742	78.7511

图 10 – 28　6 条加强索的艇身和绳索的应力分布图

比较两种分布的应力结果,如表 10 – 5 所列,相比含 9 条加强索的情况,减为 6 条加强索后,膜和索的最大应力基本不变,索的最小应力确有很大的提升,应力范围由 $31.79 \sim 79.35\text{MPa}$ 变成了 $62.21 \sim 78.75\text{MPa}$,最大值与最小值的差距减小很多,说明 6 条加强索都充分发挥了较强的承载作用。同时,绳索数量的减少会大大降低艇身的重量,综合面密度减小了很多,由 138.99g/m^2 减为 135.90g/m^2。

表 10 – 5　加强索的经验方案比较分析

索分布	无加强索	间隔 1m(9 条)	间隔 1m(6 条)
膜最大应力/MPa	68.83	68.22	67.78
综合面密度/(g/m²)	130.00	138.99	135.90

因此,以 6 条加强索的分布作为初步的设计方案,然后在此基础上进行精确优化分析,使结构的承载能力达到最大化。

10.4.2　优化的整体方案和数学模型

为了实现复杂结构的优化设计,采用有限元分析和优化平台相结合的方法进行优化方案设计,二者之间需要完成数据交互,由优化平台提供参数值作为有限元分析的输入,完成载荷分析后,提取优化所需的计算结果再传递到优化平台中,采用数学的优化算法进行优化。

在 6 条加强索的初步方案的基础上,对加强索的分布进行精细的优化设计,如图 10 – 29 所示。

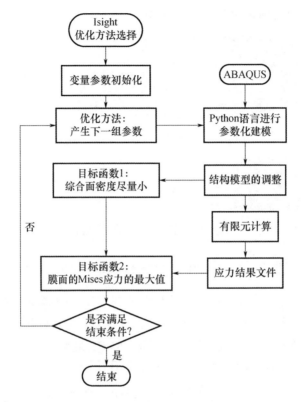

图 10 – 29　有限元和优化平台联合优化方案

1. 设计变量和约束条件的选取

优化设计是在经验设计的基础上,6 条加强索在长度方向的坐标位置,以最左端为坐标原点,设置为 $z1$、$z2$、$z3$、$z4$、$z5$、$z6$,如表 10 – 6 所列。在艇身半径最大处,加强索的作用最明显,因此该位置的绳索固定不动。考虑到加强索需要在艇身有一定的分布,不能无限制地靠近其他的 5 条加强索,设置可变化范围定为 400mm 宽较为合理,如表 10 – 6 所列。

表 10 – 6　设计变量及其约束条件

参数	$z1/mm$	$z2/mm$	$z3/mm$	$z4/mm$	$z5/mm$	$z6/mm$
初始值	2192.35	3192.35	4192.35	5192.35	6192.35	7192.35
约束	2000~2400	3000~3400	固定不变	5000~5400	6000~6400	7000~7400

2. 目标函数的选取

飞艇设计的一个重要指标是保证轻质,假设飞艇囊体的综合面密度不超过

$140g/m^2$。增加的加强索结构,分担了部分膜结构的应力,同时改善了膜结构的应力分布状况。为了方便优化计算,对于承载能力的表征设定为在压差为 $10000Pa$ 的条件下,膜结构的最大应力最小,而综合面密度最小。

$$目标函数:\begin{cases} f_1:\min(艇身的综合面密度) \\ f_2:\min(膜结构的最大应力) \end{cases}$$

10.4.3　DOE 优化

试验设计方法(Design of Experiments,DOE)提供了合理而有效地获得信息数据的方法,在工程和科研中有着广泛的应用。DOE 的核心思想是在不影响试验效果的基础上,尽可能地减少试验次数。

DOE 有多种试验方法,包括全因子试验设计、部分因子设计、正交试验法、拉丁超立方体(Latin Hypercube Design,LHD)、最优拉丁超立方体(Optimal Latin Hypercube Design,Opt LHD)等。相比全因子和部分因子设计,LHD 具备有效的空间填充能力,试验次数得到了优化减少。相比正交试验,LHD 对水平值分级宽松,试验次数可以人为控制。相比 LHD,Opt LHD 改进了 LHD 设计的均匀性,使因子和响应的拟合更加精确真实。

拉丁超立方体(LHD)的原理是在 n 维空间中,将每一维坐标区间 $[x_{\min}^k, x_{\max}^k]$,$k \in [1,n]$,均匀等分为 m 个区间,每个小区间记为 $[x_{i-1}^k, x_i^k]$,$k \in [1,m]$。随机选取 m 个点,保证一个因子的每一个水平只被研究一次,从而生成 m 个样本,n 维空间的拉丁超立方体设计,记为 $m \times n$ LHD。

LHD 在生成试验点时采用的随机生成的方法,而最优拉丁超立方设计(Opt LHD)通过优化改进了 LHD 试验点的均匀性,使所有的试验点在设计空间中填充得更加均匀。

在 Isight 中建立 DOE 优化的整个流程,流程图如图 10 - 30 所示,由 DOE 产生模型参数,传递至有限元平台,生成结构模型,此时可以计算出综合面密度,然后进行载荷计算,得到结果文件,再从中读取膜的最大应力值。

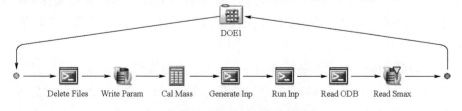

图 10 - 30　DOE 方法的优化流程图

经过 DOE(试验设计)方法的优化,得到了很好的优化结果,如表 10 – 7 所列,艇身膜结构的最大应力值由 67.78MPa 减小为 66.78MPa,而综合面密度的也由 135.90g/m^2 减小为 134.86g/m^2。

表 10 – 7 DOE 方法的优化结果

参数	初始状态	DOE 优化结果
$z1$/mm	2192.35	2061.72
$z2$/mm	3192.35	3089.78
$z3$/mm	4192.35	4192.35
$z4$/mm	5192.35	5029.66
$z5$/mm	6192.35	6262.12
$z6$/mm	7192.35	7351.10
$Smax$/MPa	67.78	66.78
综合面密度/(g/m^2)	135.90	135.86

10.4.4 带精英策略的非支配排序的遗传算法(NSGA – Ⅱ)优化

遗传算法(Genetic Algorithm,GA)是在 20 世纪六七十年代由美国密歇根大学的 John Holland 教授提出。它是模拟生物进化的优胜劣汰和生物遗传学机理的现代智能算法,是一种高效的随机全局搜索优化方法。基本思想是根据生物进化的观点,将设计变量采用一定的编码规则进行编码,将目标函数转化为算法的适应度函数,构成初始种群后,逐代演化产生出越来越好的近似解,种群根据适应度优劣不断地选择、交叉、变异和进化,按照适者生存和优胜劣汰的规则,最终留下的适应度最高的个体对应的解就是所求问题的最优解。

遗传算法中交叉算子是最重要的算子,决定着遗传算法的全局收敛性。交叉算子设计最重要的标准是子代继承父代优良特征和子代的可行性。

在多目标优化问题中,通常难以求得同时使所有优化目标最优的解决方案,目标彼此之间往往会相互冲突。所以,需要寻找单个或部分目标函数能进一步优化而同时不劣化其他目标函数的解,这类解称为最优非劣解集或者 Pareto 最优解。决策者可根据设计偏好在最优解所代表的多个设计方案中选取最终的结构优化设计方案。

针对多目标问题,带精英策略的非支配排序的遗传算法(NSGA –Ⅱ),提出了快速非支配排序法,从而来降低算法的计算复杂度。该算法采用拥挤度和拥挤度比较算子,替代需要指定共享半径的适应度共享策略。该算法的另一个特点是优化结果为 Pareto 最优解集,设计者可以根据实际情况和个人喜好去选择最优解。

NSGA – Ⅱ算法流程如图 10 – 31 所示。首先,随机产生规模为 N 的初始种群,非支配排序后通过遗传算法的选择、交叉、变异三个基本操作产生第一代子代种群;然后,从第二代子代种群开始,将父代种群与子代种群合并,进行快速非支配排序,同时对每个非支配层中的个体进行拥挤度计算,根据非支配关系以及个体的拥挤度选取合适的个体组成新的父代种群;最后,通过遗传算法的基本操作产生新的子代种群;依此类推,直到满足程序结束的条件。

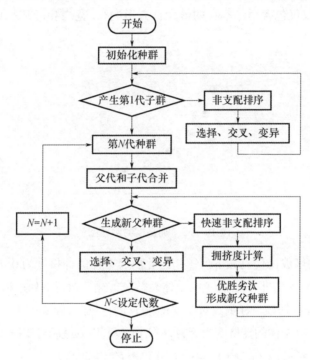

图 10 – 31 NSGA – Ⅱ算法的流程图

NSGA – Ⅱ算法在常规遗传算法的基础上,核心的改进主要有三方面:

(1) 快速非支配排序算子设计。

快速非支配排序的作用是根据个体的非劣解的水平对种群进行分层,从而指引搜索朝着 Pareto 最优解集的方向进行。假设种群为 P,P 中的每个个体都有两个参数 n_p 和 S_p,n_p 为种群中支配个体 p 的个体数,S_p 为种群中被个体 p 支配的个体集合。

分层的步骤为:①先找到种群中所有 $n_p = 0$ 的个体,并保存在集合 F_1 中,并给定每个个体相同的非支配序号 $i_{rank} = 1$;②然后针对 F_1 中的每个个体 j,j 所支

配的个体集 S_j 中的每个元素 k 的 $n_k = n_k - 1$（因为 j 已经被放置在 F_1 中）；③如果 $n_k - 1 = 0$，则将该元素 k 放置在新的集合 F_i 中，则 F_i 作为新一轮的非支配排序的集合，并给定每个个体相同的非支配序号 $i_{\text{rank}} = i$；④对 F_i 进行 F_1 相同的操作，如此循环直至分配完。

（2）个体拥挤度算子设计。

为了保证种群的多样性，同时对具备相同非支配序号的个体进行排序，NSGA – Ⅱ算法引入了拥挤度的概念。拥挤度是指种群中给定个体的周围个体的密度，定义为仅仅包含个体本身的最大长方形的长、宽之和，如图 10 – 32 所示，用 i_d 表示。

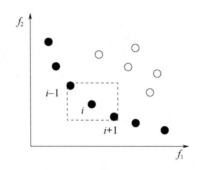

图 10 – 32 拥挤度的示意图

拥挤度的函数伪代码如下。①初始化所有个体的拥挤度为 0，$F[i]_d = 0$，其中 $i = 1,2,\cdots N$，N 为非支配集 F 的个体总数。②循环执行下列过程：对于每个目标函数 f_k，首先根据该目标函数对非支配集 F 进行排序，即 $\text{sort}(F,m)$；然后设置第 1 个和第 N 个个体的拥挤度为无穷，$F[1]_d = F[N]_d$；最后对于第 2 ~ $(N-1)$ 个个体，$F[i]_d = F[i]_d + (f_k(i+1) - f_k(i-1))/(f_k^{\max} - f_k^{\min})$。

经过非支配排序和拥挤度计算，种群中的每个个体都拥有两个属性：非支配排序序号 i_{rank} 和拥挤度 i_d。当进行比较时，如果 $i_{\text{rank}} < j_{\text{rank}}$，选择 i 个体；如果 $i_{\text{rank}} = j_{\text{rank}}$，选择拥挤度较大的个体，即 $i_d > j_d$，选择 i 个体，否则选择 j 个体。

（3）精英策略选择算子设计。

精英策略就是将父代中的优良个体保留下来，直接传递到子代中，防止丢失已获得的 Pareto 最优解。精英策略选择的新一代个体的产生是由父代中的优良个体和子代共同竞争产生的。

由于 NSGA – Ⅱ在多目标优化方面有着明显的优势，采用 NSGA – Ⅱ算法进行加强索的位置分布优化，流程图如图 10 – 33 所示。

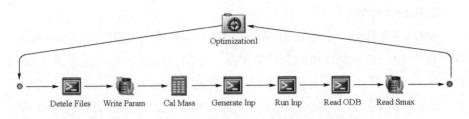

图 10 – 33 基于 NSGA – Ⅱ的优化分析流程图

该流程的其他环节和 DOE 分析方法是相同的,将优化方法换成"Optimiza-tion",优化算法选择 NSGA – Ⅱ遗传算法,该算法的参数如表 10 – 8 所列。

表 10 – 8 NSGA – Ⅱ算法的参数列表

种群大小	12
遗传代数	50
交叉概率	0.9
变异概率	0.01
模拟二进制交叉参数	10
多项式变异参数	20

10.4.5 NSGA – Ⅱ优化结果及讨论

1. 迭代过程

NSGA – Ⅱ算法通过保留父代的优良个体,交叉变异产生下一代再次进行优化,最终逐渐逼近最优的结果,图 10 – 34 所示为两个目标函数的历史迭代过程。迭代的过程由发散逐步集中,并且逐步地朝着目标函数减小的方向发展。

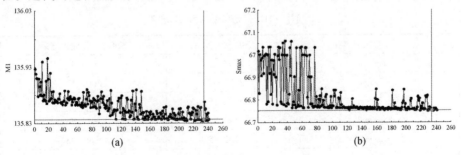

图 10 – 34 目标函数历史迭代过程

(a)综合面密度的迭代过程;(b)最大应力的迭代过程。

2. Pareto 解集

NSGA - Ⅱ算法一个重要的特点是产生 Pareto 解集,而不仅仅是一个解。在工程应用中,有时候优化的最佳结果不一定能很好地满足工程需要,因此可以在 Pareto 解集中,决策者根据喜好或者工程需求选择最佳的。本次优化的 Pareto 前沿解集如表 10 - 9 所列, Pareto 解集可满足结构的综合面密度和最大应力的双重需求,第 234 步是最优解。

表 10 - 9 Pareto 的前沿解集

迭代步数	膜最大应力/MPa	综合面密度/(g/m²)
229	66.752	135.857
232	66.758	135.833
234	66.753	135.836
236	66.752	135.855

分析表 10 - 9 可知,在可行范围内,综合面密度的值变化范围很小,在 135.833 ~ 135.857g/m² 范围内优化约束条件为 140g/m²,留了足够的余量给囊体的焊接和绳索的连接等其他影响因素。因此,当更加关注膜的最大应力时,可以在解集中选取应力最小的;当考虑自重因素较多时,选取综合面密度最小的解,可以灵活掌握。

3. 最优解

综合考虑两个目标函数,因此选用最优解作为最佳的优化结果,对比经验分析的"间隔 1m,6 条绳索"的初始状态,加强索的分布对比结果如表 10 - 10 所列,对 NSGA - Ⅱ 的最优解采用有限元分析进行验证,应力云图如图 10 - 35 所示。索的整体分布呈现中间集中,两边分散的趋势,即 $z3$ 和 $z4$ 间距较小,两侧 $z1$、$z2$、$z5$、$z6$ 的间距较大。

表 10 - 10 NSGA - Ⅱ 最优解

参数	初始状态	NSGA - Ⅱ优化结果
$z1$/mm	2192.35	2005.92
$z2$/mm	3192.35	3005.52
$z3$/mm	4192.35	4192.35
$z4$/mm	5192.35	5018.83
$z5$/mm	6192.35	6398.95
$z6$/mm	7192.35	7377.63
S_{max}/MPa	67.78	66.75
综合面密度/(g·m⁻²)	135.90	135.84

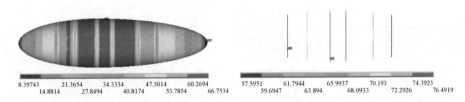

| 8.39743 | 21.3654 | 34.3334 | 47.3014 | 60.2694 |
| 14.8814 | 27.8494 | 40.8174 | 53.7854 | 66.7534 |

| 57.5951 | 61.7944 | 65.9937 | 70.193 | 74.3923 |
| 59.6947 | 63.894 | 68.0933 | 72.2926 | 76.4919 |

图 10-35　NSGA-Ⅱ最优解的应力云图

4. 参数相关性分析

对于多目标优化,分析其优化变量与目标函数的相关性,对加强索的布置和选择有更好的指导。分析两个或者多个变量之间的线性关系,使用相关性系数 r 来表征相关程度,有 $|r| \leqslant 1$。如果 $|r|$ 越大,表明相关程度越大;如果 $|r|$ 越接近 0,表明相关性不大。

如图 10-36(a)所示为 5 条加强索的位置对艇身膜面最大应力的相关性,$z4$ 的相关性最大,$z1$ 的相关性最小,因此对于 $z4$ 的布置要更加重视,在制造过程中对于精度的保证要更高。图 10-36(b)所示为 5 条加强索的位置对艇身的综合面密度(总质量/蒙皮面积)的相关性,由图可知,位置在中间的 $z2$、$z4$、$z5$ 的相关系数相对较小,两端的 $z1$、$z6$ 相关性较大。考虑母线的斜率大小,中间位置的斜率较小,加强索的位置发生变化时,索的长度变化较小,因此对总质量的影响较小;相反,两边的斜率相对较大,发生位置变化时,对总质量的影响较大。

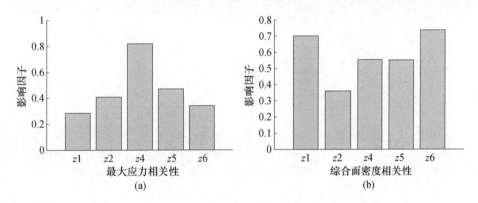

图 10-36　变量与目标函数的相关性分析

(a)变量与最大应力的相关性;(b)变量与综合面密度的相关性。

将经验分析和优化分析的结果汇总如表 10-11 所列,通过设置加强索可以有效地分担载荷,减小艇身囊体结构的最大 Mises 应力,同时使艇的应力分布更加均匀化,实现了结构设计的承载能力强和轻质的综合设计目标。

表 10 – 11　优化方案结果汇总

索分布情况	膜最大应力/MPa	综合面密度/(g/m²)	质量增量/g
无加强	68.83	130.00	——
间隔1m,9条	68.22	138.99	578.03
间隔1m,6条	68.22	135.90	379.35
DOE 优化	66.78	135.86	376.77
NSGA – Ⅱ优化	66.75	135.84	375.49

第 11 章

总结与展望

平流层飞艇结构作为浮空平台的主体,是其能否顺利完成任务的关键。飞艇结构的发展涉及材料、设计、分析、制备等,需要多方面共同前进,才能实现平流层飞艇的最终目标。

11.1 平流层飞艇囊体材料

平流层飞艇材料是结构的根本,其中囊体材料的发展制约着飞艇在平流层驻留的时间。第一,飞艇若在平流层定点悬浮,艇体需为超压结构,否则飞艇会随着囊体超冷超热的变化而上下波动。飞艇的超热会使囊体内部的压差急剧增加,囊体在内压的作用下张力也随之增加,因此对囊体材料的要求也非常高。第二,囊体材料的气密性是飞艇定点悬浮的保障,浮升气体提供了结构抵抗重力的根源,作为长期驻空的飞艇,浮升气体的渗漏将导致平台从平流层的跌落。

平流层飞艇囊体材料将向着质量更轻、强度更高、气密性更好的目标发展。从囊体材料的构成上,可从承力层、耐候层两方面进行重点研究。

（1）承力层的原材料需提高国产化的性能,控制产品的稳定性、降低缺陷率。承力层织物目前采用平纹织法较多,以单一纤维为主。未来可研制抗撕裂织物,提高囊体材料的撕裂性能,提升气囊的超压能力。另外,纤维混编也是提高撕裂性能的一条途径。

（2）耐候层的开发需要考虑紫外屏蔽性能、隔热性能、阻氦性能,研究影响这些性能的机理,从理论方面提供高效、轻质阻氦层产品的设计方法。

未来囊体材料的研制需要从基础、技术和生产三条途径开展工作:通过理论和技术基础研究,为提高囊体材料性能提供方法和手段;通过关键技术攻关,掌握高性能囊体材料实现的技术途径和细节;通过生产条件建设和集成复合工艺设计与优化,研究保证囊体材料性能稳定性。最终目标是建立性能均衡的囊体材料体系,提供系列化的产品级别的高性能国产囊体材料,为发展平流层飞艇平台奠定材料基础。

11.2　平流层飞艇结构

平流层飞艇结构是浮空平台最重要的组成部分,因其他系统都依附在结构上。平流层飞艇结构设计最主要的目的是在驻空阶段降低囊体的压差,在下降阶段控制结构的外形。

平流层飞艇结构未来可在以下几方面开展研究:

(1)降低囊体压差的措施。流线形飞艇的阻力系数最小,但较大的囊体直径在超热的影响下可能存在破裂的风险。有研究人员设计了在流线形飞艇中放置球形气囊,其内部充填氦气,球形气囊相对于艇形气囊可提高一倍的承压能力。

(2)提高囊体结构的耐压值。平流层超热引起的囊体超压值很大,提高囊体结构的耐压值是克服超热的一条有效途径。研究人员在飞艇的外表面布置碳纤维骨架,采用半硬式飞艇的形式来提高抗压能力。另外,滑动索膜结构也具有良好的抗压能力,在囊体材料制造无法满足要求时,依靠结构设计实现耐压能力的提高。

11.3　平流层飞艇结构设计与分析

平流层飞艇结构的设计与分析,需要更进一步精细化的研究。飞艇未来可在以下几个方面进行后续研究。

(1)飞艇结构的总体结构形式研究较多,但是各国的试验状况并不乐观,飞行过程中易爆裂导致的安全问题仍是关注焦点。因此,从材料设计和结构优化角度去进一步保证飞艇的安全性能,值得继续深入研究。

(2)在保证安全性能的前提下,飞艇的柔性结构在平流层空间飞行时,环境温度和压力的变化导致的结构外形变化、飞艇结构与空气的耦合作用需要进一步研究。

(3)飞艇结构是采用焊接带材料将囊体材料拼接而成,囊体材料由平面到三维结构,焊接带的性能也在热合过程中发生了变化,而在囊体承压能力预报上需要详尽地考虑这些因素。

（4）囊体结构的破坏模式、破坏机理有待进一步完善,寻找影响囊体结构承压能力的内因和外因,从试验和理论上阐明囊体结构在超压下的破坏机制。

11.4　平流层飞艇结构制备

飞艇囊体的加工制造是将二维的平面膜材通过焊接工艺形成三维的立体结构,焊接环节对于囊体结构十分重要。但是焊接工艺和焊接部件的研究目前较少,含胶体的焊接部件的形成和材料性能有待进一步深入研究。

（1）工艺质量的检测方法。囊体材料通过热合工艺连接到一起,但缺乏质量检测方法,需要开发针对囊体材料焊接的探伤工艺,并且制定热合缺陷的修补策略。

（2）囊体制备自动化。囊体制备依然靠人工进行,依赖操作人员的经验,囊体对接也靠人眼和手的配合,这对于大型囊体的加工制造十分不利。如果有自动化的设备来进行囊体的焊接工作,能保证囊体的质量。

11.5　平流层飞艇结构测量

平流层飞艇结构由于囊体材料特性的影响,其加工之后的外形可能会与设计值有出入,同时对囊体材料本身的测量也是一项困难的工作。对于粘贴型传感器,胶黏剂的选择尤为重要,最好与囊体材料的模量相匹配。非接触测量则不需要进行粘贴,只需在囊体表面布设散斑。对飞艇结构的测量未来可在以下方面开展后续研究。

（1）非接触测量的抗抖动性。平流层飞艇结构巨大,由于是充气成形,很难将结构固定住,并且气体的进出也会造成囊体结构的抖动,使非接触测量出现测量不准确甚至错误。通过改进非接触测量的捕捉方法和算法,将会提高抗抖动性。

（2）非接触测量的在线监测。非接触测量在线监测,需要考虑测试设备的安装,以及测试图片的回传和实时处理,可进一步对囊体进行充放气的调整。

（3）囊体结构外形重构。对于平流层飞艇而言,其主体部分是由充气囊体材料组成的柔性球体。对其进行外形重构可实时掌握艇体形状变化情况,指导飞艇设计及飞行过程的精确控制。将光纤光栅波长变化量实时转化为曲率信息及应变信息,结合重构算法将曲率信息转化为形变信息。

参考文献

[1] 沈海军,程凯,杨莉. 近空间飞行器[M]. 北京:航空工业出版社,2012.

[2] 甘晓华,郭颖. 飞艇技术概论[M]. 北京:国防工业出版社,2005.

[3] 赵达,刘东旭,孙康文,等. 平流层飞艇研制现状、技术难点及发展趋势[J]. 航空学报. 2016,37(1):45 – 56.

[4] 姚伟,李勇,王文隽,等. 美国平流层飞艇发展计划和研制进展[J]. 航天器工程,2008, 17(2):69 – 75.

[5] Androulakakis S P,Judy R. Status and Plans of High Altitude Airship(HAA™)Program[C]. AIAA lighter – than – air systems technology(LTA)conference,2013:1362.

[6] 曹旭,顾正铭,王伟志,等. 美国 ISIS 平流层飞艇概述[C]2011 年中国浮空器大会论文集. 2011:113 – 119.

[7] Smith I,Lee M. The Hisentinel Airship[C]//7th AIAA ATIO Conf,2nd CEIAT Int'l Conf on Innov and Integr in Aero Sciences,17th LTA Systems Tech Conf; followed by 2nd TEOS Forum. 2007:7748.

[8] Smith I,Lee M,Fortneberry M,et al. HiSentinel80:Flight of a High Altitude Airship[C]// 11th AIAA Aviation Technology,Integration,and Operations(ATIO)Conference,including the AIAA Balloon Systems Conference and 19th AIAA Lighter – Than. 2011:6973.

[9] 祝榕辰,王生. 超压气球研究与发展现状[C]//第二十四届全国空间探测学术交流会论文集. 2011:1 – 7.

[10] Wakefield D,Bown A. Non – Linear Analysis of the NASA Super Pressure Balloons:Refined Modelling[C]//AIAA Balloon Systems(BAL)Conference. 2013:1359.

[11] Wakefield D,Bown A. Non – Linear Analysis of the NASA Super Pressure Balloons:Whole Flight Simulations[C]//AIAA Balloon Systems Conference. 2017:3606.

[12] Kiessling A,Diaz E,Rhodes J,et al. The 20 – 20 – 20 Airships NASA Centennial Challenge [J]. IAU General Assembly,2015,29:2230625.

[13] 陈务军,董石麟. 德国(欧洲)飞艇和高空平台研究与发展[J]. 空间结构,2006,12 (4):3 – 7.

[14] Epperlein F,Kroeplin B,Kornmann R. New Possibilities in the Field of High – Altitude Air-

ships and Airships for Transportation – the Airworm Concept[C]//Proceedings of 14th AIAA Lighter – Than – Air Technical Committee Conference and Exhibition,Akron,Ohio. 2001.

[15] Chessel J P. Stratobus the Autonomous,Staioary,Stratospheric Platform[EB/OL]. (2015 – 05 – 22)[2015 – 11 – 03]. https://www. thalesgroup. com/en/worldwide/space/maga-zine/space – qa – all – about – stratobus.

[16] Grace D,Mohorcic M,Oodo M,et al. CAPANINA – Communications from Aerial Platform Networks Delivering Broadband Information for All[C]//Proceedings of the 14th IST mobile and wireless and communications summit. 2005.

[17] 曹秀云. 近空间飞行器成为各国近期研究的热点(下)[J]. 中国航天,2006,(7):30 – 32.

[18] Nakadate M. Development and Flight Test of SPF – 2 Low Altitude Stationary Flight Test Ve-hicle[C]//AIAA 5th Aviation,Technology,Integration,and Operations Conference. Arling-ton,Virginia. AIAA 2005 – 7408.

[19] Shunichi OKAYA,Noboru SHINOZAKI,Shuichi SASA,et al. R&D Status of RFC Technology for SPF Airship in Japan[C]//9th Annual International Energy Conversion Engineering Con-ference. San Diego,California 2011;5896.

[20] 张处弘. 我国飞艇规划及西湖号飞艇研制情况[J]. 航空史研究,1995,(4):16 – 20.

[21] 宋安民,黄德赞,符文贞,等. 平流层验证飞艇多气室结构设计技术研究[C]. 2012 中国浮空器学术年会,2012:200 – 201.

[22] 黄德赞,宋安民,何巍,等. 平流层飞艇囊体结构选型论证[C]. 2012 中国浮空器学术年会,2012:42 – 45.

[23] 黄宛宁,张晓军,李智斌,等. 临近空间科学技术的发展现状及应用前景[J]. 科技导报,2019,37(21):46 – 62.

[24] 肖益军. 复合式临近空间新概念飞艇总体技术研究[J]. 新型工业化,2017,7(2):54 – 59.

[25] 麻震宇,侯中喜,杨希祥. 临近空间大型柔性充气囊体结构特性分析[J]. 国防科技大学学报,2015,37(4):25 – 30.

[26] Schek H J. The force Density Method for Form Finding and Computation of General Networks [J]. Computer Methods in Applied Mechanics and Engineering,1974,3(1):115 – 134.

[27] Gründig L,Bahndorf J. The Design of Wide – Span Roof Structures Using Micro – computers [J]. Computers and Structures,1988,30(3):495 – 501.

[28] Veenendaal D,Block P. An Overview and Comparison of Structural Form Finding Methods for General Networks[J]. International Journal of Solids and Structures. 2012,49(26):3741 – 3753.

[29] Pauletti R M O,Pimenta P M. The Natural Force Density Method for the Shape Finding of Taut Structures[J]. Computer Methods in Applied Mechanics and Engineering,2008,197(49 – 50):

4419 – 4428.

[30] Koohestani K. Nonlinear Force Density Method for the Form – Finding of Minimal Surface Membrane Structures[J]. Communications in Nonlinear Science and Numerical Simulation, 2014,19(6):2071 – 2087.

[31] 王勇,魏德敏. 具有 T 单元张拉膜结构的找形分析[J]. 工程力学,2005,22(4):215 – 219.

[32] 苏建华. 空间索膜结构的力密度法静力分析研究[D]. 广州:华南理工大学,2005.

[33] 何艳丽,陈务军,赵俊钊. 充气膜结构的成形理论与试验研究[J]. 工程力学,2013,30(4):269 – 274.

[34] 周树路,叶继红. 膜结构找形方法——改进力密度法[J]. 应用力学学报,2008,25(3):421 – 424.

[35] Bletzinger K U,Ramm E. Structural Optimization and Form Finding of Light Weight Structures[J]. Computers and Structures,2001,79(22 – 25):2053 – 2062.

[36] Noguchi H,Kawashima T. Meshfree Analyses of Cable – Reinforced Membrane Structures by ALE – EFG Method[J]. Engineering analysis with boundary elements,2004,28(5):443 – 451.

[37] 刘英贤. 应用无网格法分析膜结构找形问题的初步研究[D]. 昆明:昆明理工大学,2006.

[38] 赵俊钊,陈务军,付功义,等. 充气膜结构零应力态求解[J]. 工程力学. 2012,29(12):134 – 140.

[39] Uetani K,Fujii E,Ohsaki M,et al. Initial Stress Field Determination of Membranes Using Optimization Technique[J]. International Journal of Space Structures,2000,15(2):137 – 143.

[40] Sindel F,Nouri – Baranger T,Trompette P. Including Optimisation in the Conception of Fabric Structures[J]. Computers and Structures,2001,79(26 – 28):2451 – 2459.

[41] 钱基宏,宋涛. 张拉膜结构的找形分析与形态优化研究[J]. 建筑结构学报,2002,23(3):84 – 88.

[42] 陈斌,龚景海. 充气膜结构找形分析[J]. 四川建筑科学研究. 2007,33(6):14 – 17.

[43] 王全保,陈吉安,段登平,等. 平流层飞艇外形的设计优化[J]. 计算机仿真,2010,27(9):44 – 47,87.

[44] Colozza A,Dolce J L. High – Altitude,Long – Endurance Airships for Coastal Surveillance[R]. NASA/TM – 2005 – 213427.

[45] Ozoroski T A,Mas K G,Hahn A S. A PC – based Design and Analysis System for Lighter – than – air Unmanned Vehicles[C]//2nd AIAA "Unmanned Unlimited" System, Technologies,and Operation – Aerospace. San Diego,California,2003.

[46] Pant R S. A Methodology for Determination of Baseline Specifications of a Non – Rigid Airship[C]//AIAA's 3rd Annual Aviation Technology, Integration, and Operation (ATIO)

Tech. Denver,Colorado,2003.

[47] Lutz T,Wagner S. Drag Reduction and Shape Optimization of Airship bodies[J]. Journal of Aircraft,1998,35(3):345-351.

[48] Nejati V,Matsuuchi K. Aerodynamics Design and Genetic Algorithms for Optimization of Airship Bodies[J]. JSME International Journal,Series B:Fluids and Thermal Engineering,2003,46(4):610-617.

[49] Wang X L,Shan X X. Shape Optimization of Stratosphere Airship[J]. Journal of Aircraft,2006,43(1):283-287.

[50] Kanikdale T S. Multi-Disciplinary Optimization of Airship Envelope Shape[C]//10th AIAA/ISSMO Multidisciplinary Analysis and Optimization Conference. New York,2004.

[51] 钟毅芳,陈柏鸿,王周宏. 多学科综合优化设计原理与方法[M]. 武汉:华中科技大学出版社,2006.

[52] 王耀先. 复合材料力学与结构设计[M]. 上海:华东理工大学出版社,2012.

[53] 盛振邦,刘应中. 船舶原理[M]. 上海:上海交通大学出版社,2004.

[54] 高海健,陈务军,付功义. 平流层验证飞艇结构体系比较研究[J]. 宇航学报,2011,32(4):713-720.

[55] 高海健,陈务军,付功义,等. 平流层平台柔性飞艇结构弹性分析理论[J]. 上海交通大学学报,2010,44(11):1583-1587,1594.

[56] 高海健. 大型临近空间平台柔性飞艇结构分析理论与特性研究[D]. 上海:上海交通大学,2010.

[57] GAO H J,CHEN W J,FU G Y. Structural Design Conception and Analysis for the Structural System of Large Flexible Airship[J]. Journal of Shanghai Jiao Tong University,2010,15(6):756-761.

[58] Chen W J,Xiao W W,Fu G Y,et al. Structural Performance Evaluation Procedure for Large Flexible Airship of HALE Stratospheric Platform Conception[J]. Journal of Shanghai Jiao tong University,2007,12(2):293-300.

[59] Chen W J,Zhang D X,DP Duan,et al. Equilibrium Configuration Analysis of Non-rigid Airship Subjected to Weight and Buoyancy[C]//llth AIAA ATIO Convention. Virginia Beach,2011-6870.

[60] Khoury G A,Giuett J D. 飞艇技术[M]. 北京:科学出版社,2007.

[61] 陈建稳. 飞艇囊体材料的拉伸及撕裂力学性能研究[D]. 上海:上海交通大学,2015.

[62] USA:Department of Transportation and Federal Aviation Administration. Airship design criteria[S]. FAA-P-8110-2-1995. 1995.

[63] 鲁国富,邱振宇,高成军,等. 基于双轴拉伸试验的飞艇囊体材料非线性分析[J]. 复合材料学报,2018,35(5):1166-1171.

［64］Chen J W，CHEN W J，Wang M Y，et al. Mechanical Behaviors and Elastic Parameters of Laminated Fabric URETEK3216LV Subjected to Uniaxial and Biaxial Loading［J］. Applied Composite Materials，2017，24（5）：1107 – 1136.

［65］陈建稳，周涵，陈务军，等. 飞艇用层压织物膜材料在双向应力作用下的弹性参数分析［J］. 上海交通大学学报，2017，51（3）：344 – 352.

［66］Qiu Z，Chen W，Gao C，et al. Experimental and Numerical Study on Nonlinear Mechanical Properties of Laminated Woven Fabrics［J］. Construction and Building Materials，2018，164：672 – 681.

［67］Chen J W，Chen W J，Zhang D X. Experimental Study on Uniaxial and Biaxial Tensile Properties of Coated Fabric for Airship Envelope［J］. Journal of Reinforced Plastics and Composites，2014，33（7）：630 – 647.

［68］陈宇峰，陈务军，何艳丽，等. 柔性飞艇主气囊干湿模态分析与影响因素研究［J］. 上海交通大学学报，2014，48（2）：234 – 238，243.

［69］Chen J，Chen W，Zhao B，et al. Mechanical Responses and Damage Morphology of Laminated Fabrics with a Central Slit Under Uniaxial Tension：a Comparison Between Analytical and Experimental Results［J］. Construction and Building Materials，2015，101：488 – 502.

［70］王利钢，陈务军，高成军. 聚酯纤维机织物 – 聚氯乙烯 – 聚偏氟乙烯膜材双轴剪切力学性能试验［J］. 复合材料学报，2015，32（4）：1118 – 1124.

［71］王利钢，陈务军，高成军. 纬向弓曲率对蒙皮膜材力学性能影响的试验分析［J］. 东华大学学报，2015，41（2）：155 – 161.

［72］Chen J，Chen W. Central Crack Tearing Testing of Laminated Fabric Uretek3216LV under Uniaxial and Biaxial Static Tensile Loads［J］. Journal of Materials in Civil Engineering，2016，28（7）：04016028.

［73］邱振宇，陈务军，赵兵，等. 充气尾翼湿模态分析与试验研究［J］. 振动与冲击，2016，35（15）：140 – 143，148.

［74］陈建稳，陈务军，侯红青，等. 织物类蒙皮材料中心切缝撕裂破坏强度分析［J］. 复合材料学报，2016，33（3）：666 – 674.

［75］Hu Y，Chen W，Chen Y，et al. Modal Behaviors and Influencing Factors Analysis of Inflated Membrane Structures［J］. Engineering Structures，2017，132（FEB. 1）：413 – 427.

［76］Chen J，Chen W，Zhou H，et al. Central Tearing Characteristics of Laminated Fabrics：Effect of Slit Parameter，Off – Axis Angle，and Loading Speed［J］. Journal of Reinforced Plastics and Composites，2017，36（13）：921 – 941.

［77］邱振宇，陈务军，赵兵，等. 飞艇主气囊结构湿模态分析与试验研究［J］. 振动与冲击，2017，36（12）：61 – 67，82.

［78］何世赞，陈务军，高成军，等. 浮空器蒙皮膜复合材料单轴拉伸力学性能及弹性常数

[J]. 复合材料学报,2017,34(1):224 - 230.

[79] Shi T,Chen W,Gao C,et al. Biaxial Strength Determination of Woven Fabric Composite for Airship Structural Envelope Based on Novel Specimens[J]. Composite Structures,2018,184: 1126 - 1136.

[80] Shi T,Chen W,Gao C,et al. Yarn Tensile Experiments and Numerical Simulations Based on the Decomposition of Stratospheric Airship Envelopes[J]. Journal of Aerospace Engineering, 2018,31(3):04018011.

[81] 王晓亮,单雪雄,陈丽. 平流层飞艇流固耦合分析方法研究[J]. 宇航学报,2011,32 (1):22 - 28.

[82] 唐逊,赵攀峰,秦朝中. 高空飞艇的流固耦合数值研究[J]. 航空科学技术,2008,(4): 18 - 22.

[83] 秦朝中,杨向龙,孙文斌,等. 高空飞艇的流固耦合数值研究[C]. 中国浮空器大会,2007.

[84] Griffin D,Swinyard B,Sidher S,et al. Feasibility Study of a Stratospheric - Airship Observatory[C]. Proceedings of SPIE - The International Society for Optical Engineering,2003,4857: 227 - 238.

[85] Stockbridge C,Ceruti A,Marzocca P. Airship Research and Development in the Areas of Design,Structures,Dynamics and Energy Systems[J]. International Journal of Aeronautical & Space ences,2012,13(2):170 - 187.

[86] 刘芳,李栋. 飞艇绕流场与柔性变形的数值模拟[C]. 2008 年中国浮空器大会,2008.

[87] Bessert N,Frederich O. Nonlinear airship aeroelasticity[J]. Journal of Fluids & Structures, 2005,21(8):731 - 742.

[88] 刘建闽,薛雷平,鲁传敬. 平流层飞艇绕流场与柔性变形的数值模拟[J]. 力学季刊, 2006,27(3):440 - 448.

[89] 刘建闽. 平流层飞艇绕流场与膜结构大变形的耦合计算[D]. 上海:上海交通大学,2007.

[90] 道威尔. 气动弹性力学现代教程[M]. 杨智春,译. 北京:航空工业出版社,2014.

[91] 谢浩. 三维非线性动态流体—结构耦合数值方法及其应用研究[D]. 西安:西安交通大学,2003.

[92] 梁强. 复杂流场的非定常气动力计算以及气动弹性研究[D]. 西安:西北工业大学,2003.

[93] Wang X L,Song W B. A New Hybrid Interpolation Method for Information Exchange in Computational Aeroelasticity[C]. IEEE 2010 3rd International Symposium on Systems and Control in Aeronautics and Astronautics(ISSCAA) - Harbin,China,2010:439 - 444.

[94] 查尔斯 P 伯吉斯. 飞艇设计技术[M]. 王晓亮,译. 上海:上海交通大学出版社,2019.

［95］戴秋敏,方贤德. 平流层飞艇囊体热流固耦合分析[C]//第五届高分辨率对地观测学术年会论文集. 2018.

［96］吴小翠,王一伟,黄晨光,等. 刚度构型对飞艇定常流固耦合特性的影响研究[J]. 工程力学,2016,33(2):34 - 40.

［97］Van A L,Wielgosz C. Bending and Buckling of Inflatable Beams:Some New Theoretical Results[J]. Thin - Walled Structures,2005,43(8):1166 - 1187.

［98］Wielgosz C,Thomas J C. An Inflatable Fabric Beam Finite Element[J]. International Journal-for Numerical Methods in Biomedical Engineering,2003,19(4):307 - 312.

［99］Thomas J C,Jiang Z,Wielgosz C. Continuous and Finite Element Methods for the Vibrations of Inflatable Beams[J]. International journal of space structures,2006,21(4):197 - 221.

［100］Park G,Ruggiero E,Inman D J. Dynamic Testing of Inflatable Structures Using Smart Materials[J]. Smart Materials and Structures,2002,11(1):147 - 155.

［101］谭惠丰,李云良,毛丽娜,等. 空间充气展开支撑管的自振特性研究[J]. 哈尔滨工业大学学报,2008,40(5):709 - 713.

［102］肖薇薇,陈务军,付功义. 空间薄膜阵面预应力导入效应及影响因素[J]. 宇航学报,2010,31(3):845 - 849.

［103］高海健,陈务军,付功义. 预应力薄膜充气梁模态的分析方法及特性[J]. 华南理工大学学报,2010,38(7):135 - 139.

［104］高海健,陈务军,付功义. 薄膜充气梁有限元分析方法与结构特性研究[J]. 合肥工业大学学报,2011,34(6):861 - 865.

［105］杨跃能,郑伟,闫野,等. 平流层飞艇飞行模态分析[J]. 国防科技大学学报,2015,37(4):57 - 64.

［106］于肖宇,张继革,顾卫国,等. 薄壁圆筒结构附加质量的试验研究[J]. 水动力学研究与进展,2010,25(5):655 - 659.

［107］王磊,李元齐,沈祖炎. 薄膜振动附加质量试验研究[J]. 振动工程学报,2011,24(2):125 - 132.

［108］黄伟良,宋笔锋. 基于有限元的软式飞艇主气囊动态特性分析[J]. 科学技术与工程,2008,8(14):3863 - 3867.

［109］Apedo K L,Ronel S,Jacquelin E,et al. Free Vibration Analysis of Inflatable Beam Made of Orthotropic Woven Fabric[J]. Thin - Walled Structures,2014,78:1 - 15.

［110］陈宇峰,陈务军,邱振宇,等. 空气对预应力薄膜结构模态的影响[J]. 浙江大学学报(工学版),2015,49(6):1123 - 1127.

［111］陈宇峰. 大型柔性飞艇主气囊结构分析与模型试验验证[D]. 上海:上海交通大学,2015.

［112］宋林,姜鲁华,张远平. 飞艇囊体膜弹性振动特性预测仿真[J]. 计算机仿真,2019,36

(7):34 - 40.

[113] Tung S, Witherspoon S R, Roe L A, et al. A MEMS - based Flexible Sensor and Actuator System for Space Inflatable Structures[J]. Smart Materials and Structures, 2001, 10(6): 1230 - 1239.

[114] Ecke W, Latka I, Hoefer B, et al. Optical Fiber Grating Sensor Network to Monitor Helium Gas Temperature Profile in Airship[C]//Smart Structures and Materials 2003: Smart Sensor Technology and Measurement Systems. International Society for Optics and Photonics, 2003, 5050:197 - 205.

[115] Pecora A, Maiolo L, Minotti A, et al. Strain Gauge Sensors Based on Thermoplastic Nano-composite for Monitoring Inflatable Structures[C]//2014 IEEE Metrology for Aerospace (MetroAeroSpace). IEEE, 2014:84 - 88.

[116] 戈嗣诚, 陈国良. 平流层飞艇的结构健康监测系统初探[J]. 航天返回与遥感, 2007, 28(3):62 - 65.

[117] 黄迪. 基于光纤光栅传感的飞艇蒙皮平面应变监测方法研究[D]. 上海: 上海交通大学, 2014.

[118] 孙久康, 王全保, 赵海涛, 等. 基于无线传感网络的平流层飞艇蒙皮应变监测[J]. 计算机仿真, 2016, 33(9):77 - 80, 96.

[119] 孙久康. 基于无线传感网络的飞艇蒙皮应变监测研究[D]. 上海: 上海交通大学, 2016.

[120] 陈敏, 王擎, 李军华. 无线传感网络网络原理与实践[M]. 北京: 化学工业出版社, 2011.

[121] 孔晓芳. 基于 TinyOS 无线传感器网络节点的研究[D]. 天津: 南开大学, 2008.

[122] 夏祁寒. 应变片测试原理及在实际工程中的应用[J]. 山西建筑, 2008, 34(28): 99 - 100.

[123] 丁华平, 冯兆祥, 沈庆宏, 等. 基于新型树状结构的无线传感器网络桥梁结构健康监测系统研究[J]. 南京大学学报(自然科学版), 2009, 45(4):488 - 493.

[124] 杨飞. 基于 TinyOS 的无线传感器网络节点研究与设计[D]. 西安: 长安大学, 2011.

[125] 龚道礼. 基于无线传感器网络的环境监测系统研制[D]. 武汉: 中国地质大学(武汉), 2011.

[126] 程振进. 数字图像相关方法在浮空器蒙皮变形测量中的应用[D]. 上海: 上海交通大学, 2017.

[127] 赵霞军, 张伟. 基于数字图像技术的飞艇气囊材料应变测试[J]. 科学技术与工程, 2019, 19(28):378 - 383.

[128] 王思明, 谭惠丰, 罗锡林, 等. Nylon - 230T/TPU 织物蒙皮撕裂性能的数值模拟和试验研究[J]. 复合材料学报, 2018, 35(7):1869 - 1877.

[129] 罗锡林. 国产 F - 12 蒙皮材料性能表征及充压囊体全场形变测试方法[D]. 哈尔滨：哈尔滨工业大学,2018.

[130] 潘兵,谢惠民,续伯钦,等. 数字图像相关中的亚像素位移定位算法进展[J]. 力学进展,2005,35(3):345 - 352.

[131] Poissant J,Barthelat F. A Novel"Subset Splitting" Procedure for Digital Image Correlation on Discontinuous Displacement Fields[J]. Experimental Mechanics,2010,50(3):353 - 364.

[132] 陈华,叶东,陈刚,等. 遗传算法的数字图像相关搜索法[J]. 光学精密工程,2007,15(10):1633 - 1637.

[133] Stinville J C,Echlin M P,Texier D,et al. Sub - Grain Scale Digital Image Correlation by E-lectron Microscopy for Polycrystalline Materials during Elastic and Plastic Deformation[J]. Experimental mechanics,2016,56(2):197 - 216.

[134] 徐向华,程雪涛,梁新刚. 平流层浮空器的热数值分析[J]. 清华大学学报(自然科学版),2009,49(11):1848 - 1851.

[135] 李小建. 临近空间浮空器热 - 结构耦合数值模拟研究[D]. 南京:南京航空航天大学,2013.

[136] 刘东旭,樊彦斌,马云鹏,等. 氦气渗透对高空长航时浮空器驻空能力影响[J]. 宇航学报,2010,31(11):2477 - 2482.

[137] 赵臻璐,王小群,杜善义. 平流层飞艇囊体气密层材料及氦气透过聚合物研究现状[J]. 航空学报,2009,30(9):1761 - 1768.

[138] Yao X F,Lei Y M,Xiong C,et al. Experimental Study on Damage - induced Helium Leak-age in Flexible Composites[J]. Journal of Reinforced Plastics & Composites,2010,29(19):2936 - 2945.

[139] Yao X F,Lei Y M,Xiong C,et al. Experimental Study of Helium Leakage Parameters in Flexible Composite[J]. Journal of Applied Polymer Science,2010,116(6):3562 - 3568.

[140] Ouyang M,Muisener R J,Boulares A,et al. UV - ozone induced growth of a SiOx surface layer on a cross - linked polysiloxane film:characterization and gas separation properties[J]. Journal of Membrane Science,2000,177(1 - 2):177 - 187.

[141] 吴清. 浮空器蒙皮材料氦气泄漏机制的理论与试验研究[D]. 北京:清华大学,2010.

[142] 马寅佶,吴清,姚学锋,等. 柔性蒙皮材料氦气渗透的细观机制[J]. 清华大学学报(自然科学版),2011,51(5):646 - 650.

[143] 邢建国. 复杂大气环境条件下飞艇气囊气密性检测方法研究[D]. 大连:大连理工大学,2016.

[144] Yokozeki T,Aoki T,Ishikawa T. Through - Thickness Connection of Matrix Cracks in Lam-inate Composites for Propellant Tank[J]. Journal of Spacecraft & Rockets,2005,42(4):647 - 653.

［145］Mueller J,Paluszek M,Zhao Y. Development of an aerodynamic model and control law design for a high altitude airship［C］//AIAA 3rd" Unmanned Unlimited" Technical Conference,Workshop and Exhibit. 2004:6479.

［146］Yokozeki T,Ogasawara T,Ishikawa T. Evaluation of Gas Leakage through Composite Laminates with Multilayer Matrix Cracks:Cracking Angle Effects［J］. Composites Science and Technology,2006,66(15):2815 – 2824.

［147］Rikards R,Buchholz F G,Wang H,et al. Investigation of mixed mode I/II interlaminar fracture toughness of laminated composites by using a CTS type specimen［J］. Engineering Fracture Mechanics,1998,61(3 – 4):325 – 342.

［148］达道安. 真空设计手册［M］. 北京:国防工业出版社,2004.

［149］Noll J. Determination of Lift Gas Leakage Rate for a Stratospheric Airship Hull［C］//11th AIAA Aviation Technology, Integration, and Operations (ATIO) Conference, including the AIAA Balloon Systems Conference and 19th AIAA Lighter – Than. 2011:6995.

［150］袁明清,赵海涛,陈政,等. 温度对平流层飞艇囊体材料渗漏性能的影响［J］. 装备环境工程,2020,17(1):6 – 12.

［151］陈务军. 膜结构工程设计［M］. 北京:中国建筑工业出版社,2005.

［152］谭惠丰,王超,王长国. 实现结构轻量化的新型平流层飞艇研究进展［J］. 航空学报,2010,31(2):257 – 264.

［153］舒恪晟,熊伟,李云仲,等. 半硬式临近空间飞艇结构设计技术研究［J］. 飞机设计,2014,34(2):17 – 22.

［154］王飞,王伟志. 半硬式与软式平流层飞艇结构静力性能比较［J］. 航天返回与遥感,2017,38(5):18 – 28.

［155］南波. 半硬式平流层飞艇骨架精细化分析与轻量化设计［D］. 哈尔滨:哈尔滨工业大学,2015.

［156］Wielgosz C,Thomas J C. Deflections of Inflatable Fabric Panels at High Pressure［J］. Thin – Walled Structures,2002,40(6):523 – 536.

［157］Van A L,Wielgosz C. Bending and Buckling of Inflatable Beams:Some New Theoretical Results［J］. Thin – Walled Structures,2005,43(8):1166 – 1187.

［158］许月杰,曾攀,雷丽萍. 外界约束下充气柱弯曲性能［J］. 清华大学学报(自然科学版),2015,55(3):298 – 303.

［159］Nguyen Q T,Thomas J C,Van A L. Inflation and Bending of an Orthotropic Inflatable Beam［J］. Thin – Walled Structures,2015,88:129 – 144.

［160］Chen Z,Zhao H T,Chen J,et al. Deformation Analysis of the Tapered Inflatable Beam［J］. JOURNAL OF MECHANICS,2018,34(4):453 – 459.

［161］Chen Z,Zhao H,Li X,et al. Deflection Analysis of the Airship Structure Based on the Tapered

Inflatable Beam[J]. Aircraft Engineering and Aerospace Technology,2019,91(4):601 – 606.

[162] 陈政. 飞艇索膜结构的变形分析与优化设计[D]. 上海:上海交通大学,2020.

[163] Veldman S L,Bergsma O K,Beukers A. Bending of anisotropic inflated cylindrical beams [J]. Thin – Walled Structures,2005,43(3):461 – 475.

[164] 王文隽,李勇,姚伟. 飞艇气囊压力与蒙皮张力的估算[J]. 宇航学报,2007,28(5): 1109 – 1112.

[165] 黄迪,赵海涛,邱野,等. 平流层飞艇蒙皮强度建模与仿真研究[J]. 计算机仿真, 2013,30(1):150 – 153.

[166] Smith I,Lee M. The HiSentinel Airship[C]// Aiaa Atio Conf,Ceiat Intl Conf on Innov & Integr in Aero Sciences,Lta Systems Tech Conf Followed by Teos Forum. 2007:7748.

[167] Androulakakis S. The High Altitude Lighter Than Air Airship Efforts at the US Army Space and Missile Defense Command/Army Forces Strategic Command[C]// AIAA Lighter – Than – Air Systems Technology Conference. 2009.

[168] Yajima N,Izutsu N,Imamura T,et al. Scientific Ballooning:Technology and Applications of Exploration Balloons Floating in the Stratosphere and the Atmospheres of Other Planets[J]. Journal of Clinical Psychology,2009,24(4):451 – 453.

[169] 黄无量,徐春娴,吴枚,等. 高空科学气球的应力分析与球形设计[J]. 空间科学学报, 1986,6(1):82 – 88.

[170] 姜鲁华. 大型高空气球的球形设计及形变和变工况研究[D]. 北京:中国科学院研究 生院,1991.

[171] Baginski F,Chen Q,Waldman I. Designing the Shape of a Large Scientific Balloon[J]. Applied Mathematical Modelling,2001,25(11):953 – 966.

[172] 马云鹏,刘东旭,武哲. 平流层高空气球升空过程中应力分析[J]. 飞机设计,2009,29 (1):17 – 20.

[173] 马云鹏,武哲,吕明云,等. 高空气球综合/开放式设计系统[J]. 北京航空航天大学学 报,2010,36(1):61 – 64,70.

[174] 杨燕初,张航悦,赵荣. 零压式高空气球球形设计与参数敏感性分析[J]. 国防科技大 学学报,2019,41(1):58 – 64.

[175] 杨泽川,罗汝斌,廖俊,等. 自然形高空气球上升过程形状预测[J]. 宇航学报,2020, 41(1):52 – 60.

[176] 陈利,成琴,唐逊. 高空气球升空体积变化模型研究[J]. 合肥工业大学学报(自然科 学版),2014,37(11):1405 – 1408.

[177] Saito Y,Iijima I,Matsuzaka Y,et al. Development of a Super – pressure Balloon With a Diamond – Shaped net[J]. Advances in Space Research,2014,54(8):1525 – 1529.

[178] Smith I S. Overview of the Ultra Long Duration Balloon Project[J]. Advances in Space Re-

search,2002,30(5):1205 – 1213.

[179] Cathey H. Evolution of the NASA Ultra Long Duration Balloon[C]//AIAA Balloon Systems Conference. 2007:2615.

[180] 田莉莉,方贤德. NASA 高空气球的研究及其进展[J]. 航天返回与遥感,2012,33(1): 81 – 87.

[181] Cathey H,Pierce D,Fairbrother D. The 2011 NASA ~ 422,400 m³ Super Pressure Balloon Test Flight[C]//11th AIAA Aviation Technology,Integration,and Operations(ATIO) Conference, including the AIAA Balloon Systems Conference and 19th AIAA Lighter – Than. 2011:6828.

[182] 祝榕辰,王生,杨燕初,等. 南瓜型超压气球球体设计与地面试验[C]//第四届高分辨率对地观测学术年会论文集. 2017.

[183] 宁荣,王文剑. 基于聚乙烯薄膜材料的超压气球球体设计[J]. 科技与创新,2019, (4):36 – 38.

[184] 常晓飞,白云飞,符文星,等. 基于平流层特殊风场的浮空器定点方案研究[J]. 西北工业大学学报,2014,32(1):12 – 17.

[185] 邓小龙,丛伟轩,李魁,等. 风场综合利用的新型平流层浮空器轨迹设计[J]. 宇航学报,2019,40(7):748 – 757.

[186] Cathey H M. The NASA Super Pressure Balloon – A Path to Flight[J]. Advances in Space Research,2009,44(1):23 – 38.

[187] Baginski F,Brakke K. Estimating the Deployment Pressure in Pumpkin Balloons[J]. Journal of aircraft,2011,48(1):235 – 247.

[188] 陈声麒 周萌. "Google Loon"高空超压气球网络技术综述[J]. 西安航空学院学报, 2017,35(3):25 – 29.

[189] Yajima N. Survey of Balloon Design Problems and Prospects for Large Super – Pressure Balloons in the next Century[J]. Advances in Space Research,2002,30(5):1183 – 1192.

[190] Baginski F,Brakke K,Farley R. Predicting the Deployment Pressure in an Ascending Pumpkin Balloon[C]. Aiaa Aviation Technology,Integration,and Operations. 2011:6831.

[191] 顾逸东,姜鲁华. 科学气球的发展和应用[C]//第二十三届全国空间探测学术交流会. 2010.

[192] Smith M,Cathey H. Test Flights of the Revised ULDB Design[C]//AIAA 5th ATIO and16th Lighter – Than – Air Sys Tech. and Balloon Systems Conferences. 2005:7471.

[193] Yajima N,Izutsu N,Honda H,et al. Three – Dimensional Gore Design Concept for High – Pressure Balloons[J]. Journal of aircraft,2001,38(4):738 – 744.

[194] 祝榕辰,王生,姜鲁华. 超压气球球体设计与仿真分析[J]. 计算机仿真,2011,28 (12):32 – 37.

［195］杨其,赵海涛,王全保,等. 索网蒙皮结构超压气球的设计与分析[J]. 上海交通大学学报,2015,49(9):1411 – 1415,1421.

［196］杨其. 超压气球索膜结构力学匹配特性研究[D]. 上海:上海交通大学,2015.

［197］刘龙斌,吕明云,肖厚地,等. 基于压差梯度的平流层飞艇艇囊应力计算和仿真[J]. 北京航空航天大学学报,2014,40(10):1386 – 1391.

［198］张建,杨庆山,李波. 气枕式充气膜结构形态与受力分析[J]. 哈尔滨工业大学学报,2008,40(12):2020 – 2023.

［199］段有恒. 索膜结构张拉及加载全过程仿真分析研究[D]. 北京:北京交通大学,2012.

［200］Barg M C,Lee J,Baginski F. Modeling the Equilibrium Configuration of a Piecewise – Ortho-tropic Pneumatic Envelope with Applications to Pumpkin – Shaped Balloons[J]. Siam Journal on Applied Mathematics,2011,71(1):20 – 40.

［201］黄继平,赵海涛,吴家喜,等. 滑动索膜结构超压气球设计与形状修正[J]. 哈尔滨工业大学学报,2020,52(4):127 – 134.

［202］黄继平. 滑动索膜超压气球结构设计及成形工艺研究[D]. 上海:上海交通大学,2020.

［203］Deb K,Agrawal S,Pratap A,et al. A Fast Elitist Non – Dominated Sorting Genetic Algorithm for Multi – Objective Optimization:NSGA – II[C]//6th International Conference on Parallel Problem Solving from Nature. 2000:849 – 858.

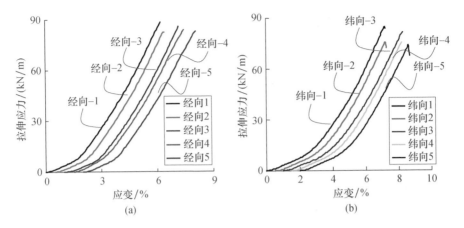

图 3 - 3　单调拉伸试验应力应变结果

（a）经向；（b）纬向。

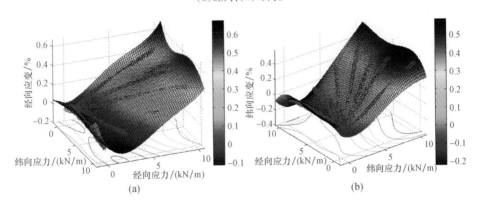

图 3 - 13　双轴应力空间上的应变响应曲面

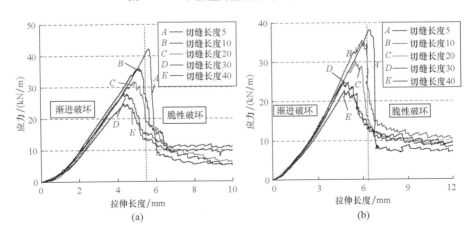

图 3 - 24　初始切缝长度对名义应力的影响

（a）经向；（b）纬向。

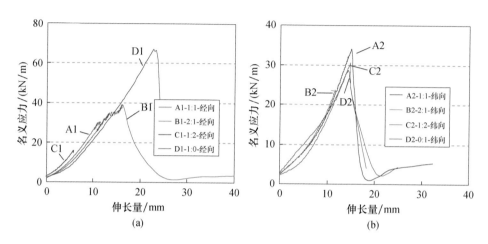

图 3 - 30 双轴拉伸撕裂应力 - 变形曲线（$2a = 20\text{mm}, 90°$）

（a）经向；（b）纬向。

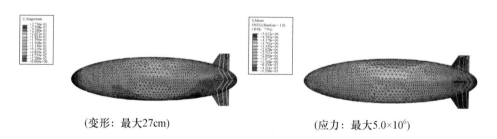

（变形：最大27cm）   （应力：最大5.0×10^6）

图 4 - 23 添加浮力和重力在100Pa压差下的变形和应力图（惯性释放边界条件）

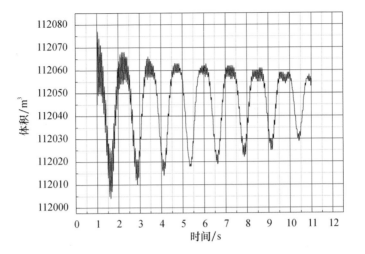

图 4 - 28 动态过程中飞艇体积随时间的变化图

（红色为充气后体积）

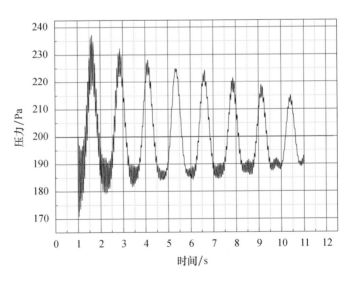

图 4 - 29 动态过程中飞艇内外压差随时间的变化图

（红色为充气压差）

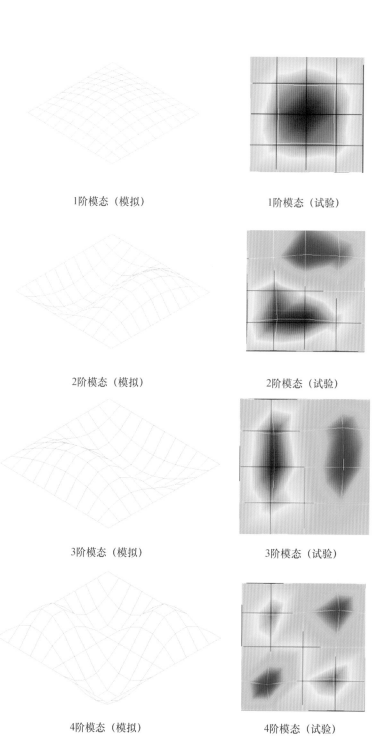

1阶模态（模拟）　　　　　　　　1阶模态（试验）

2阶模态（模拟）　　　　　　　　2阶模态（试验）

3阶模态（模拟）　　　　　　　　3阶模态（试验）

4阶模态（模拟）　　　　　　　　4阶模态（试验）

图 5 - 8　ETFE 测试模型的模拟及试验振型

测试振型1阶

模拟振型1阶

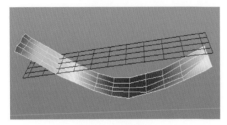
测试振型2阶

模拟振型2阶

图 5 – 17　测试振型与模拟振型图

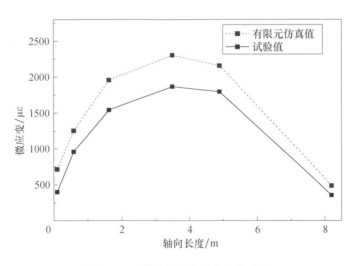

图 6 – 15　沿飞艇轴向长度应变分布

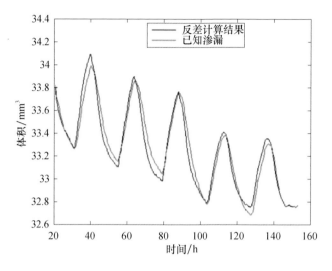

图 7 - 14 体积与充气基线的计算

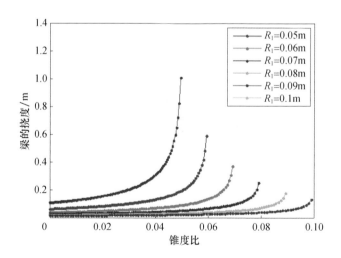

图 8 - 13 不同锥形梁的挠度和锥度比的关系(R_1 为固定端半径)

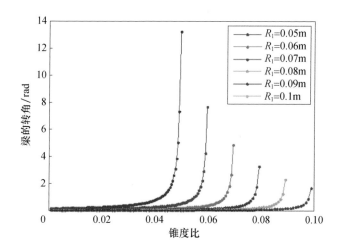

图 8 – 14   不同锥形梁的转角和锥度比的关系(R_1 为固定端半径)

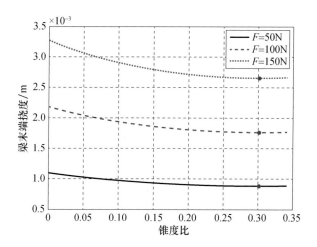

图 8 – 15   等面积条件下, 锥度比和末端挠度的关系曲线

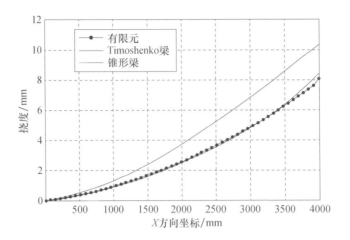

图 8 – 22　三种方法的位移结果比较

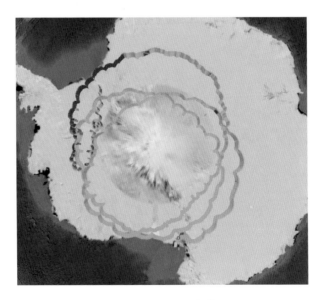

图 9 – 16　591NT 飞行轨迹